청소년을 위한

위대한 **발명·발견**

디아스포라(DIASPORA)는 독자 여러분의 책에 관한 아이디어와 원고 투고를 기다리고 있습니다. 디아스포라는 전파과학사의 임프린트로 종교(기독교), 경제·경영서, 일반 문학 등 다양한 장르의 국내 저자와 해외 번역서를 준비하고 있습니다. 출간을 고민하고 계신 분들은 이메일 chonpa2@hanmail.net로 간단한 개요와 취지, 연락처 등을 적어 보내주세요.

청소년을 위한
위대한 **발명·발견**

–
초판1쇄 발행 1986년 11월 10일
개정1쇄 발행 2025년 07월 15일

–
지은이 박익수
발행인 손동민
디자인 김미영
편 집 김희원

–
펴낸곳 전파과학사
출판등록 1956. 7. 23. 제 10-89호
주 소 서울시 서대문구 증가로18, 204호
전 화 02-333-8877(8855)
팩 스 02-334-8092
이메일 chonpa2@hanmail.net
공식 블로그 http://blog.naver.com/siencia

ISBN 979-11-94832-08-9 (03400)

청소년을 위한

위대한 **발명·발견**

머리말

　현대를 "과학기술 시대"라고 합니다. 우리의 일상생활이나 사회생활에 과학기술의 혜택을 받지 않는 분야가 거의 없으며 또한, 과학기술의 힘을 빌리지 않고 움직이는 분야가 거의 없습니다. 이와 같이, 과학기술은 우리의 생활, 사회와 세계에 밀접하게 관계하고 있으며, 커다란 영향을 주고 있습니다.

　또, 현대를 "창조 시대"라고 합니다. 우주로켓, 통신위성, 원자력, 컴퓨터, 로봇, 합성화학 등 새로 발견된 과학과 새로 발명된 기술이 서로 교섭하고, 결합하여 더욱 새롭고, 다양하고, 눈부신 과학과 기술을 한없이 많이 창조해 내고 있습니다.

　이러한 모든 과학기술들은 한 나라에 있어서 국방의 힘이 되고, 경제의 힘이 되고, 또 외교의 힘이 되어, 그 나라 국력의 커다란 기반이 되고, 배경이 되고 있습니다. 그래서 과학기술의 수준이 높으면 "강대국", "선진국"이라고 하며, 그것이 낮으면 "약소국" 혹은 "후진국"이라 부릅니다.

　따라서 오늘날 모든 나라들은 보다 새롭고, 발전된 과학과 기술을 연구하고, 개발하기 위하여 막대한 예산을 투입하고 있습니다. 또한 이러한 일을 할 수 있는 과학자와 기술자를 기르기 위하여 또한 온갖 힘을 다하여 교육하고 있습니다.

오늘날, 세계의 모든 나라들이 훌륭한 과학기술자를 소중하게 생각하고, 절실하게 요망하고 있는 이유도 바로 여기에 있다고 하겠습니다.

현재 우리나라가 후진국에서 중진국으로 발전하고 있습니다만, 다시 선진국과 어깨를 나란히 같이 할 수 있는 나라가 되려면, 더 많은 훌륭한 과학자와 기술자가 있어야 하며, 과학의 여러 분야에서 노벨상을 수상하는 과학자들도 많이 나와야 합니다.

필자가 이 책을 쓰게 된 것도, 초등학교 및 중·고등학교의 청소년들 중에서 우리나라가 절실히 요망하는 훌륭한 과학자, 혹은 기술자가 되겠다고 결심하는 청소년들이 많이 나오기를 바라고, 기대하는 마음에서 쓴 것입니다.

그런데 훌륭한 과학자나 기술자가 되려면, 우선 존경 받고 있는 과학자 혹은 기술자들이 어떤 일을 했는지, 그러한 일을 어떻게 발견하고, 발명해서 훌륭하다는 평가를 받게 되었는가를 잘 알고 배우는 것이 무엇보다도 중요하고 필요한 일입니다.

다시 말하면, 훌륭한 과학자 혹은 훌륭한 기술자가 되려면 무엇보다도 훌륭한 발명을 하는 것이 중요하고 필요합니다.

우리는 훌륭한 발명 혹은 발견 중에서 인류의 행복과 사회 및 세계의 발전에 특별히 크게 공헌한 발명·발견을 「위대한 발명·발견」이라 부릅니다.

이 책은, 그러한 위대한 발명·발견을 과학과 기술의 모든 분야에서 대표적인 것을 골라서 설명하였습니다. 위대한 발명·발견을 한 과학자 혹은 기술자의 발자취를 설명한 것이 아니라, 그러한 발명과 발견을 하게 된 동기와 경위를 중심으로 설명했습니다.

따라서 이 책은, 위대한 발명·발견을 꿈꾸는 사람들을 위해 유익한 교훈이 될 뿐만 아니라, 여러 가지 과학 및 기술에 대한 보다 정확하고 올바른 이해를 돕는 좋은 교육서가 될 것이라 확신합니다. 더불어 이 책이 위대한 과학자 혹은 기술자가 되겠다는 야망을 갖는 커다란 촉진제가 되기를 희망합니다.

저자 박익수

차례

SCIENTIARUM
FAVORE

생각하는 마음
창조하는 마음

마음의 위대한 힘

로마의 옛 속담에 '가질 수 있다고 믿으라. 그러면 당신은 그것을 반드시 갖게 된다.'라는 말이 있다.

오늘날, 세계의 유명한 학자나 연구가들이 '사고의 위대한 힘'에 대한 문제에 관심을 갖고, 여러 가지 연구와 실험을 실시하고 있다.

그래서 전기학의 천재인 스타인메츠는 이렇게 말하고 있다.

"앞으로 50년 동안의 가장 중대한 발전은 인간의 정신에 관한 연구일 것이다."라고 했고, 미국의 노스웨스턴대학의 심리학 교수인 골드 박사도 다음과 같이 말했다.

"우리들은 지금, 이제까지 알지 못했던 인간의 정신력에 관해 알게 될 일보 직전에 와 있다."

자연의 힘은 파괴하기도 하지만 행복을 가져다주기도 한다.

가령, 홍수는 큰 재해를 가져오지만, 사막을 초원으로도 만들고, 장미꽃 화원으로도 만든다. 불은 집과 재산을 태워 버리기도 하지만, 우리들의 방을 따뜻하게 해 주기도 하고, 음식을 조리해 주기도 한다.

마음의 힘도 이와 비슷하다. 마음의 힘은 당신이나 인류를 위해 노력해 주기도 하지만, 경우에 따라서는 당신의 몸을 해치기도 하고, 국가나 인류에게 큰 피해를 끼치기도 한다.

인간이 이 세상에 태어난 이래로, 선과 악의 두 큰 힘이 끊임없이 작용해 왔다. 둘 다 가공할 만큼 강한 힘을 지니고 있다. 마음의 힘은 한 사람 한 사람의 힘으로 작용할 뿐만 아니라, 집단으로 큰 힘을 이루기도 한다. 그리고 이 힘이 나쁜 영향으로 작용할 때는 군중심리나 폭도, 그리고 국가는 다른 나라를 침략하고 식민지로 만드는 힘으로 작용하기도 한다.

인간의 마음에는 위대한 힘이 있다. 그러나 대부분의 사람들은 이 위대한 힘을 사용하지 못하고 있다. 만일 이 힘을 사용하기만 하면, 우리는 어떤 소망도 이룰 수 있게 될 것이다.

미국의 H. 세이버트가 쓴 『엘도라도-황금의 나라-』에 이러한 구절이 있다.

"……옛날부터 전해 내려오는 황금의 나라인 엘도라도는…누구의 집에도 있다. 행운도 당신의 손안에 있다. 모두가 당신의 몸 안에 있다. 결코, 밖에 있는 것이 아니다. 사람들은 우연한 행운으로 성공을 얻은 것처럼 보이지만, 인간은 누구나 개인적으로나 집단적으로나 부유한 생애를 누릴 자격이 있다. 당신은 무엇을 찾아 헤매는가. 엘도라도를 찾으려거든 당신의 몸 안에서 찾으라. 힘은 충분히 있다. 거기에는 마를 줄 모르는 샘물이 있다. 그것은 완전무결한 힘이다. 당신이 당신 자신에게서 이 힘을 찾아낸다면, 그 힘은 자동적으로 당신을 엘도라도로 안내할 것이다."

한편, 영국의 유명한 의학자인 캐논 박사는 다음과 같이 말하였다.

"아직 인간은 잘려진 발이 새로 돋아나게 할 수는 없지만, 만일, 마음으로 그것을 불가능하다고 부정하지만 않는다면 발도 새로 돋아날 것이다. 만일 인간이 잠재의식이란 깊은 마음속에서 〈그것은 틀림없이 된다〉라고 확신하기만 한다면, 마치 게가 새로운 집게발이 돋아나듯이 인간도 새로운 발을 돋아나게 할 수 있을 것이다."

따라서 우리가 무엇을 발명 혹은 발견하려고 할 때, 그에 앞서 중요한 것은 〈그것을 반드시 발명, 혹은 발견할 수 있다〉 또는 〈그것을 반드시 발명 혹은 발견하고야 말겠다〉는 마음의 자세이며, 그러한 마음의 위대한 힘을 스스로 믿는 것이 무엇보다도 중요한 일이다.

창조력을 키우는 마음

- 문제를 분명히 인식하라. 문제가 무엇인가를 인식하기 위해서는, 문제가 포함된 상태 속에서 문제 그 자체를 뽑아내야 한다. 그리고 중요한 것은 진정한 문제가 무엇인가를 인식하는 일과 전체적인 문제가 무엇인가를 인식하는 일이다.

- 문제를 분명히 하기 위해서는, 다음 세 가지 점을 분명히 구별하여야 한다.

  첫째, 이미 알고 있는 것은 무엇인가.

  둘째, 아직 알 수 없는 것은 무엇인가.

  셋째, 무엇이 탐구(문제) 되어야 하는가.

- 문제의 분석이란 문제의 논리적 구조를 찾아내는 일이다. 어떤 문제에나 논리적 구조가 있게 마련이다.

- 문제의 효과적인 분석의 방법은, 쉬운 문제로부터 어려운 문제로, 단순한 문제로부터 복잡한 문제로 진행시키는 것이다.

- 귀찮더라도 과거의 문제를 분석해 보고 그 분석법을 기록하고 항상 기억해 둔다. 그런 다음에 현재 당신이 안고 있는 문제를 신중히 분석

해 본다. '그 분석법이 가장 좋은 것이라고 확신할 수 있는가. 중요한 요소를 하나도 빠짐없이 찾아냈는가. 다른 분석법을 같이 쓰면 어떨까. 그림으로 분해하면 더욱 명확하게 이해할 수 있지 않을까.' 등의 자문을 해 본다.

• 질문을 하는 마음이 문제를 해결하는 길로 이끌어 간다.
  '문제는 질문하지 않으면 대답할 수 없다.'는 말이 있고 '무엇을 물어야 할지 알면 대답은 반은 얻은 것과 같다.'라는 말도 있다.

• 문제 해결을 위한 행동은 질문하는 방법에 따라 대답이 좌우된다. 해결을 위한 노력도 질문에 좌우된다.

• 질문의 형식에는 세 가지 이점이 있다.

  첫째, 질문한다는 것이 문제를 단순히 말할 뿐 아니라, 당신이 그 문제의 의미를 명확하게 파악하고 있다는 표시다.

  둘째, 질문하면 신중히 탐구하는 것이 되며, 그것은 다음에 해야 할 행동의 격려가 된다.

  셋째, 질문하면 다음에 해야 할 행동의 계획을 세울 수 있다.

• 문제 해결이 어려운 것은 판단을 내리기 전에 모든 사실을 파악하지 못하였기 때문이다. 더구나, 몇 가지 사실을 파악하고 있더라도 그 의미를 해석하기가 더욱 어렵기 때문이다. 문제 해결에 있어서는, 우선 침착하게 수집한 모든 정보와 사실들을 검토하는 것이 중요하다.

• 문제를 진단함에 있어서는 사실을 파악하는 것이 가장 중요하다. 그리고 그 사실들은 정확할 필요가 있다. 정확한 사실임을 확인하기 위

해서는 다음과 같은 자문을 하라.

'그 사실들을 당신 눈으로 확인하고 체크했는가. 증명되지 않은 추론을 사실로 생각하고 있지는 않은가. 당신이 파악하고 있는 사실의 정확성을 증명하기 위하여 무엇을 했는가.'

- 사실에 관한 잘못된 가정은 잘못된 관찰이 그 원인이다.
- 아무것도 하지 않고 있는 편이 무엇을 하는 것보다 좋은 결과를 가져올 것이라 생각되면, 아무것도 하지 않는 것이 좋은 방법이다. 그러므로 아무것도 하지 않는다는 것은 결정을 회피하는 수단이 아니라 취할 수 있는 방법의 선택이다.
- 문제의 구조를 바꾸는 일은 문제 해결의 기본적인 테크닉이다.

    첫째, 문제를 다른 각도에서 바라보라.

    둘째, 관점을 바꾸어보라.

    셋째, 허용된 범위에서 목적을 바꾸어 보라.

    넷째, 문제의 구성요소의 배치를 바꾸어 보라.

- 과학적인 방법으로 문제 해결에 임하려고 한다면, 다음과 같은 공식에 따라야 한다. 옳다고 가정한 가설에 출발한다. 그리고 실험을 통하여 그 가설이 옳고 그름을 증명해야 한다. 그것으로도 불충분하다고 생각되면 가설을 고치거나 새로운 가설을 만들어 다시 실험해야 한다.
- 창조력에 의한 문제 해결 방법을 실천하려면 논리적 방법과 함께 상상적인 방법을 사용하는 것이 좋다.
- 상상력이나 직관력을 활동시키려면 다음 세 가지 조건을 충족시키지

않으면 안 된다.

첫째, 문제의 배경을 자세히 알아야 한다.

둘째, 오랫동안 문제에 집중해야 한다.

셋째, 문제에서 가끔 눈을 떼고 한가한 시간을 가져야 한다.

- 혁명적이라고 말할 수 있는 과학적 사고는 직관력과 논리적 추론의 화합물에서 생긴다.

- 눈앞의 일에 구애받지 않거나 자기 생각에 얽매이지 않는 자유로운 생각은, 언제라도 창의력의 부싯돌 구실을 한다. 자기의 편견을 버리고 사물을 있는 그대로 본다는 것은 매우 중요한 일이다. 그러기 위해서는, 자기의 일에서 떨어져서 즉, 아마추어의 눈으로 보고 생각하는 것이 필요하다.

- 아이디어는 우선 문제를 찾는 데서부터 시작한다. 문제만 발견되면 거의 해결할 수 있다. 문제가 보이지 않으면 목적이나 목표를 철저히 캐고 분석해 보아야 한다. 문제의 핵심만 발견되면 수단, 방법은 얼마든지 있다. 창의력을 발동시키면 아이디어는 항상 튀어 나오기 마련이다. 목표가 없는 곳에서는 문제란 없다. 문제를 확실히 알아내기 위해서는 의식적으로 확실한 레이더망을 쳐두지 않고는 쉽사리 잡을 수 없다. 이때, 이 레이더 작동에 필요한 것은 확실한 목표를 설정하는 것이다.

- 일상생활에서의 타성을 막고, 환경의 변화에 대응할 수 있는 머리의 회전이 쉽게 이루어질 수 있도록 상황을 스스로 만들고 몸소 실천할

필요가 있다. 커튼을 하나 갈아도 신변에 청신한 바람이 불어오는 느낌을 갖게 하는 법이다. 창의력은 그와 같은 새로운 생활환경 속에서 잘 발동한다.

- 정해진 시간 생활에서는 정해진 행동을 하기 마련이다. 자기의 시간 그리고, 자기만의 자유로운 공간을 갖는가는 것은 창조를 위해 중요하다. 시간과 공간에 변화를 주면, 보고, 느끼고, 생각하는 것 모두 새로워진다는 것은 실제로 경험한 사람만이 알 수 있다.

- 어린이의 세계에도, 어른들이 완전히 잊어버리고 있는 지식을 넘어선 초상식의 세계가 있다. 때로는 그런 세계에서 놀며 머리를 회전시켜 보는 것이 중요하다.

- 머리를 쓰게 되면, 폐품을 살릴 수가 있고 돈을 들이지 않고도 쾌적한 생활을 할 수 있다. 자기 둘레에서 이모저모 생각을 굴릴 때 창조의 톱니바퀴는 돌기 시작한다.

- 창조란 주관과 객관 사이에서 서로 오가는 과정 속에서 발상되는 것이다. 따라서 느끼는 것과 아는 것의 교류 속에서 창의력은 촉매로 작용한다. 느끼는 것과 아는 것 양쪽이 모두 다 눈을 뜨지 않고는 창의력이 발동되지 않는다.

창조력을 방해하는 마음

- 습관이나 전례에 의존하여 사고할 행동을 정해 버리면, 새로운 커다란 가능성을 가지고 있는 새로운 아이디어를 놓치고 만다. 습관에 파묻혀 그저 만족하고 있으면 졸리고, 졸고 있으면 눈이 뜨이지 않는다. 그래서 어떠한 힌트가 옆에 와도 알지 못하고 깨닫지 못한다.
- 타성(게으른 마음)은 창의력을 붙들어 매는 역할을 하며 창의에 제동을 거는 작용을 한다. 대부분의 사람들은 큰 잘못 없이 지내는 것을 고맙고 감사하게 생각하며, 가능한 한 힘들지 않고 적당히 살기를 바란다.
- 자주 보거나 자주 부딪히는 것에 대해 서로 이미 알고 있는 것이라 하여 안이하게 지나쳐 버리는 경향이 있다. 사실을 증명할 만한 근거가 희박한데도, 표면에 나타나는 사실만으로 결론을 내리거나 그것을 정당화하려고 애쓴다. 이런 사고방식을 가지면 다음 같은 사고의 장애를 면치 못한다.

  ① 어떤 사실의 원인과 결과를 잘 구별하지 못한다.

  ② 표면적으로 비슷한 것을 혼돈하여, 잘못된 결론을 내린다.

  ③ 떨어져서 냉철히 관계를 살피지 못하고, 객관성을 잃는다.

④ 숲을 보되 나무를 보지 못한다.

- 강한 욕구와 강한 동기가 없는 곳에서는 창의력이 발동하지 않는다. 동기나 욕구가 막연한 상태에서는 창의력을 잠재우거나 썩혀 버리게 된다.

- 나이가 듦에 따라 어릴 때의 신선한 감성이 양식이라는 단단한 껍질로 씌워지게 되며, 그래서 창의력을 무능하게 만든다. 어떤 한정된 분야에만 흥미를 강하게 가진다든지 급한 성공을 서두르면 오히려 시야가 좁아질 뿐이다. '깊은 구덩이를 파려면 넓게 파야 한다.'는 속담도 있지만, 어느 한 분야에 너무 전문화하면 보다 넓은 배경을 볼 수 없으며, 이질적인 정보를 놓치기 쉽고, 창조의 비약이 불가능하게 된다.

- 괴로운 일이나 걱정거리가 있거나 두통, 치통 등 신체적 고통이 있으면 창조적인 생각이 저해된다. 또한 집중력이 없어지고 장시간 생각하는 것에 견디지 못한다.

- 실패에 대한 두려움, 웃음거리가 될까 하는 걱정, 비판받을까 하는 염려 등은 창의력을 굳혀 버린다. 무엇이나 실패하지 않기 위해 무난한 행동만을 취하려 하고, 대담하게 행동하는 것을 피하여 기회를 놓치기 쉬우며, 자신의 확실한 생각에 대한 소신이 없어진다.

- 어린이는 호기심이나 탐구심이 왕성하다. 그러나 창조하려는 노력은 거의 없다. 관련을 지어보고 연결시켜 보고, 이미 있는 것 속에서 새로운 이미지를 구하며 논리적으로 새롭게 변화시키는 방법을 생각하려는 마음 자세와 노력을 하지 않으면, 어른이 되어도 색안경을 끼고

세상을 보게 된다. 모순이나 비합리도 일반적인 것으로 얼버무려 창의력을 억제해 버린다.

- 변화에 대한 불안, 변화 후의 결과에 대한 예견력이 없어 현상 유지에 만족하려 한다. 그래서 상상력은 고갈되고 생각하는 기쁨을 갖지 못한다. 사람들이 흔히 걸어 다니는 길은 실패도 없고 길을 잃을 염려도 없다. 사람들이 걷지 않던 길은 불만도 있지만 보지 못하던 새롭고 즐거운 것도 있다는 것을 알아야 한다. 현상 타파의 용기를 잃어서는 안 된다.

- 설사 사실을 파악하고 있을지라도, 그 의미와 가치를 모른다면, 마치 야만인들의 조개껍질이나 잔돈 수집품 속에 섞여 있는 보석과 같아서 아무 도움이 되지 못한다. 문제 해결에 아무런 단서도 잡을 수가 없는 것이다. 마치, 어둠 속에서 색깔을 맞추려는 것과 같다.

- 지워버려야 하는 기억들은 없애는 것이 중요하다. 그러나 전부 지워버리면 기억상실증과 같이 되므로, 거르는 식으로 해야 한다. '시대에 뒤떨어진 지식은 없는가.'하는 반문을 하며 자주 정리하는 것이 중요하다. 머릿속에 낡은 생각이 버티고 있으면 새로운 정보가 들어오는 것을 거부하므로, 새로운 창의가 떠오르지 않는다.

위대한 **발명·발견**

물리학·화학·지학
생물학·의학·기술

지레와 밀도의 발견

• 지레 이야기

오랜 옛날부터 저울이나 지레를 실제로 사용하였다는 사실을 우리는 고대 이집트의 벽화 등에서 찾아 볼 수 있다.

저울의 그림이나 지레 같은 기구를 이용하여 무거운 돌을 운반하는 그림을 볼 수 있으며, 저울에 사용된 추 같은 것도 발견되었다.

물체에 무게가 있다는 개념이 인간의 두뇌 속에 떠오르게 된 것은 그리 어려운 일이 아니었다. 자연 속에서 의식주를 해결하기 위하여 사나운 짐승들과 싸우고, 자연의 재해를 방지하며 또 이것을 피하기 위한 끊임없는 투쟁 속에서, 가장 빨리 알게 된 것 중의 하나가 바로 물체의 무게였을 것이다.

큰 돌은 작은 돌보다 무겁기 때문에 운반하기 어렵다는 사실에서, 그들은 무게를 하나의 「양의 대소」로 생각하기에 이르렀고, 이를 저울로 비교할 필요를 느끼게 되었다. 저울의 원리가 발견되기까지는 수천 년의 시간이 필요했지만, 고대 때 무게의 개념은 완전히 확립되었다. 무거운 물체를 옮기기 어렵다는 사실은, 통나무를 깔고 그 위에 올려놓은 물

체를 밀거나, 지레를 사용하여 작은 힘으로 물체를 운반할 수 있는 도구를 발명하는 지혜를 찾아내게 했다.

사실, 이집트의 도처에 있는 웅대한 피라미드의 돌들은 모두 이러한 도구를 사용하여 운반되고 쌓여졌다.

수만 명의 노예들이 땀 흘리며 먼 곳에서 무거운 석재를 운반하고, 또 그것을 높이 쌓아올릴 수 있었던 것은 바로 이러한 간단한 원리를 이용할 수 있었기 때문이었다.

기자라는 곳에 있는 피라미드는 무려 230만 개나 되는 돌을 쌓아 만든 것으로서, 전체의 무게가 575만 톤이나 되고, 어떤 돌은, 한 개의 무게가 16톤에 달하는 것도 있다. 이렇듯, 어마어마한 피라미드를 건설하는 데 바친 비용이나 노력도 놀라운 것이지만, 그보다도 그 시대의 기술의 진보에 크게 감탄하지 않을 수 없다.

"같은 무게의 물건을 막대기의 받침점에서 같은 거리에 놓으면 막대기는 평형을 이룬다."는 지식은 벌써 이 시기 이전에 알고 있었던 것이다.

아르키메데스는 기원 전 3세기경에 이러한 지식들을 종합하였다.

"지레는 양쪽 끝에 각각 올려놓은 물체의 무게의 비가 받침점부터의 거리에 반비례할 때 평형을 이룬다."는 지레의 법칙은 이때의 아르키메데스에 의해 발견되었다. 그는 카르타고와 로마 사이에 일어난 포에니 전쟁 시에도, 시라쿠스의 방위를 위하여 당시에 새로운 무기를 발명하기도 하고, 나사 모양으로 만든 것을 돌려서 물을 퍼 올리는 나선형 양수기도 발명하였다.

이제 지레 이야기는 그만하고, 아르키메데스가 발견한 밀도에 대해 설명하기로 하겠다.

그는 밀도라는 것을 처음부터 생각하고 연구한 것은 아니었으며, 부력에 관한 현상을 연구하는 과정에서 알게 되었다.

• 밀도 이야기

지금으로부터 약 2천2백 년 전, 이탈리아 반도의 남단에 있는 시실리 섬의 한 마을인 시라쿠스에서는 이상한 일이 일어났다.

당시, 시라쿠스 왕 히에로 2세가 보석상에게 많은 순금을 주어 새로 왕관을 만들 것을 명하였다.

얼마 후, 보석상은 왕에게서 받은 금으로 빛나는 왕관을 만들어 히에로 왕에게 바치고 품삯으로 많은 돈을 받았다.

히에로 왕은 정교하게 만들어지고, 휘황찬란하게 반짝이는 그 왕관을 머리에 쓰고는 희색이 만면하여 매우 만족해했다.

그런데, "그 왕관은 모두 순금으로 만든 것이 아니고, 값싼 은이 섞였으며, 왕이 주신 순금의 일부를 보석상이 가로챘다."고 왕에게 일러바친 사람이 있었다. 그러나 진짜로 은을 섞어서 만든 것인지 혹은 어떤 사람이 중상모략한 것인지를 정확히 판단할 수가 없었다. 겉으로 보기에는 금관으로 보일 뿐 은이 섞여 있는지를 밝혀낼 방법이 없었다. 불쾌하게 생각한 왕은 드디어 분노가 폭발하고야 말았다.

"이 왕관이 금으로만 된 진짜 금관이냐 그렇지 않으면 은이 섞인 가짜 금관이냐, 이것을 밝혀낼 사람이 이 도시에 아무도 없느냐?"하고 히에로 왕은 크게 고함을 질렀다. 많은 사람들은 어쩔 줄 모르고 그저 떨고만 있었다.

그 왕관에 은이 섞였는지는 도무지 알 수 없었기 때문이었다.

더욱이, 새로 만든 금관의 무게를 재어 보아도, 처음에 왕이 보석상에게 준 금덩어리의 무게와 조금도 다르지 않았다.

궁중에서는 큰 걱정이 아닐 수 없었다. 그토록 정성 들여 아름답게 만든 왕관을 부수어 속을 조사해 볼 수도 없는 일이었다.

대신들은 모여 앉아 이 골치 아픈 문제를 해결할 방법을 열심히 생각하였지만 그들의 머리로는 도저히 알아낼 수가 없었다.

대신들은 여러 가지로 궁리한 끝에, 그중 가장 나이가 많은 대신이 왕에게 가서 다음과 같이 건의하였다.

"대왕폐하, 이 어려운 일을 해결할 방도는 다름이 아니오고……"

"무엇이오? 좀 빨리 말해 보시오." 왕은 초조한 마음으로 늙은 대신에게 다급히 독촉했다.

"대왕폐하, 이 도시에서 가장 뛰어난 과학자인 아르키메데스가 아니고는 이것을 밝혀낼 사람이 하나도 없는 것으로 아옵니다. 그러므로 아르키메데스를 불러서 그에게 이 문제를 풀도록 명하시는 것이 좋을 줄로 아옵니다."

원래 아르키메데스는 히에로 왕의 총애를 받고 있는 과학자였다.

이 말을 들은 왕은 매우 기뻐하며 곧 신하들을 재촉하여 아르키메데스를 궁전에 불러 오도록 했다.

아르키메데스는 왕 앞에서 머리를 수그린 채 몹시 난처한 표정을 지으면서 "폐하, 이것은 대단히 어려운 문제라고 생각되옵니다. 당장에 알아낼 수는 없는 줄로 아뢰옵니다. 3~4일 연구할 시간을 주시기 바랍니다."하였다.

성급한 왕의 마음 같아서는 당장에 알아내기를 바랐으나 아르키메데스의 간청대로 "사흘이 걸려도 좋고 나흘이 걸려도 좋으니 꼭 밝혀 주시오."라고 간곡히 부탁했다.

아르키메데스는 왕관을 받아 든 채 집으로 돌아오면서 생각하였다. 겉으로는 아무리 자세히 살펴보아도 진짜인지 가짜인지를 판단할 수 없었으며 그렇다고, 왕관을 깨뜨려 조사할 수도 없었다. 이것은 참으로 곤란한 일이 아닐 수 없었다. 히에로 왕의 극진한 사랑과 도움을 받고 있었

아르키메데스

던 아르키메데스로서는 왕의 은혜에 보답하기 위해서라도 이번 문제만은 꼭 밝혀내야 했었다.

아르키메데스는 며칠 밤을 새우면서 생각에 골몰하였다. 아침부터 밤까지 계속해서 여러 가지로 연구하였으나 좋은 생각이 떠오르지 않았다.

"금빛으로 빛나는 왕관에 조금의 흠집도 남기지 않고 어떻게 하면, 명확하게 밝힐 수 있을까?"

왕과 약속한 날짜는 내일로 다가오고 있었다. 며칠 동안 이렇듯 불안의 날을 보냈기 때문에 몹시 지쳤으며, 피곤한 몸을 풀 생각으로 아르키메데스는 공동 목욕탕으로 갔다.

목욕탕에 발을 넣으니, 이제까지 물이 가득 차 있었던 목욕탕의 가장자리에서 물이 넘쳐흘렀다. 몸 전체를 탕 속에 넣으니 물은 더 많이 넘쳐흘렀다.

"아!" 무슨 생각이 갑자기 떠올랐다.

"아! 그래 참 그렇지, 알았다. 알았어!"하면서 그는 탕에서 뛰어 나왔다. 그는 미칠 듯이 기뻤다.

아르키메데스는 "알았다. 알았다!"하고 외치면서 거리로 뛰어 나와 집으로 달려갔다. 옷도 제대로 입지 않은 채 미친 듯이 달려갔다.

도대체, 그의 머리에는 무엇이 떠올랐던 것일까? 목욕탕 물이 넘치는 것은 흔히 있는 일이며 누구든지 볼 수 있는 일이 아닌가? 아르키메데스는 몹시 흥분하였다. 목욕탕에서 그가 경험한 일이야말로, 며칠을 두고 애써 온 왕관 문제를 풀어줄 실마리를 찾게 했던 것이다.

지나가는 행인들이 놀란 얼굴로, 미친 사람처럼 뛰어가는 아르키메데스의 모습을 쳐다보았다.

그러나 이러한 일에는 아랑곳없이, 그는 정신없이 집으로 뛰어와서 곧 문을 박차고 실험실로 들어갔다.

아르키메데스는 실험하기 시작하였으나, 무엇이 필요하여 다시 궁전으로 급히 뛰어가 왕을 만났다.

"폐하, 드디어 알았습니다. 왕관과 무게가 꼭 같은 금덩어리와 은덩어리를 빌려 주시면 빨리 밝혀낼 수 있겠사옵니다."

아르키메데스의 이 말을 들은 히에로 왕은 몹시 기뻐했다. 대신에게 아르키메데스가 요구하는 것을 빨리 주도록 명령하였다.

아르키메데스는 전에 받은 왕관과 이와 꼭 같은 무게의 금덩어리, 은덩어리를 가지고 어떤 실험을 하였을까? 이제부터 차례차례 그가 행한 실험을 알아보기로 한다.

아르키메데스는 큰 통에 물을 가득 붓고, 맨 처음에 그 통 속에 금덩어리를 가라앉히고 물이 넘쳐흘러 나오도록 하였다. 다음에, 그는 금덩어리를 집어냈다. 통 속의 물이 줄었다. 아르키메데스는 작은 컵을 가지고 물을 한 컵, 두 컵씩 통 속에 부어 처음처럼 물이 가득 차도록 하고, 그때 물을 몇 컵 부었는가를 조사하였다. 즉, 이때 부어넣은 물의 분량을 재보았다. 이 실험이 끝난 다음에는 은덩어리를 가지고 이와 똑같은 실험을 하여 보았다. 흘러나온 물을 비교해 보니, 은덩어리로 실험했을 때 통 속의 물이 더 많이 줄어 있었다. 즉, 금덩어리로 실험했을 때, 물이 적게 흘러나온 것이다. 다음 차례로, 아르키메데스는 왕관을 통 속에 가라앉히고 넘쳐 흘러나온 물의 분량만큼 컵으로 다시 통 속에 물을 부으면서 물의 분량을 재어 보았다. 그 결과, 왕관으로 해 보았을 때의 물의 분량은 금덩어리 때보다 많고, 은덩어리 때보다 적다는 것을 알게 되었다.

이로부터 같은 무게의 금덩어리와 은덩어리는 부피가 서로 다르며 같은 부피의 금덩어리 쪽이 더 무겁다는 것을 알게 되었다. 즉, 금은 은보다도 훨씬 무거우므로, 꼭 같은 무게의 금과 은을 가지고 어떤 물건을 만들어 보면 은으로 만든 것이 더 크게 된다. 따라서 금에 약간의 은을 섞어서 왕관을 만들었다면, 순수한 금만으로 만든 왕관보다도 그 부피가 더 크게 될 것은 당연한 일이다.

"암 그렇지, 왕관의 부피를 재어보면 왕관이 금만으로 만들어졌는지 또는 은이 섞여 있는지 알 수 있을 것이 아닌가?" 아르키메데스의 생각이 여기에 이르자 하나의 어려운 문제가 생겼다. 그것은 왕관의 부피를 어떻게 잴 수 있을까 하는 문제였다. 네모가 반듯한 입방체 같은 것은 가로, 세로, 높이를 자로 재어서 부피를 쉽게 계산할 수 있지만, 여러 가지 장식을 넣고 무늬와 글자까지 넣은 왕관과 같은, 복잡한 모양을 한 것의 부피를 계산한다는 것은 거의 불가능한 일이다.

"어떻게 하면 왕관의 부피를 잴 수 있을까?"하는 문제가 아르키메데스를 다시 괴롭혔다.

그러나 이 어려운 문제도 물속에 물체를 넣었을 때 그 물체의 부피와 꼭 같은 부피의 물이 흘러나오는 것을 관련지어 생각하면 쉽게 해결할 수 있다. 물에 용해되지 않는 것이면, 아무리 복잡한 모양을 한 물체라도 물속에 가라 앉혀서 불어난, 또는 흘러넘친 부피로부터 그 물건의 부피를 알 수 있다.

이것이야말로 아르키메데스의 새로운 발견이었다. 아르키메데스는 왕에게 가서 "폐하, 이 왕관에는 은이 약간 섞여있는 것이 틀림없습니다. 그리고 은이 얼마쯤 섞여 있는지도 밝혀낼 수 있사옵니다."

히에로 왕은 아르키메데스의 뛰어난 재능에 다시금 감탄하며, "됐소, 은이 섞인 것만 아는 것으로도 충분하오. 수고했소."라고 말하면서 크게 그 노고를 치하하였다.

이리하여, 히에로 왕의 금관에 은이 섞여 있음이 밝혀졌고, 보석상이 속였다는 사실을 위대한 과학자의 힘에 의해서 과학적으로 밝혀냈다.

오늘날에는 중학생이나 초등학교의 상급반 아동들까지도 달걀의 부피를 재어 보라고 하면, 서슴지 않고 눈금이 새겨진 비커 같은 그릇에 물을 붓고, 다음에 달걀을 넣어 증가한 물의 부피를 보고 쉽게 알아내지, 달걀에 자를 대보면서 계산하려는 학생은 거의 없다. 그러나 이처럼 쉽게 알 수 있게 된 것은 아르키메데스에 의해 2천여 년 전에 이미 이룩한 발견의 도움이라 하겠다. 당시로서는 이 발견이 참으로 놀랄만한 것이었다.

아르키메데스의 원리에 의해, 물속에 담긴 물체는 자기 부피만큼 물이 밀려나면서, 밀려난 물의 무게만큼 위로 떠오르는 힘을 받는다. 이 힘을 부력이라고 부른다. 고기가 물속을 자유롭게 헤엄친다든지 쇠로 된 군함이나 기선이 바다 위에 뜰 수 있는 것도 바로 이 부력 때문이다.

"무게가 같아도 서로 다른 물질이면 부피가 다르다."는 것은 바꾸어 말하면 "부피가 같을지라도 물질이 다르면 무게가 다르다."는 것을 의미한다. $1cm^3$ 같은 단위 체적을 생각해서 표현하면 단위 체적의 무게는 물질에 따라 각각 다르게 된다.

즉, 물체의 무게를 그 물체의 부피로 나눈 값은, 그 물체를 만들고 있는 물질이 같으면 그 물체의 모양에는 관계없이 항상 일정한 값을 이룬다. 이와 같은 물체의 무게와 체적과의 비의 값을 그 물질의 밀도라고 한다. 밀도는 물질에 의해서 정해진 값을 가진 양으로서, 물질이 다르면 그 밀도도 서로 다르다. 아르키메데스는 물질의 성질을 조사하는 과정에서 아주 중요한 물질의 밀도라는 것을 발견하였고, 이러한 아르키메데스의 발견은 근대 물리학의 발전에 있어서 가장 중요한 기초가 되었다.

일기예보의 시작

    1851년 8월 8일부터 10월 10일까지의 두 달 동안, 영국의 런던에서는 대박람회가 열리고 있었다.

    일종의 산업박람회 같은 것으로서, 당시 발명된 모스의 전신기가 진열되어 있는가 하면 콜트의 연발 권총, 호의 윤전 인쇄기를 비롯하여 사진기, 고무 제품 등 새로운 발명품이 진열되었다. 이밖에 새롭고 신기한 많은 기계와 도구들도 출품되었다.

    영국의 국내에서는 물론 세계의 여러 나라에서 학자나 상인들이 런던으로 대규모의 박람회를 구경하기 위해 몰려들었다.

    프랑스의 유명한 천문학자 르베리에도 박람회를 구경하기 위해 런던에 체류하고 있었는데, 어느 날 호텔로 돌아가는 길에 우연히 데일리 뉴스라는 신문사 앞에 사람들이 모여 웅성거리는 모양이 눈에 띄었다. 르베리에가 걸음을 멈추고 보니, 벽에 커다란 영국 지도가 붙어 있고 지도에는 가로 그은 곡선이 몇 개 그어져 있고 그 밑에는 '영국의 천기도'라고 씌어 있었다.

    "이건 도대체 뭐라고 하는 것일까?"

"천기도라고 하지만 과연 이것과 일기와는 무슨 관계가 있단 말인가?"

"비를 멈추게 하는 기계라도 발명했다는 것일까?"

구경꾼들은 저마다 한마디씩 지껄이고 갔다.

르베리에도 오랫동안 천기도를 들여다보았다. 그리고 다음날도 역시 박람회를 구경하고 돌아오던 길에 신문사 앞에 있는 천기도를 관찰했다. 며칠이고 계속해서 보았지만 그때마다 지도의 곡선은 달랐다.

르베리에는 신문사의 문을 노크했다.

천기도에 관해서 좀 더 자세히 알고 싶은 호기심이 생겼다.

"저 천기도를 만든 분은 누구신지 한번 만나고 싶어서 왔습니다."

방문한 목적을 말한 르베리에의 말에 신문사의 수위는 글레이셔 선생이라고 알려 주었다.

"아! 저 그리니치 천문대에 계신 분 말입니까?"라고 반문하면서 르베리에는 놀랐다. 그의 놀라는 표정을 보고 수위는, "그런데 댁은 누구십니까?"라고 물었다.

"저는 프랑스 사람 르베리에입니다."

수위의 연락으로 글레이셔 선생이 계단을 내려오고 있었다. 그는 르베리에의 손을 잡고 반가운 듯 말했다.

"르베리에 선생, 잘 오셨습니다. 어서 방으로 들어갑시다."

이 두 과학자는 이때 서로 처음 만났지만, 르베리에는 5년 전에 해왕성을 발견하여 이미 널리 알려졌고, 두 천문학자는 세계의 학자들 사이에 잘 알려져 있었다.

글레이셔 선생은 일일이 안내하면서 르베리에에게 천기도에 관한 여러 사항을 설명했다.

4년 전에 영국의 학술협회에서 존 볼이 천기예보소를 신설할 것을 주장했으나 그대로 묵살되었기 때문에 참을 수 없어 자기가 천기도를 만들어야겠다고 결심한 동기를 설명했다. 그리고 글레이셔 선생은 계속하여 전신회사, 철도회사 등에 청탁하고 또 측후소나 천문대에도 부탁하여 그 지방 천기의 상태나 기압, 기온 등을 전보나 기차 편으로 매일 모아서 천기도 그리기를 시작했다는 설명을 덧붙였다.

르베리에는 이와 같은 설명을 열심히 들었다. 글레이셔 선생은 끝으로 덧붙였다.

"천기도가 신문에 실리기 시작한지 벌써 2년이 되었지만 별로 보는 사람이 없기 때문에, 이번 박람회에는 신문사 앞에 크게 붙였습니다. 그래서 많은 사람들이 보기는 했으나 이해하지는 못하는 것 같습니다. 앞으로 전국 각지나, 유럽 여러 곳에서 천기 상태를 모으면 정확한 천기예보를 할 수 있을 것입니다. 르베리에 선생께서 보잘 것 없는 천기도를 열심히 보아주셔서 대단히 감사합니다."

글레이셔 선생의 설명을 전부 듣고 난 르베리에는 마음속으로 천기예보소를 꼭 차려야겠다고 굳게 다짐했다.

고국에 돌아온 르베리에는 프랑스에서도 천기도를 빨리 만들어야겠다고 결심했다. 이보다 훨씬 전에 프랑스의 생물학자 라마르크나, 화학자 라부아지에도 천기도를 만들려고 했으나, 이때만 해도 전신이나 전화가 실제로 사용되지 못하여 천기도의 작성은 성공하지 못했다. 르베리에는 프랑스 정부에 천기도를 만들어 천기 예보를 할 수 있는 기관을 설치하여 주기를 요청했으나 아무런 효과도 거두지 못했다.

르베리에는 그의 요청이 거절되자, 하는 수 없이 천기도의 필요성을 구체적으로 입증할 만한 자료를 수집하여, 천기 예보가 프랑스 국가나 산업에 얼마나 지대한 영향을 미치게 되는지 알려줄 필요를 느껴, 그렇게 하기로 결심했다.

이러는 사이에 크림 전쟁이 일어나, 프랑스와 영국은 러시아와 싸우는 튀르키예를 도와 러시아와 싸우게 되었다. 크림 전쟁은 르베리에의 소원이었던 천기예보소의 설치를 가능하게 만들었다.

당시, 이 전쟁은 크림반도의 세바스토폴이 격전지가 되어 1854년 11월에 프랑스와 영국의 해군은 세바스토폴 항구 밖에 정박하여 바다로부터 맹렬한 포격을 계속하였다.

이러한 전쟁이 육지와 바다에서 계속되고 있는 동안, 날이 저물어 어두워지기 시작하여 싸움도 일시 중단됐는데, 12일 밤부터 세찬 바람이 불어오더니 다음날 밤부터는 큰 태풍이 불었다. 세바스토폴 항구의 앞 바다에 정박한 프랑스 군함들은, 산더미처럼 밀려오는 큰 파도로 인해 커다란 위기에 처하게 되었으며 프랑스의 거대한 군함 앙리 4세호는 결국 뒤집혀서 침몰되고 말았다.

이 사건에 놀란 프랑스의 해군장관은 파리 천문대의 르베리에에게 "이 태풍이 일어난 원인과 군함이 침몰된 원인을 조속히 조사하여 주기를 바란다."는 긴급지시를 전화로 전했다.

르베리에는 이 기회야말로 그의 꿈을 실현할 수 있는 더 없이 좋은 기회로 생각하면서 급히 프랑스 국내의 각지를 비롯하여 영국, 이탈리아, 스페인 및 그 외의 유럽 각국의 천문학자나 기상학자들에게 "11월 12일부터 16일까지의 기상 상태를 세밀히 알려주기 바람"이라는 전보를 발송했다.

드디어, 250매의 통보가 르베리에에게 전해졌다. 르베리에는 유럽지도를 5장 펼쳐 놓고 11일부터 16일 사이의 매일매일의 유럽 각국 250개 지방의 기상 상태를 그려 넣기 시작했다.

이리하여, 그 악몽과 같았던 태풍이 불어온 모양을 그림처럼 쉽게 표현할 수 있었다. 르베리에는 벅찬 기쁨에 어쩔 줄 몰랐다.

"바로 이것이다. 프랑스가 낳은 대화학자 라부아지에 선생이 일찍이 말한 바 있는 바로 그대로란 말이야."

르베리에는 밤을 세워가면서 만든 이 천기도를 이튿날 해군장관에게 가지고 갔다.

"장관, 이렇게 되어 있습니다. 우리의 군함을 파괴하고 침몰 시켰던 그 무서운 태풍은 유럽의 서해에서 이곳을 지나 흑해로 간 것입니다. 이 천기도를 보면 태풍이 지나간 곳을 분명히 볼 수 있습니다. 이 태풍이 다음에는 어디로 갈 것인지도 알 수 있습니다."

르베리에는 흥분한 어조로 장관에게 천기도를 설명했다. 그는 계속하여 말했다.

"이와 같은 천기도를 미리 만들었더라면 군함을 침몰시키는 사고도 발생하지 않았을 것입니다. 장군! 유럽 각국의 천문대나 기상학자들과 손을 잡고 천기도를 만들 수 있도록 원조해 주시지 않겠습니까? 내일의 일기를 알 수 있다는 사실은 프랑스의 산업 발달에 얼마나 큰 도움을 줄 것인지 짐작할 수 있을 것입니다."

르베리에의 열의에 찬 설명을 듣고 난 해군 장관은 그에게 말하기를 "알겠소. 당신이 정부에 천기도의 필요성을 건의하십시오. 그 의견이 제출되는 대로 장관 회의에서 통과되도록 노력하겠소."라고 굳게 약속했다.

르베리에는 용기를 얻어 정부에 건의서를 제출했으며, 해군 장관의 적극적인 후원으로 쉽게 가결되었다. 마침내, 프랑스에서 최초로 기상국이 설립되었으며 여기에서 매일 기상도가 작성되어 일기를 예보하게 되었다.

이로부터, 세계 각국에서도 앞다투어 기상국을 신설하여 일기예보를 시작하게 된 것이다.

불연속선의 발견

　미국의 유명한 동물학자 아가시 교수의 연구실에서 조수로 근무하고 있던 블라우지우스는 보스턴시 근처의 바닷가에서 낚시를 하고 있었다.

　블라우지우스는 1818년에 독일에서 태어나 독일의 대학을 졸업한 후, 중학교의 과학 선생으로 근무하다가 미국으로 건너온 사람이었다.

　그는 다른 날과 마찬가지로 실험에 사용할 고기를 낚기 위해 바닷물 속에 낚싯줄을 넣고 있었다. 서너 마리만 더 잡으면 연구실로 돌아갈 생각으로 낚시에 걸리기를 초조하게 기다렸으나 몇 시간이 지나도 고기가 도무지 잡히지 않았다. 그는 낚싯줄을 잡아당겨 낚시 끝을 조사해 보았으나 먹이도 제대로 걸려있어 잘못된 곳은 한 군데도 없었다.

　"참 이상하다. 왜 고기가 안 물릴까?" 이렇게 혼자 중얼거리면서 블라우지우스는 바닷가 모래 위에 벌렁 누워버렸다. 두 팔을 베개 삼아 누운 그는 잠시 하늘을 쳐다보다가 벌떡 일어났다.

　왜 일어났을까? 그것은 고기가 잡힌 것도 아니었다. 그를 놀라게 한 것은 하늘이었던 것이다.

　멀리 서쪽 바로 지평선에 검푸르게 뭉클한 구름이 솟아오르고 있었다. 그 구름은 마치 잘라 세워 놓은 절벽처럼 하늘높이 솟아오르고 있었다. 그리고 그 구름 주위에서 엷은 회색 구름이 불라우지우스가 낚시를 하고 있는 바닷가로 가까워지고 있었던 것이다. 얼마 후, 해가 구름 속에 파묻히고 주위는 점점 어두워져 갔다.

"그런데 저런 하늘에 새가 날고 있다니!"

하늘을 쳐다보고 있던 블라우지우스는 검푸른 구름의 벽을 향해서 날고 있는 두 개의 점처럼 보이는 새를 발견했다. 그는 하늘을 계속 주의 깊게 보았다.

두 마리의 새는 마치 검은 구름에 돌진하는 것처럼 날아가다가 잠시 후, 나뭇잎이 바람에 날려 흩어지는 것처럼 위쪽으로 한층 높이 올라가고는 다시 본래의 방향으로 돌아왔다. 그리고는 또 구름을 향해 하늘높이 올라가다가 다시 되돌아왔다.

이 새 두 마리는, 마치 구름과 싸우는 것처럼 보였다. 검푸른 구름이 있는 곳으로 날아가면, 흡사 눈에 보이지 않는 벽이라도 있어서 꽉 막혀 있는 것처럼 보였다. 새들은 그 이상 구름을 뚫고 날아 들어가지 못했다.

블라우지우스는 매우 신기하게 생각했다. 그리고 혼자 무엇인가 이상한 의문에 사로잡혀 있었다.

"저 새들은 정말 곡예사처럼 움직이는데, 왜 저렇게 묘하게 날 수 있을까?"

이런 생각을 하는 동안, 바람이 세차게 불고 바닷가의 모래가 날리고 있었다. 그곳에서 얼마 떨어져 있지 않은 집 앞 나뭇가지도 세차게 흔들리고 있었다. 그리고 그 이상은 보이지 않았다. 그러다가, 어느 새 주위가 구름에 뒤덮여 어두워졌다. 그 순간, 바람이 또 불고 세찬 소나기가 내리며 태풍이 일어났다.

블라우지우스는 낚싯대와 고기를 담은 바구니를 들고 그 부근에 있는 집으로 달려갔으나 비를 흠뻑 맞았다. 그는 옷이 젖은 것도 잊은 채 "조금 전의 새들이 어떻게 되었을까!"하고 걱정했다. 서쪽 하늘을 보았으나, 비바람 때문에 얼마 떨어지지 않은 곳도 볼 수가 없었다.

이렇게 비바람이 세차게 불다가, 한 시간 남짓 후에 태풍은 완전히 가라앉고 하늘은 맑게 개여 태양이 빛나고 있었다. 검은 구름의 벽은 동북쪽 바다 위에 있었고, 그 밑 해면은 파도가 세차게 치고 있었다.

때는 1851년 8월 22일의 일이었다. 이날은 블라우지우스 일생에 있어서 커다란 변화를 가져왔다. 따라서 그의 생활에도 놀라만한 변화를 초래했다. 말하자면, 이날은 그에게 천기에 관한 연구에 전심하도록 한 커다란 계기가 되었던 것이다.

블라우지우스는 이날부터 아가시 교수 연구실에서의 동물실험에 관한 일에는 조금도 관심과 흥미를 가지지 않고 천기의 변화에만 마음이 사로 잡혀 있었다. 그는, 틈만 있으면 하늘을 물끄러미 쳐다보았고, 아가시 교수는 이러한 그를 못마땅하게 여겨 핀잔도 주었다.

그는 천기의 관찰과 연구에 몰두할 것을 결심하고는 조수의 일을 그만 두었다. 그리고 나서 중학교 과학 선생으로 취직하려 했으나 그것은 그리 쉽지 않았으며, 할 수 없이 동생과 함께 악기점을 개업했다.

이리하여 생활의 안정을 얻은 그는, 악기점의 운영을 대부분 동생에게 맡기고 자기는 열심히 기상 연구에 전력을 기울였으며 특히 태풍의 연구에 몰두했다.

블라우지우스는 그의 연구 결과를 신문, 잡지 등에 연속적으로 발표했고, 그가 발표한 논문들은 유럽 여러 나라 학자들의 많은 주목을 끌었다.

그런데, 당시 유럽이나 미국에서는 여러 학자들에 의해 기상에 관한 연구가 활발하게 계속되었으며, 천기의 모양이나 변화를 모아 천기도를 그리고, 이것에 의하여 천기 예보를 하려는 노력이 특히 영국이나 프랑스의 학자들에 의해 행해지고 있었다.

영국 그리니치 천문대의 글레이셔라는 기상학자도 기상 연구에 전력을 기울이고 있었는데, 그는 영국 본토의 천기도를 작성하여 신문에 발표하고 있었다.

그러나 천기의 변화란 매우 복잡한 것이므로, 연구는 그리 쉽지 않았고 온갖 고생이 뒤따랐다. 글레이셔는 지상에서 천기의 변화를 관찰하는 것만으로는 만족할만한 연구를 계속할 수 없음을 깨닫고 천기의 변화의 열쇠는 높은 하늘에 있다고 믿었다. 글레이셔는 수소를 채운 기구에 온도계나 기압계 등을 싣고 자신이 타고 하늘 높이 올라가서 직접 높은 하늘의 기상 상태와 변화를 관측하였다.

1862년 9월 5일, 53세의 나이로 글레이셔는 열 번 이상의 고공 관측을 실시했다. 이번에는 아주 높이 올라갈 작정으로 수소 기구가 폭발하지 않도록 수소를 적게 넣고 무게를 만들기 위하여 싣는 모래 자루의 수

열기구를 비행하는 제임스 글레이셔(왼쪽)

도 적게 했다.

글레이셔는 그의 조수와 함께 수소 기구를 타고 7천 m 이상 올라갔다. 그러나 이런 높은 곳에서는 산소가 희박하여 두 사람 모두 다 숨이 막힐 정도로 가쁘고 의식이 몽롱해지기 시작했다. 기구가 점점 더 상승하여 1만 m 이상이 되자, 조수는 의식을 완전히 잃어버렸다. 글레이셔도 기구의 끈을 붙잡은 채 그대로 의식을 잃게 되었다.

그러나 다행히도 그가 잡은 끈은 기구 속의 수소가스를 배출시키는 마개를 여는 끈이었다. 그리하여 이 마개가 열리면서 기구 속의 수소가 점점 배출되어, 기구는 점차 지상으로 내려오면서 두 사람은 무사할 수 있었다.

글레이셔는 그 후로도 계속 수소 기구를 타고 하늘에 올라갔으며 관측 회수는 30회에 달했다. 그의 관측과 연구는 그가 죽은 후에 기상 연구에 커다란 도움이 되었다.

1875년에 독일 물리학자 헬름홀츠는 그때까지의 기상 연구를 종합하여 검토하고, 지구를 둘러싸고 있는 공기의 움직임에 관한 자신의 새로운 연구 결과를 발표했다.

즉, 지구의 주위에는 몇 가지 종류의 공기 흐름이 있어서 이것이 지구의 주위를 감싸며 돌고 있다는 것이다.

가령, 무역풍이라는 것은 동쪽에서 서쪽을 향해 지구 주위를 돌고 있는 공기의 흐름이고, 편서풍은 서족에서 동쪽을 향해 돌고 있는 공기의 흐름이라고 설명했다.

그리고 이러한 공기 흐름의 속도나 온도는 서로 성질이 다른 동시에 다른 층의 공기와 섞이지 않는다고 하였고, 따라서 하나의 공기 흐름은 그와 인접한 공기 흐름 사이에 뚜렷한 경계를 만들어 불연속면이 이루어진다고 밝혔다.

이리하여 오늘날 속도나 온도가 다른 공기 흐름이 서로 섞이지 않고 경계를 짓고 있는 면을 불연속면이라 하고, 이 불연속면과 맞닿아 선처럼 이루고 있는 것을 불연속선이라 한다.

그 후에, 불연속선의 연구는 노르웨이의 빌헬름 비에르크네스와 그의 아들에 의해서 더욱 자세히 밝혀졌다.

이와 같이 불연속면이나 불연속선은 많은 학자들의 연구에 의해서

규명되었으며, 이러한 연구 결과는 또한 천기를 예보하는 중요한 기초
가 되었다.

지동설의 주장

유럽에서 가장 오랜 역사와 전통을 가진 이탈리아 북부의 볼로냐대학의 한 교실에서, 천문학 강의를 열심히 듣고 있는 청년이 있었으니 그가 바로 코페르니쿠스였다. 그는 독일과의 국경지방에 있는 폴란드의 토룬에서 태어나, 아버지를 여의고 어머니와 함께 성직자인 백부 밑에서 성장했다. 크라쿠프대학에 다닌 후, 23세에는 교회의 비용으로 이탈리아에 유학하게 되었다.

그는 대학에서 하숙으로 돌아와서 고향의 백부께 편지를 썼다. 그 사연은 백부의 권고로 이곳에 온 것을 매우 보람 있게 생각하며 신학 공부에 전념하고 있음을 알리고, 로마교황의 세력은 강대하며 신학수업은 아주 엄하고 철저하다는 것이었다. 이 사연을 적은 코페르니쿠스는 열심히 공부하고 귀국한 다음 백부를 도와 그 일을 계승하겠다고 맹세하였다.

그러나 코페르니쿠스가 쓴 편지의 마지막에는 다음과 같은 글이 적혀 있었다.

"백부님, 오늘은 노바라 선생의 천문학 강의를 들었습니다. 다가오는 3월 9일 밤, 달이 아르데바란 별을 감추기 때문에 이 현상을 관측할 때, 저

는 영광스럽게도 노바라 선생의 조
수가 되었습니다. 폴란드의 크라쿠
프대학에서 공부할 때와 마찬가지
로 천문학에 많은 관심을 가지고 있
습니다. 신학 공부를 하는 한편 천
문학도 깊이 연구하고 싶으니 백부
님, 이해해 주시기 바랍니다."

코페르니쿠스는 그의 백부에게
실망을 주지 않기 위해서 신학 공
부도 열심히 하겠으니, 자기에게

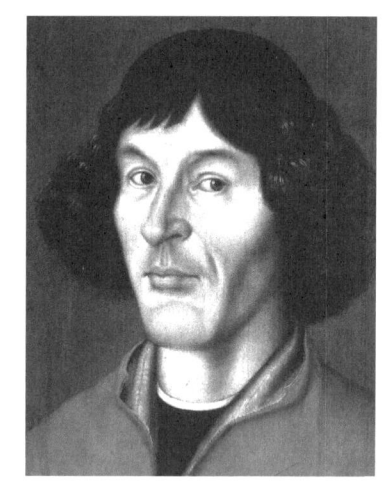

코페르니쿠스

무엇보다도 흥미가 있는 천문학 연구를 계속할 수 있도록 허가해 달라
는 내용의 편지를 썼던 것이다.

이 편지는 1497년 3월 코페르니쿠스가 24세의 생일을 맞이한 얼마
후에 보낸 것이다.

귀국 후, 그는 교회의 성직자로서, 그리고 의사로서 분주한 나날을
보냈으나, 언제나 천문학 연구를 게을리한 적은 없었다.

그 당시 사람들은 기독교의 성서에 의하여 하늘에 있는 모든 별은 모
두 지구 주위를 돌고 있다고 설명한 프톨레마이오스의 천동설을 사실로
믿고 있었다. 만약 이 학설에 이의를 제기하는 사람은 교황청에서 이단
자로 취급하여 가혹한 벌을 주거나 화형에 처하기도 했다.

그러나 반면에는 "우주에는 지구와 뚜렷한 경계를 가질 리가 없다.

지구라는 것도 다른 무수한 천체처럼 무한한 공간 속을 움직이고 있음이 분명하다.", "정말 지구는 우주의 중심일까?", "만약 달세계에서 우주를 본다면, 지구에서 달을 보는 것과 똑같이 보일 것이다." 등 새로운 생각과 의심을 품은 학자들이 많아졌다.

코페르니쿠스는 이런 이야기를 들을 때마다 천동설에 근본적으로 회의를 품게 되었고, 점차 프톨레마이오스의 설명에는 미비한 점이 많음을 알게 되었다.

프톨레마이오스의 천동설에 의해서 계산한 결과는, 천체를 관측한 결과와 일치하지 않는 점이 많은데, 정확한 항해력이 필요한 시기에 천체상의 예보 위치에서 각도가 1도만 틀려도 지구상의 위치로는 110km나 틀리게 된다. 또한, 이 학설이 아주 복잡해서 어딘가 무리한 점이 많음을 알게 되었다.

"성서에는 어떻게 쓰이고 교황청이 뭐라고 생각하든 천동설을 근본적으로 고치지 않으면 안 된다."고 코페르니쿠스는 마음속에서 이렇게 결심했다.

성직자이자 의사로서 바쁜 하루를 보낸 코페르니쿠스는 일과를 마친 후, 교회 지붕 위에 올라 밤중에 천체를 관측하곤 했다.

이리하여 지동설에 확신을 얻은 코페르니쿠스는 교황청의 분노를 걱정하여 몇 명의 친구에게 보여주려고, 『천문요령』이란 책을 썼다. 이 책은 친구들 사이에 널리 읽혀졌다.

그런데, 당시에 비텐베르크대학의 교수로 있던 게오르크 요아힘이 천문요령을 읽고 감탄하여 코페르니쿠스 밑에서 2년간 천문학을 배웠는데, 이 위대한 학설에 자기도 공명하게 되었다. 요아힘은 코페르니쿠스에게 새로운 책을 써서 출판하도록 권유하였다.

코페르니쿠스는 처음에는 무척 망설였으나 용기를 얻고 지동설 발표의 근본이 되는 『천체의 회전에 관하여』라는 책을 출판할 것을 결심하였다.

"지구는 다른 모든 행성과 마찬가지로 태양을 중심으로 하여 그 주위를 원형의 궤도를 그리면서 공전한다."

우주관의 혁명을 초래한 지동설에 관한 『천체의 회전에 관하여』라는 책은 바로 우주관의 혁명을 초래한 지동설에 관한 사상을 주장한 것이었다. 열심히 써서 친구에게 출판하도록 부탁했다.

1554년 5월 24일, 코페르니쿠스는 70세의 고령으로 다시 일어날 수 없는 병상에 누웠다. 신음하면서 임종의 순간을 기다리고 있는 괴로움 속에서도 코페르니쿠스는 "책은! 책은! 아직도 안 오는 거야?"하고 그의 저서를 빨리 가져오기를 열망하였다. 숨을 거두기 전에 한번만이라도 보고 싶었던 것이다. 병상에 둘러 선 사람들은 매우 초조하였다.

뉘른베르크에서 인쇄 중에 있었던 『천체의 회전에 관하여』라는 그 첫 번째 책이 드디어 코페르니쿠스의 침대 위에 놓여졌다. 아무것도 볼 수 없는 몽롱한 의식 속에서 코페르니쿠스는 "오오!"라고 한마디를 남기고 그만 세상을 떠났다.

가슴 위에 조용히 놓은 『천체의 회전에 관하여』라는 책은 진리를 위

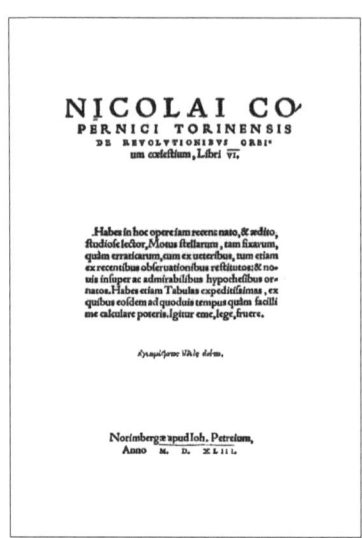
『천체의 회전에 관하여』

해 굳게 살아온 그의 진지한 모습을 떠올리게 했으며, 존경의 마음을 금할 수 없게 했다.

코페르니쿠스의 책이 출판된 후에도 로마교황청은 이 책을 별로 문제 삼지 않았다. 한편 당시 부패한 교황청을 비난하고 성서의 교리에 반기를 들고 나선 이탈리아 출생의 조르다노 브루노라는 한 수사는 28세 때 수도원을 도망쳐 15년간이나 유럽을 돌아다니면서 자기의 생각을 강연하거나 책으로 발표하며 돌아다녔다.

"지동설은 옳다. 태양이 지구의 중심이 아니다. 항성은 모두 태양과 같아서 그 주위에는 각각의 행성을 가지고 있으며 거기에는 생물도 살고 있다."

브루노는 이와 같은 생각을 거리낌 없이 연설하여 많은 사람들을 놀라게 하였다. 코페르니쿠스의 지동설이 진리라고 강조한 그의 이름이 널리 알려졌으며 따라서 교황청도 브루노를 그대로 둘 수 없게 되었다.

결국 브루노는 베네치아에서 붙들려 로마에 강제로 이송되어 8년이라는 긴 세월을 감옥 속에서 보내게 되었다. 1600년 2월 9일 다시 종교재판에 회부되어 화형의 언도를 받았다. 그 해 2월 27일, 브루노는 로마

교외의 화형 집행장에서 화형을 당하면서 "형을 받는 나보다도 형을 내리는 재판관 쪽이 무서워 떨게 될 것이다."라고 소리치고 그만 최후를 맞이했다.

진리를 향한 신념이 그토록 강했던 브루노는 지동설을 강력히 지지했다는 이유로 화형을 당했으나, 1889년 바로 그곳에 브루노의 동상이 건립되었다.

코페르니쿠스의 지동설은 오랫동안 압박을 받았으며 1616년에는 코페르니쿠스의 저서가 이단이라는 이유로 출판되거나 읽히는 것이 금지되었다.

그러나 지동설은 브루노의 화형을 계기로 더욱더 널리 전해지고 또 그것을 믿는 사람이 급속히 많아져 갔다.

갈릴레오는 코페르니쿠스의 지동설을 열렬히 지지한 사람으로서 자기가 만든 천체망원경으로 관찰을 계속했다. 그도 많은 박해를 받았으며 1632년 2월 22일에는 네 번째로 로마교황청의 종교재판에 불려갔다. 70세에 가까운 나이, 병으로 쇠약했던 갈릴레오는 코페르니쿠스의 지동설을 옳다고 하면 화형을 언도받게 됨을 너무나 잘 알고 있었다. 더욱 교황청은 갈릴레오에게 지동설을 지지하지 않도록 강력히 압력을 주었고, 협박도 했다. 그래서 할 수 없이 "성서의 가르침과 같이 지구야말로 우주의 중심이며 하늘에 있는 모든 별들은 지구 주위를 돌고 있다."고 말하지 않을 수 없었다.

그러나 진리는 이러한 어려움 속에서도 그 빛을 잃지 않아, 지동설은 세월이 지나가면서 사실임이 입증되었고 오늘날에는 코페르니쿠스, 브루노 및 갈릴레오의 생각이 옳다는 것을 누구나 믿고 있다. 그와 같이 진리라는 것은 종교의 힘으로나 정치의 힘, 그리고 군대의 힘 등으로 아무리 억압하여도 결국은 승리하게 된다.

중력과 인력의 발견

이탈리아에 있는 피사의 사탑은 오늘날까지도 기울어진 채 서있다.

옛날 건축 기술의 발달을 보여주는 이 사탑은 비스듬히 서 있어도 허물어지지 않고 아직까지도 그대로 남아 있어서 세계적으로 유명한 건물로 알려져 있다.

350년 전, 피사의 사탑 주위에 많은 사람들이 모여 웅성거리고 있었다. 피사대학의 교수들과 학생들 앞에서 이 대학의 갈릴레오 선생이 낙하 실험을 하기로 예정되어 있었던 것이다. 드디어 탑 위에는 양손에 무엇인가 든 갈릴레오의 모습이 보였다.

"여러분, 지금 여기에 각각 100파운드, 20파운드, 1/2파운드 세 개의 둥근 금속이 있습니다. 자, 어느 것이 먼저 떨어지나 자세히 보십시오."

사탑 밑의 지면에는 금속이 떨어져서 분명한 소리를 낼 수 있도록 철판이 놓여 있었다. 갈릴레오는 말을 마치자 두 손에서 금속을 떨어뜨렸다. 탕! 소리를 내면서 철판 위에 떨어진 금속은 큰 것이나 작은 것이나 동시에 소리를 내고 떨어졌다. 즉, 같은 시간에 떨어진 것이다.

"멋진데! 갈릴레오 선생의 말은 옳아." 학생들은 감탄하면서 떠들썩했다.

"물체는 무게에 비례해서 빨리 낙하한다."고 2천년 동안 사실처럼 믿어왔던 아리스토텔레스의 학설이 잘못이라는 것을 갈릴레오가 실험으로 증명했다.

그런데도 당시의 사람들, 특히 저명한 교수를 비롯해서 학생들은 이것을 믿으려 하지 않고 무거운 물체일수록 더 빨리 떨어진다고 생각했다.

만약 아리스토텔레스의 학설을 그대로 인정한다면, 100파운드 금속은 20파운드의 금속보다는 5배나 더 빨리, 그리고 1/2파운드의 금속보다는 200배나 더 빨리 낙하해야 한다.

즉, 20m의 높이에서 세 금속을 낙하시킨다면 100파운드의 금속이 지면의 철판에 떨어져서 소리를 낼 때 20파운드의 금속은 4m, 더욱이 1/2파운드의 금속은 겨우 10cm밖에 낙하하지 않아야 한다.

갈릴레오는 그의 실험을 학생들에게 다음과 같이 설명했다.

"자, 이제 알았지? 무거운 물체나 가벼운 물체나 조금도 차이 없이 같은 시간에 낙하한다는 것을 알게 됐지? 나뭇잎이나 새의 털같이 가벼운 것이 천천히 떨어지는 것은, 그 물체에 원인이 있는 것이 아니고 공기의 저항이 떨어지는 물체를 방해하기 때문이야." 이렇게 설명한 다음 갈릴레오는 "이와 같은 현상은 지구에 중력이라는 것이 있어서 지상의 모든 것을 잡아당기기 때문이다."라는 결론을 내렸다.

당시에는 지구에 중력이 있다고 생각한 사람은 별로 없었고, 아리스토텔레스의 학설대로 무거운 물체는 가벼운 물체보다 아래쪽으로 더 빨리 떨어진다고 믿었다. 이것에 대하여 갈릴레오는 지구 중력의 작용으로 무거운 물체나 가벼운 물체는 같은 시간에 떨어진다는 사실을 많은 사람들 앞에서 실제 실험해 보여준 것이다.

그러나, 물체가 낙하할 때 받는 공기나 물의 저항은 물체의 모양에 따라 아주 다르다. 말하자면, 무거운 금이라도 이것을 얇게 펴서 금속 조각으로 하면 공기 중에 뜨고, 돌이라도 부숴서 가루로 만들면 공기 중에 둥둥 떠서 쉽게 떨어지지 않는다.

세 개의 금속 덩어리가 공기 중에서 거의 같은 시각에 낙하한 것은 모양을 둥글게 하여 공기 저항을 최소화했고, 덩어리 자체가 무거워 공기의 저항을 거의 받지 않았기 때문이다.

그러면, 공기의 영향이 전혀 없으면 어떻게 될까? 공기의 영향이 없는 곳, 즉 진공 상태에서는 돌이나 새의 털이라도 모두 같은 속도로 낙하한다고 믿은 갈릴레오는 다음과 같이 단정하였다.

"진공 속에서는 모든 물체가 동시에 낙하한다."

갈릴레오가 피사의 사탑에서 진행한 실험은 물체의 낙하에 관한 그릇된 생각을 시정함과 동시에 물체 운동에 관한 새로운 설명의 길잡이가 되었다.

한편, 위대한 물리학자이자 천문학자인 갈릴레오가 1642년 세상을 떠난 그 해, 영국 농가에서는 크리스마스의 축복을 받으며 아이작 뉴턴이 태어났다. 태어나기 몇 달 전에 아버지를 여의고 홀어머니 밑에서 자란 뉴턴은 어릴 때부터 몸이 허약한 소년이었다. 재가한 어머니가 다시 돌아와 함께 살았지만 다른 애들과 어울려 노는 것을 좋아하지 않았다.

중학교를 졸업한 후, 뉴턴은 어머니의 농사일을 돌보고 있었으나, 이러한 일보다는 묵묵히 자연현상을 관찰하거나 여러 가지 기계를 만드는 일을 가장 즐겨했다. 그는 여러 가지 기계 모형, 물시계, 해시계 등을 직접 만들고, 연도 다른 소년들의 것보다 특이하게 만들어 하늘 높이 날리기도 했다.

동네 소년들은 뉴턴을 보고 "이 바보 같은 자식아, 기운도 없는 자식이 무얼 한다고 그래."라고 놀리는 것이 보통이었다.

어느 날 뉴턴은 자기가 만든 물레방아를 만지고 있었다. 이때 동네 소년들이 그쪽으로 몰려왔다. 그들 중에는 이 마을에서 제일 기운세고 사나운 녀석의 얼굴도 보였다.

"이건 뭐지?"하고 한 소년이 묻자 뉴턴은 망설이면서 더듬더듬 "이건 물레방아야, 밀방아를 돌리는 데 사용하는 거야. 여기 채가 달려 있어서 이 밑으로 가루가 나오도록 돼 있어."라고 대답했다.

"참 근사한데, 그러면 물레방아가 왜 돌고 또 밀이 어떻게 가루가 되는지 그 이유를 설명해 봐."하고 뉴턴을 골릴 작정으로 다시 물었다. 뉴턴은 잠시 머뭇거렸다.

"어서 설명해 보란 말이야."하고 다그쳐 물었다.

"그건 저......" 뉴턴이 이렇게 말을 잇지 못하고 계속 망설이자, 동네 소년들은 저마다 "야, 이따위를 만들기만 하면 무얼 해? 이유도 모르면서 그런 걸 만들면 목수와 다를 것 없지, 목수! 목수!", "바보 목수 뉴턴!"

하고 동네 소년들은 뉴턴을 놀렸다. 이때, 뉴턴은 울분을 참지 못하고 기운이 가장 센 소년에게 덤벼들어 일생 처음으로 싸우게 되었다.

뉴턴이 16세 되던 해의 일이다. 바람이 가장 세차게 불던 어느 날 뉴턴은 혼자서 바람이 부는 반대 방향으로 뛰어보고, 바람이 부는 방향으로도 뛰어보고, 또 그 자리에서도 뛰어보았다. 이때, 마침 지나가던 동네 농부가 이 광경을 보고는, "뉴턴은 아무리 생각해도 정신이 약간 돈 모양이야."라고 혼자 중얼거리며 지나갔다. 누구든지 이상하게 볼 수밖에 없었던 것은 그렇게 세차게 바람 부는 날 밖에 나가서 장난하는 것도 아니고 무슨 생각이라도 하는 것처럼 몇 번이고 자꾸 뛰기만 하였기 때문이다.

그러나 뉴턴은 장난을 하는 것도, 미쳐서 그러는 것도 아니었다. 바람이 부는 쪽을 향해서 뛰고는 자기의 발이 어디에 떨어지는가를 생각하고 있었던 것이다.

"바람의 힘이 있기는 하지만, 지구의 중력까지도 방해하다니......"

자기의 몸이 떨어지는 것은 지구의 중력 때문이라는 것을 이미 알고 있었던 뉴턴은 바람이 불지 않으면 뜀뛸 때 몸이 곧바로 제자리에 떨어질 텐지만, 바람의 힘 때문에 그 중력의 작용이 방해를 받고 있음을 알게 되었다. 뉴턴은 이로부터 바람의 힘까지도 계산했다.

뉴턴은 이렇게 연구하는 생활로 소년 시절을 보냈다. 한편, 뉴턴의 외삼촌은 목사였는데, 그는 뉴턴이 보통 소년들과는 다른 특별한 재능을 가지고 있음을 알아보고 케임브리지대학에 입학하도록 이끌었다.

뉴턴은 대학에 입학한 후에 빛에 관한 공부에 관심을 갖기 시작했다.

아이작 뉴턴

그러나 뉴턴이 24세 되던 해에 유럽을 휩쓴 무서운 페스트가 도버해협을 건너 영국에도 침입했기 때문에 케임브리지대학도 휴교하게 되어 그는 고향으로 돌아왔다. 고향에서 2년 남짓 머물러 있는 동안 주로 태양광선의 연구 등에 몰두했다.

1666년 가을 어느 날, 뉴턴은 집 앞 뜰에 앉아 여러 가지 생각에 잠겨 있었다. 이제 사과나무도 잎이 거의 떨어져가고 탐스럽게 잘 익은 붉은 사과가 몇 개 매달려 있을 뿐 오히려 앙상한 가지가 눈에 잘 띄었다. 묵묵히 이 정경을 바라보고 있었는데 갑자기 사과 한 개가 땅에 떨어졌다.

"갈릴레오의 그 유명한 피사의 실험을 생각하게 하는군." 이렇게 입속으로 중얼거리던 순간 뉴턴에게는 불현듯 무슨 착상이 떠올랐다.

"사과가 땅에 떨어지다니, 왜 사과가 저렇게 땅에 떨어지는 것일까?"

"정말 지구에 물체를 잡아당기는 힘이 있다면 사과 쪽에는 그러한 인력이 없을까? 사과에도 물체를 잡아당기는 힘이 있어야 되지 않을까?"

이리하여 뉴턴은 지구뿐만 아니라 어떠한 물체에도 물체를 잡아당기는 힘이 있을 것이라고 확신했다. 그러나 이것을 입증하기 위해서는 장기간에 걸친 연구가 필요했다.

뉴턴이 42세 되던 해에 이 이론을 완성했다. 사과가 나무에서 떨어졌을 때는 사실 사과도 지구를 잡아당기고 있었으나, 그 힘이 지구의 중력보다 너무 작아서 지구에 잡아 끌렸던 것이다. 중력도 이러한 인력 중의 하나인 것이다.

뉴턴은 이러한 발견을 토대로 지상에서 물체가 낙하하는 것은 물체가 지구의 중심을 향하여 끌려가기 때문이며, 이 힘은 지구와 달 사이에도 작용된다고 했다. 즉, 달이 지구에 떨어지지 않는 것은 지구가 달을 잡아당기는 힘과, 달이 지구를 회전하는 힘이 균형을 이루기 때문이라 설명하였다. 뉴턴은 이 힘을 우주 전체의 물체에 적용시켜 만유인력이라고 명명했으며, 1798년 영국의 헨리 캐번디시가 이것을 실험으로 밝혔다.

이리하여 물체의 무게라는 것은 그 물체와 지구 사이에 작용하는 만유인력임이 증명되었고 뉴턴의 법칙은 근대 역학의 기초이자 원동력이 되었다.

또한 뉴턴의 만유인력 법칙은 다음과 같은 점에서 그 의의가 크다. 옛날부터 하늘과 땅은 아주 동떨어진 별개의 세계라고 생각되었으므로 오랫동안 천체의 운동과 지상의 운동은 많은 학자들에 의해서 따로따로 연구되었다. 케플러가 발견한 행성의 운동 법칙이나 갈릴레오가 발견한 물체 낙하운동의 법칙도 아주 다른 법칙으로 믿어졌다.

이 따로따로 세계의 운동에 관한 설명이라 생각했던 것을 모두 동일한 법칙이나 원리로 설명할 수 있다는 것을 밝힌 사람이 바로 뉴턴이다. 뉴턴이 발견한 만유인력의 법칙은 이처럼 동떨어진 두 개의 세계를 하나의 세계로 통일시켰다는 점에서 중대한 의미를 가진다.

성층권의 발견

    사람은 보통 지표에서 겨우 수 m의 대기 속에서 생활하고, 비행기도 10km 이하에서 비행하는 것이 보통이며 특별한 경우도 15km 전후에서 비행한다. 그런데, 대기의 성질은 똑같지 않으며 높이에 따라 다음과 같이 여러 층으로 구별되어 있다.

대류권 지표에서 10km 정도의 공간을 말하며, 여기에서는 구름, 비, 바람 등을 일으키는 기후 현상이 발생하며 높이 올라갈수록 기온이 내려간다.

성층권 지표에서 10km에서 30km 정도의 공간을 말한다. 높이에 관계없이 기온이 거의 일정하며 언제나 맑은 날씨이고 기압은 지상의 3분의 1 이하이다.

화학권 지표에서 30km에서 80km 정도의 공간을 말하며, 기온이 점차 높아지다가 다시 점차 내려간다. 태양광선에 의한 화학변화가 현저하며 수증기나 탄산가스도 분해된다.

전리권 지표에서 80km에서 400km 정도의 공간을 말한다. 기온은 고도가 높아짐에 따라 높아지고, 전자나 이온이 많아 전파가 이 층에서 반사되어 원거리통신을 가능하게 한다.

중간권 지표에서 400km에서 1,000km 정도의 공간을 말하며, 대기는 극단으로 엷어지고 대기 중의 분자는 원자로 분해된다.

외기권 지표에서 1,000km 이상의 공간을 뜻한다. 대기는 중간층 보다 엷으므로 대기 입자의 충돌이 적어지고, 입자 속에는 지구에서 떨어져 나가는 것도 있다.

고대 그리스 시대에도 구름의 높이에 대한 여러 가지 설명이 있었으나, 구름의 높이를 6,300m 정도 이상이라 생각하지 않았다. 그리고 중세에 있어서 아라비아의 물리학자 알하젠이 대기의 높이를 92km로 추정한 일이 있었으나 그 후, 17세기 중엽까지 거의 이에 대한 관심이 없었다.

1643년에 이탈리아의 토리첼리가 공기에 무게가 있다는 것을 발견하였고, 1648년에 프랑스의 파스칼이 산에 올라가면 갈수록 기압이 낮아진다는 것을 밝혔다. 이러한 연구를 계기로 공기 중의 가스에 대해 연구하고, 그 특성에 대해 밝혀갔다. 이러한 연구의 업적들은 모두 대기를 연구하는 데 필요한 중요한 준비 작업이라 할 수 있다.

18세기 후반부터 19세기 말까지는 기구나 연을 이용한 대기의 대류권에 대한 탐구 시대라 할 수 있다.

대기 속을 가벼운 기구를 사용하여 올라가려던 생각은 옛날부터 있었다. 그러나 전해온 모든 이야기들은 확실한 근거가 없어 믿을 수 없으며, 실제 대기의 탐구는 1783년부터 시작되었다.

프랑스의 리옹 부근의 아노네의 유명한 제지공장 주인의 아들인 형 조제프와 동생 자크 두 형제가 비바레산의 산기슭을 따라 구름이 지나가는 것을 바라보고 뜨겁게 가열한 연기를 채운 기구를 띄워보려고 생각했다.

1782년 11월, 종이 주머니를 뜨거운 연기로 채운 실험을 하고, 연기 뿐 아니라 여러 가지 종류의 증기도 주머니를 공기 중으로 띄운다는 것을 알았다. 이 형제는 다음 해에 많은 사람들이 구경하는 넓은 장터에서 뜨거운 공기를 채운 기구를 하늘 높이 띄워 모든 이들을 놀라게 하며, 즐거움을 안겨주었다. 이 실험의 결과가 파리에 전해지자, 파리 과학학사원에서 기구실험위원회를 만들었고 또 민간에서 연구비를 기부하는 사람도 나타났다.

이리하여 본격적인 실험에 착수한 사람이 젊은 실험물리학자인 샤를이었다. 1783년 8월, 기구는 비단으로 만들고 그 내부는 녹인 고무를 발라 뜨거운 공기 대신에 수소가스를 사용하여 더 멋진 기구로 실험을 했다. 당시 이것을 구경하기 위하여 모여든 5만 명의 사람들로부터 아낌없는 함성과 갈채를 받았다.

같은 해 10월에 조제프와 자크 두 형제가 인간이 탑승한 기구의 실험을 하였으며, 이것이 인간이 공중에 올라간 첫 기록이 된다. 이 실험에 이어 12월에 샤를이 수소기구를 타고 자유항행하여 파리에서 25마일 이상 떨어진 산림 속에 무사히 착륙하여 프랑스의 기구실험이 세계에 알려지게 되었다.

다음 해인 1784년, 영국의 제프리스와 프랑스의 블랑샤르가 서로 협력하여 기상관측을 목적으로 한 기구를 만들어 올렸다. 여기에는 한란계, 기압계, 온도계, 나침반 등의 기계를 싣고 같이 올라갔다.

제프리스가 말하기를 "나는 지상에서의 높이에 따라 기온이 어떻게 변하고, 바람의 이론에 대한 새로운 지식을 얻기 위하여 상층의 기온과 바람의 방향 변화를 관측하는 것이다."라고 했다. 이 실험에 의해 기압도, 기온도 높이 올라가면 갈수록 낮아진다는 것을 확인했다.

다시, 다음 해 1월에 영국의 도버를 출발하여 도버해협을 건너 프랑스의 칼레 부근에 착륙하였는데, 이것이 기구에 의한 최초의 장거리 비행이다. 이후부터 고층 기상관측 하는 사람들이 많이 나와 지자기, 음향, 공기의 성분 등 여러 가지 대기에 대한 실험을 하였다.

한편, 고층 기상관측에 기구를 이용하는 대신에 「연」을 사용하는 사람도 있었다. 1749년, 영국의 윌슨이 「연」에 한란계를 달아 상층 기온을 관측하였고 1752년, 미국의 프랭클린이 연을 사용하여 번개의 전기를 증명한 것은 유명한 사실이다.

기구로 상승한 새로운 기록적 사건은 1862년, 영국의 글레이셔와 콕스웰의 실험이다. 두 사람이 올라간 고공은 너무나 높은 곳이어서 저압 · 저온으로 기절할 정도가 되어 다시 내려왔다. 이때 아마 11km 정도의 고도에 올라간 것으로 추정되는데, 이것은 당시 기구실험 역사상 가장 획기적인 것으로 인정되었다.

그러나 이러한 고공 실험에는 희생자가 생겼고, 사람이 직접 관측한다는 것이 여러 가지 어렵고 위험스러운 일이 많았다. 그래서 고안한 것이 기구에 자동적으로 기록하는 기상기기를 달아서 어떤 높이에 도달해 기구가 터지면 낙하산을 이용해 기기만 안전하게 지상으로 떨어뜨리는 방법이었다.

1893년 3월, 프랑스의 에르메스와 브장송 두 사람이 최초로 이러한 방법으로 기구를 16,000m까지 올렸으나 기록하는 잉크가 얼어서 기록에 실패하고 말았다. 이러한 고공에 대한 인간의 꾸준한 노력으로 얻은 놀라운 역사적 사실은, 「성층권」의 발견이었다.

20세기의 기상학은 성층권의 발견에서부터 시작되며 이는 1902년에 프랑스의 테스랑 드 보르에 의해 이루어졌다.

드 보르는 1855년, 파리의 돈 많은 집에서 태어났으며 아버지는 대사와 장관을 지낸 사람이었다. 그는 1880년에 프랑스 중앙기상대에 들어가서 기사로 일했으며 1896년, 파리의 근교에 자기 돈으로 고층 기상관측소를 만들어 독자적인 연구에 전념했다. 그는 11km에서 14km에 이르는 고층 기상관측을 계속했으며 이것에서 얻은 관측 결과를 논문으로 만들어 1902년 학사원에서 발표하였다.

그의 결론은 다음과 같다. 첫째, 기온은 높이 올라갈수록 내려가는데, 그 내려가는 정도는 높이 올라갈수록 크다. 둘째로 대기의 상태에 따라 다소의 차이가 생겨나 8km 내지 12km 높이 이상에서는 온도의 낮아지는 정도가 매우 작다. 이 온도가 거의 동일한 층의 두께는 아직 알 수 없다.

이리하여 대기의 대류권 상층에서는 온도의 변화가 없는 성층권이 있다는 것을 발견하게 되었다. 1932년에는 사람이 기구를 타고 16km 이상 올라간 기록을 가졌으나, 성층권의 발견이 우리에게 있어서 어떤 의미를 가지며 또 어떠한 중요성을 가지는가 하는 것을 당시에 아는 사람은 하나도 없었다. 이리하여 성층권의 기온은 대류권과 같이 하강하지 않고 거의 일정하며, 고도 20km를 넘으면 기온은 고도에 따라 상승하고 50km에서 극대에 달한다. 그리고 성층권의 성분 조성은 높이에 따라 다르지 않고 거의 일정하다는 것을 알게 되었다.

20세기에 들어서면서 비행기에 의한 고층 기상이 활발해졌고 이에 따라서 그보다 더 높은 초고층에 있는 상태에 대하여 탐구하려는 관심이 커져 갔다.

이때, 이상한 문제로 관심을 끄는 현상이 있었다. 그것은 무선전신이 원거리 통신으로 실용화되면서 전파가 직선으로 움직여 가지 않고 지구의 둥근 표면의 모양에 따라 굽혀져 간다는 사실이었다. 이에 대하여 1902년에 영국의 헤비사이드와 미국의 케넬리는 '대기의 아주 높은 곳에는 전파를 반사하는 층이 있어서 지상에서 발사된 전파가 이 때문에 반사된다.'는 의견을 발표했다. 이것이 확인된 것은 1926년이며 이것을 전리층이라 한다.

1945년, 미국이 원자폭탄을 만들어 제2차 대전을 종식시켰는데, 전해인 1944년, 독일이 실용적인 로켓 V-1호, V-2호를 만들어 영국, 프랑스를 공격한 바 있다. 미국은 전쟁이 끝난 즉시 이 로켓을 이용하여 초고층에 관한 관측을 하였다. 즉, 1947년 V-2호를 이용하여 160km 고공에서 지구의 사진을 찍었으며, 이것에 의하여 지구 표면이 곡선으로 휘었다는 것을 처음으로 확인하였다.

그 후, 로켓은 1단에서 2단, 2단에서 3단, 3단에서 4단까지 만들어져 1957년에는 공중을 6,400km까지 올라간 기록을 세웠다. 참으로 놀라운 진보가 아닐 수 없었다.

성운의 발견

　지금으로부터 약 2백 년 전에 영국 런던의 뉴 킹이라는 거리에 독일 태생의 윌리엄 허셜이라는 음악가가 캐롤라인이라는 동생과 함께 살고 있었다.

　허셜은 이름이 그다지 알려지지 않은 음악가로서, 밤마다 동생과 함께 당시에 유명한 음악들을 연주하고는 늦게 집으로 돌아오는 것이 일과였다. 이 두 남매는 이렇게 하여 번 돈으로 생활하고 있었다.

　허셜은 아침에 일찍 일어나서 낮에는 색깔이 바랜 작업복을 걸치고 좁은 방에 틀어박혀 망원경의 렌즈를 닦으면서 망원경 제조에 전력을 기울이고 있었다. 동생 캐롤라인은 오빠 곁에서 그의 일을 돕고 있었다. 저녁때가 되면 그들은 옷을 갈아입고 그들의 일터인 음악 연주회에 나갔다.

　밤늦게 돌아올 때면 허셜은 가난한 음악가가 아니라 의젓한 천문학자가 되어 낮에 스스로 조립한 몇 개의 망원경으로 깊은 밤중까지 하늘에서 빛나고 있는 별들을 관찰하였다.

　이러한 관찰은 비 오는 날이나 구름 낀 날을 제외하고는 매일 같이 계속되었다. 망원경의 제작과 별의 관찰을 시작하여 10년이란 긴 세월이 지난 어느 날 허셜은 하나의 새로운 별을 발견하였다.

허셜은 이 별을 수성이라 생각하고 이 별을 「조지의 성」이라고 이름 지었다. 조지라는 이름은 당시 영국의 국왕 이름이었는데 조지왕은 별을 관찰하는 것을 즐겨서 궁전 안에 망원경을 세워 놓고 별을 관찰하고 있었던 것이다.

허셜은 1781년 3월 13일 밤에 발견한 이 새로운 별에 관해서 영국의 저명한 학자들이 모이는 왕립학회에 보고했다.

이리하여 허셜의 이름은 널리 알려지게 되었으며, 그는 자기가 발견한 별을 더 자세히 관찰한 뒤, 그것이 수성이 아님을 알고 학자들과 상의하여 천왕성이라 이름을 고쳤다. 천문학자로서의 뛰어난 재능을 발휘하기 시작한 허셜은 여전히 계속해서 묵묵히 별을 관찰하고 있었다.

어느 날, 금빛으로 장식된 호화찬란한 제복을 입은 왕실을 호위하는 장교가 허셜의 집에 찾아왔다. 전과 다름없이 색이 바랜 작업복 차림의 허셜은 뜻밖에 찾아온 손님을 맞아, 웬일인가 싶어 어리둥절하고 있었다.

그 장교는 공손히 인사한 다음에 "저는 오르슈 대령입니다. 국왕 조지 3세께서 당신을 만나고 싶다는 소식을 알리고자 왔습니다. 국왕께서는 당신이 망원경을 가지고 궁전으로 오기를 바라고 있습니다."라고 말하였다.

허셜은 이것이 정말인지 아닌지 의심스러워 잠시 동안 꼼짝 않고 서 있었다.

허셜은 바삐 서둘러 궁전으로 가서 국왕을 찾아뵈었다. 국왕 조지 3세는 대단히 반가워하면서 허셜과 별에 관한 여러 가지 이야기를 나누었다.

영국의 어느 천문학자보다도 별에 관해서 잘 알고 있는 허셜에 대해 조지 3세는 매우 감탄하였다. 더욱이, 그가 만든 망원경이 전문가들에 의해 만들어진 것보다 훨씬 성능이 우수함에 놀란 왕은 허셜을 영국의 '왕실 천문학자'라는 지위에 두고 별의 관찰을 계속하도록 명했다.

이리하여 허셜은 많은 사람들의 존경을 받는 '왕실 천문학자'라는 신분으로, 다른 생각은 전혀 하지 않고 낮에는 마음대로 망원경의 제작에 전념하는 한편 밤에는 별의 관찰에 몰두하였다.

그는 아주 큰 망원경을 만들어 매일 밤하늘을 마치 자로 재는 것처럼 끝에서부터 차례차례로 관찰했다. 그러던 중 어느 날 밤, 이상한 별을 보았다. 뽀얗게 작은 구름처럼 빛나는 별이 그의 망원경을 통해 눈에 비쳤다. 이것은 커다란 망원경으로 보면 작은 별들이 모여 있는 것으로서 보통 성운이라고 불리는 것인데, 당시에 프랑스의 메시에라는 천문학자가 103개 정도의 성운을 발견하였다고 알려져 있었다.

허셜은 자기의 망원경으로 성운을 찾아보니 103개 정도가 아니었다. 200~300개를 훨씬 넘는 것이 아닌가?

성운 찾기를 시작한 그는 1802년까지 약 2,500개 정도의 성운을 발견하였으며 성운의 여러 가지 모양도 발견하였다. 그물처럼 널리 퍼져 있는 모양이나, 회오리 모양이나 볼록렌즈 모양 등 가지각색 모양의 성운이 있음을 알게 되었다.

어느 날 밤 허셜은 강이라고 불리는 많은 별이 모여서 된 은하도 역시 하나의 성운이 아닐까하고 생각했다. 이런 생각으로 은하를 관찰하여 보니 점점 더 성운처럼 추측되었다.

매일 밤 은하의 관찰을 계속할수록 자기의 생각이 굳어진 허셜은 "은하도 분명히 성운이다."라고 확신하게 되었다. 더욱이 그는 "태양이나 지구, 화성, 천왕성도 모두 이것을 포함한 커다란 성운일 거야."라고 생각하기에 이르렀다.

허셜의 생각은 옳았다. 사실 태양이나, 지구나, 화성이나, 천왕성 등은 모두 은하성운을 이루는 한 부분인 것이다.

허셜뿐만 아니라, 그의 아들 존 허셜도 아버지의 뒤를 이어 별의 연구를 계속해서 그가 발견한 성운은 5,000개를 넘는 엄청난 수에 이르렀다. 허셜과 그의 아들의 연구는 천문학상 튼튼한 기초가 되었고, 이후의 발전에 커다란 도움이 되었음은 두말할 나위도 없다.

밤하늘을 쳐다보면 많은 별들이 빛나고 있는데, 그것은 거의 모두 은하성운 속에 있는 별들이다.

1916년, 미국 윌슨 천문대에 100인치 망원경이 설치되면서 우주성운의 관측을 자세히 할 수 있게 되었다. 우주에는 은하성운 외에도 많은 성운이 있다는 것과 은하성운이 어떤 모양으로 이루어져 있고, 그 속에는 별들의 상태가 어떻게 되어 있는지 등을 자세히 알 수 있게 되었다.

오늘날, 은하성운은 약 1,000억 개의 별들로 이루어져 있고 중심 부분이 얇은 볼록렌즈 모양을 하고 있으며, 그 볼록렌즈의 가장 긴 직경은 약 10만 광년(1광년은 빛의 속도로 1년 걸리는 거리)이며 중심의 볼록한 두께는 15,000광년 정도라는 것이 밝혀져 있다. 그리고 우리 태양은 은하성운의 중심에서 약 3만 광년 떨어진 가장자리에 있으며, 항성으로서는 매우 고독한 존재라고 하겠다.

1948년, 미국의 팔로마 천문대에는 200인치 망원경이 설치되었다. 이 망원경을 통해 우주에는 1억 개 이상의 성운이 산재해 있고, 1,000억 개의 별로 이루어진 우리의 은하성운도 전체 우주에서 보면, 바다에 뜬 하나의 작은 섬에 불과하다는 것을 알게 되었다.

산소의 발견

1767년의 어느 날, 영국의 리즈라는 마을에 있는 양조 공장에서 포도의 발효 현상을 열심히 관찰하는 청년이 있었다.

공장의 한 직공이 지나면서 "무얼 그렇게 열심히 들여다보는 거요?" 물으니, "저 거품을 보고 있습니다."하고 청년이 놀라면서 대답했다.

"술을 만들 때 발효액에서 거품이 나오는 것은 당연하지 않소."라며 말을 하는 직공이 지나가버린 다음, 청년은 입 속으로 "누구나 알고 있는 이 거품을 모아서 관찰하고 실험한 사람은 이제까지 없었다. 내가 밝히고야 말테다." 이렇게 중얼거렸다.

이 청년의 이름은 프리스틀리로서 교회의 목사였다. 프리스틀리는 집에 여러 가지 실험기구를 구비하고 틈 있는 대로 여러 실험을 계속한 지 벌써 10년이나 되었다.

그는 발효통 속에서 발생하는 거품이나 그 외의 여러 기체를 모으는 방법을 연구하여 물에 녹기 쉽지만, 그때까지 모을 수 없었던 암모니아 가스나 염산의 증기를 병 속에 모았다. 프리스틀리는 사람들이 전에는 병 속에 모은 일이 없었던 기체를 발생시켜 모으는 일에 열중하여 여러 가지 고체의 물질을 가열하여 어떤 기체가 발생하는지를 실험했다.

그는 특히 수은을 공기 속에서 세게 가열하면 표면이 점점 붉은 색깔을 띠기 시작해서 결국 전부 붉은 가루가 되는, 즉 수은의 재가 되는 현상을 관찰했다. 프리스틀리는 이 물질을 계속 가열하면 다시 본래의 수은으로 되는 현상에 관심을 가지고, 이 물질을 가열하면 어떤 기체가 나오는지를 조사하려고 노력했다.

특수하게 만든 실험 장치에 수은의 재를 넣고 직경이 30.5cm나 되는 커다란 볼록렌즈로 햇빛을 비쳐 재를 가열했더니 수은의 재에서 가스가 발생하여 시험관 위에 모였다. 가스를 많이 모은 후, 시험관을 장치에서 떼고 촛불을 넣었다. 이건 웬일일까? 촛불이 더 세차게 타는 것이 아닌가.

"아! 얼마나 신기한 일인가?"

프리스틀리는 감탄했다. 다음에 그는 병 속에 이 기체를 모으고 여기에 산 쥐를 넣어 보았다. 이 기체를 넣지 않은 병 속에서는 쥐가 보통 15분 후에 죽었는데 이 기체 속에서는 30분이나 지났는데도 아무렇지도 않았다. 자기 스스로 냄새를 맡아 보아도 아무런 이상이 없었다.

"이 기체가 아주 유용한 것으로 인정받을 날이 언젠가 올 거야."

"지금은 오직 실험 자료로 사용한 쥐와 나만이 이 기체를 호흡할 수 있는 특권을 가지고 있단 말이야."

프리스틀리가 발견한 기체는 보통의 공기보다 물질을 잘 타게 하며 그 기체 속에서 동물은 보통 공기를 넣었을 때 보다 더 오래 살 수 있다

프리스틀리가 산소를 발견한 실험실

는 것을 알아냈다. 프리스틀리는 이 새로운 기체에 플로지스톤을 잃어버린 공기라는 이름을 붙였다. 이 기체는 산소로서, 프리스틀리가 이 기체를 발견한 것은 1774년 8월 1일이었다.

그러나 영국의 프리스틀리보다 3~4년 전에 스웨덴의 화학자 셸레가 수은의 재나 그 밖의 물질에서 새로운 기체인 산소를 발견했으나, 발표를 늦게 했기 때문에 프리스틀리를 보통 산소의 발견자라고 한다.

프리스틀리가 직경 30.5cm의 볼록렌즈에 빛을 모아서 수은의 재를 가열했을 때 발생하는 놀라운 기체에 관해 연구를 하고 있는 동안, 프랑스에서는 앙투안 라부아지에가 "도대체 연소라는 것은 무엇인가?"하는 문제를 해결하려고 연구에 힘을 기울이고 있었다.

이야기를 바꾸어 재미있는 우화를 하나 소개하기로 하자.

아주 옛날에 바보 왕이 있었는데, 자기가 가지고 있는 작은 다이아몬드를 전부 모아서 하나의 큰 다이아몬드로 만드는 게 소원이었다. 그는 다이아몬드를 모아서 유리처럼 녹이면 작은 것들이 한데 뭉쳐 큰 다이아몬드 덩어리가 될 것이라 믿었다. 그러나 다이아몬드 조각들을 가열하니 녹은 다음에 하얀 재로 변해버렸다. 바보 왕은 귀중한 다이아몬드를 전부 재로 바꾸어 버리고는 어리둥절했다는 이야기다.

그처럼 반짝이던 다이아몬드도 사실은 숯과 똑같이 탄소라는 원소로 이루어졌기 때문에 아주 세게 가열하면 타버린다.

프랑스의 학자들은 만약 공기가 없다면 다이아몬드가 탈 것인지 아닌지에 대해 여러 가지 토론을 벌였다. 공기가 없어도 탈 것이라는 의견과 타지 않을 것이라는 의견으로 갈라져 어쨌든 실험을 해보기로 결정했다.

이리하여 당시 프랑스의 유명한 화학자였던 라부아지에가 이 실험을 하기로 결정하여, 많은 구경꾼이 모인 가운데 실험이 시작되었다.

번쩍이는 다이아몬드를 손에 든 라부아지에가 여러 사람 앞에 나타났다.

"참 멋진 다이아몬드인데."

"이렇게 값비싼 훌륭한 다이아몬드를 불태워 재로 만든다는 것은 참 아까운 일이야."

이렇게 안타까운 말을 하는 사람이 있는가 하면, "아니, 그렇지 않아요. 기다려보세요. 다이아몬드는 절대로 타지 않을 테니까요.”하고 안심하며 태연히 구경하는 사람도 있었다.

드디어 실험이 시작되었다. 유리병 속에 다이아몬드를 넣고 마개를 꼭 막은 다음에 공기를 거의 빼버렸다. 다음에 라부아지에는 직경이 1m나 되는 커다란 볼록렌즈로 일광을 모아서 유리병 속에 있는 다이아몬드를 가열했다.

금방 다이아몬드가 탈 것 같았으나 1분, 2분이 지나도 유리병 속의 다이아몬드는 여전히 반짝이고 있었다.

“자, 10분 이상이나 가열하였습니다만 보시는 바와 같이 공기가 없으면 역시 타지 않습니다.”

라부아지에는 다음 실험을 시작했다.

“자, 그러면 공기가 있는 데서 태워봅시다.”

라부아지에는 유리병 마개를 빼고 공기를 다시 넣었다. 잠시 후에 다이아몬드는 세찬 빛을 내면서 타기 시작했다. 남은 것은 얼마 안 되는 흰 재였다. 여러 구경꾼들은 이상한 일도 다 있다는 듯이 저마다 놀라고 감탄하는 표정이었다. 여러 사람들이 간 후에도 라부아지에는 연구를 계속했다. 그에게는 커다란 의문이 남아 있었다.

“공기가 없으면 왜 물질이 타지 않을까?”

라부아지에는 매일매일 이 의문을 해결하려고 노력했다.

어느 날, 물이 담긴 유리그릇 속에 또 다른 유리그릇을 거꾸로 세우고 외부와 차단된 그 속에서 인 조각을 불태워 보았다. 인은 흰 연기를 내면서 잘 탔으나 얼마 후에 인의 불꽃은 그만 꺼지고 말았다.

"이상한데, 공기가 틀림없이 있을 텐데 인의 불꽃이 꺼진다. 이것은 아마 공기 속에 물질을 잘 태우는 성분이 있기 때문인지도 몰라. 물질이 타면 그 성분이 점점 줄어드는지도 모른다."

라부아지에는 이렇게 생각하고 있었는데, 그 사이에 영국의 프리스틀리가 물질을 잘 타게 하는 이상한 기체를 발견했다는 말을 했다.

1774년 10월의 어느 날, 프랑스 파리를 방문한 프리스틀리는 그의 발견에 대해서 자세히 설명했다. 라부아지에는 프리스틀리의 연구 결과에서 힘을 얻어 이 새로운 기체에 관한 연구를 계속하여 드디어 1777년에 공기 속에서 물질을 잘 태우는 성분을 찾아냈다. 그는 이 기체가 공기의 5분의 1정도의 부피를 차지하고 있음을 밝혔다.

라부아지에는 이 기체에 산소라는 이름을 지었다. 다이아몬드나 인이 타는 것도 모두 이 산소가 있기 때문인 것이다. 그리고 생물이 살아가는 데 잠시라도 이 기체가 없으면 생명을 유지할 수 없다.

동물의 호흡에 산소가 절대적으로 필요하다는 것을 확실하게 관찰하고 입증한 사람은 라부아지에이다.

라부아지에는 또 캐번디시가 발견한 연소 공기(수소 그 자체가 연소하는 성질을 가짐)가 그 자체로 연소한다고 하였다. 그는 이것도 다른 물질이 연소하는 화학 현상과 동일하게 산소와 화합하는 현상으로 설명하였다. 1781년, 캐번디시가 「연소 공기가 보통 공기 속에서 연소할 때 물이 만들어진다.」는 것을 발견했다. 이 발견을 통해 물은 산소와 연소 공기,

즉, 수소와의 화합물이라는 결론을 내리고 물을 두 성분 원소로 분해함으로써 이것을 확증했다(1783).

또, 라부아지에는 호흡이 일종의 연소 현상이며 동물체의 일정한 온도는 산소와 피 속의 탄소 물질 결합에 의해 방출되는 열로 유지되는 것이라 설명했다.

그는 1789년에『화학요론』이란 역사적인 책을 출간했는데, 이 책 속에서「원소란 분석이 도달할 수 있는 최후의 점」이라고 정의하고, 33종의 원소를 성정하여 새로운 화학 용어로 단체 표를 만들기도 했다.

그리고 그는 "원소를 분리하는 수단을 발견하지 않은 한, 그러한 것들은 우리에게 있어서 단체이며 우리들이 실험과 관찰에 의해 증명할 때까지는 그것을 화합물로 취급해서는 안 된다."고 말하고 "그러나 우리들이 단체라고 부르는 물질도 사실은 두 개나 그 이상의 원소로 이루어져 있을지도 모른다. 다만 이러한 원소를 분리하는 방법을 알지 못하기 때문에 우리들에게 단체로 보일는지 모른다."고 부언했다. 더욱 그는 "언제나 잘 알려진 사실을 토대로 하여 잘 알지 못하는 것에 접근해야 하며, 실험이나 관찰로 직접 알 수 없는 결론은 내리지 않는 것을 나의 연구의 기본 방침으로 삼는다."고 설명했다. 이러한 사상은 라부아지에 이래 새로운 원소를 발견하는 가장 효과적인 방법으로 신봉되고 있다.

돌이켜 보건대, 근대의 화학 혁명은 금속의 회화 현상(산화 현상)의 연구에서 동기되어 연소 현상의 이론적 확립에서 시작된다. 이러한 화학 혁명의 주도자는 영국 프리스틀리였음에도 불구하고 그의 보수주의적인 사상, 즉 굳게 「닫힌 마음」을 스스로 극복하지 못했기에, 결국 프랑스의 라부아지에에게 그 영예를 넘겨줄 수밖에 없었다.

원래 라부아지에는 부유한 양가에서 태어났으며, 처음에는 법률을 공부했다. 그 후, 과학에 특별한 취미를 갖고 유명한 과학자의 지도를 받으며 기상관측도 하고 지질 광물도 연구했다. 25세 때 징세 청부인이 된 것이 화가 되어 프랑스혁명 때 단두대의 이슬로 사라졌다.

그 당시 프랑스에는 천문학계와 수학계에 있어서 세계적으로 유명한 라플라스, 라그랑주, 몽쥬 등의 거장들이 있었으며, 이들과 친교하면서 과학 연구의 활발한 풍토 속에서 화학 연구를 하였다. 혁명에는 천재가 필요하나, 과학은 선각자들의 선행한 업적의 준비 없이 일시에 이루어지는 것이 아니다. 따라서 이러한 선각자들의 업적을 언제나 받아들일 수 있는 마음의 수용 태세 즉, 「열린 마음」의 자세를 가진다는 것이 필요하다. 그러한 천재에 있어서만이 과학 혁명의 기수가 될 수 있는 기회를 잡을 수 있는 것이다. 화학에 있어서의 라부아지에가 바로 그 대표적인 한 사람이며, 근대 화학 혁명의 주인공이다.

적색 염료의 발견

　지금으로부터 약 30년 전의 일이다. 독일의 이게파르벤이라는 염료 회사의 약품 연구부의 한 방에서, 세 사람의 과학자들이 새로운 약을 만들기 위한 연구에 착수하고 있었다.

　미치와 클라러라는 젊은 화학자가 독일의 저명한 세균학자 도마크를 도와 그와 함께 이 연구실에서 일하고 있었다. 이 두 화학자는 모두 그들의 아버지를 패혈증이라는 무서운 병으로 잃었다.

　이 패혈증은 연쇄상구균이라는 세균의 일종이 피 속에 들어감으로써 생기는 병으로, 당시만 해도 이 병에 걸리면 대부분의 사람들은 살아나지 못했다. 어떤 유명한 의사라도 이 병에 걸린 환자를 보면 머리를 흔들고 치료할 생각조차 못 할 만큼 이 병에 일단 걸리면 사형선고를 받는 거나 마찬가지였다.

　이러한 이유로 옛날부터 약간 다친 상처가 원인이 되어 패혈증에 걸려 생명을 잃은 사람이 많았다.

　1909년, 독일의 세균학자 파울 에를리히가 스피로헤타라는 눈에 보이지 않는 나선 모양의 미생물에 의해서 일어나는 병을 고칠 수 있는 약을 만들었다. 이 약은 살바르산이라는 것으로 606번째의 실험에 의해서 성공하였기 때문에 일명 606호라고도 부른다.

그때까지만 해도 소독약으로 세균을 죽일 수는 있어도, 몸에 들어간 세균을 죽이는 방법은 알려지지 않았다.

에를리히의 노력과 끈기 있게 계속된 실험으로 발견된 살바르산이라는 새로운 약은 사람의 몸을 해치지 않고 몸속의 스피로헤타를 죽여서 많은 환자들에게 복음을 전해 주었는데, 이런 약을 화학치료제라 한다. 이때, 화학치료제로서 몇 가지 종류의 약이 이미 발견되고 있었다.

그러나 이러한 약들은 스피로헤타와 같은 하등 동물에 의해서 일어나는 병에는 효과가 있었지만, 연쇄상구균과 같은 세균에 의해서 일어나는 병에는 효력이 없었다. 따라서 연쇄상구균이 일으키는 병을 치료할 수 있는 화학치료제의 발견은 아주 불가능한 것처럼 생각하고 있었다.

이리하여 젊은 두 화학자는 자기들의 아버지를 비롯해서 다른 많은 사람들의 생명을 빼앗은 그 무서운 연쇄상구균을 멸균시키는 강한 약을 발명하고야 말겠다는 굳은 신념으로 염료회사의 약품 연구부에 들어와 도마크와 공동 연구를 시작한 것이다. 그러나 도마크의 연구실에서는 여러 가지 어려움이 겹쳐져서 그런 약은 쉽게 만들어지지 않았다.

어느 날, 도마크는 크리소이딘이라는 노란색의 물감이 연쇄상구균을 죽인다는 것을 잡지에서 읽었다. 크리소이딘은 시험관 속에서 이런 효력을 나타내는 것으로 알려졌고, 동물의 체내에 들어간 구균에 대해서는 아무런 효험도 없었기 때문에 그대로 사람들의 기억에서 사라졌다.

그러나 도마크는 사람들이 거의 잊어버린 이 물감을 화학치료제로 사용할 수는 없을까 하고 곰곰이 생각했다. 어느 날, 도마크의 연구실에서는 크리소이딘과 설폰아미드라는 화합물을 반응시켜 새로운 붉은색 물감을 만들었는데, 이 물감이 시험관 속에 담은 구균을 죽인다는 사실을 발견했다.

연구 중인 세 과학자는 깜짝 놀라서 곧 이 물감의 효력을 동물실험으로 확인할 준비를 했다.

그들은 실험용의 흰 쥐들을 두 그룹으로 나누어 무서운 연쇄상구균을 주사했다. 이 때문에 흰 쥐들은 거의 죽어가고 있었다. 이때, 도마크는 흰 쥐의 한 그룹에게 붉은색 물감을 먹이고 다른 그룹의 쥐는 그대로 내버려 두었다. 어떤 일이 일어났을까?

그들은 긴장된 표정으로 다음날 아침까지 기다렸다. 붉은색 물감을 마신 흰 쥐들은 아무 일도 없었다는 듯이 뛰어다녔고, 마시지 않은 흰 쥐들은 그대로 죽어 있는 것이 아닌가?

"성공이다! 대성공이야. 세균을 죽일 수 있는 화학치료제를 만든 것이다."

도마크를 비롯한 세 명의 과학자들은 서로 얼싸안고 기뻐서 어쩔 줄을 몰랐다.

그러나 이제 그들 앞에는 더 큰 일이 남아 있었다. 흰 쥐로 한 실험은 성공했다 하더라도 사람에게 효력이 있느냐가 문제였다. 그들은 주저하지 않을 수 없었다. 만일 사람에게 주사하여 해를 끼치면 그때는 책임을

게르하르트 도마크

져야하기 때문이었다.

도마크는 몇 번이고 동물실험을 거듭하여 이 약의 효력을 세밀하게 관찰했다.

도마크는 다른 날과 같이 연구실에서 실험에 열중하고 있었는데 집에서 전화가 걸려왔다. 어린애가 병으로 중태에 빠져 있다는 부인으로부터의 전화였다.

도마크가 곧 집으로 가보니, 어린애는 40도 가까운 높은 열로 실신 상태에서 몹시 고통스러운 신음을 하고 있었다. 왕진 왔던 의사는 난처한 표정으로 "매우 안 됐습니다만 살아날 가망이 없습니다. 패혈증입니다."라고 도마크에게 말하였다.

이 말을 들은 도마크는 실망에 잠겼다가 곧 비장한 각오를 했다.

"어차피 살아날 수 없는 목숨이라면 그 새로운 약을 한번 써보자."

아버지로서의 도마크는 자기가 발견한 약에 대해서 자신을 가지고 있었으나, 사람에게 그것도 사랑하는 자기 자식에게 최초로 시험해 보는 것이라 생각하니 손마저 부들부들 떨렸다. 그는 정신을 가다듬고 떨리는 손으로 고열과 싸우면서 사경을 헤매는 어린애의 입 속에 그 약을 몇 숟가락 떠 넣었다.

"이 약이 몸의 어느 부분도 해치지 않고 몸속의 구균을 죽여 줄 것인지......"

　마음속으로 기도하면서 도마크는 어린애 곁에 지키고 있었다.

　불안과 초조에 가득 찬 하룻밤이 지났다. 그런데 이 얼마나 놀라운 일인가? 어린애의 고열은 내려갔고 병상시와 같이 맥박수도 정상이 아닌가! 도마크는 자기가 발견한 새로운 약으로 제일 먼저 자기 아이를 살린 것이다.

　이리하여 이들이 만든 붉은색 물감이 곪거나 폐렴 같은 병에 특효가 있음이 실제로 입증된 셈이다. 이 약은 프론토질이라는 이름으로 널리 쓰이게 되어, 세균에 의해 발생되는 병을 치료하는 새로운 화학치료제로서 모든 약 중에서 큰 인기를 차지하게 되었다.

　프론토질은 몸속에서 크리소이딘과 설폰아미드로 분리되는데, 이때 설폰아미드가 세균을 죽이는 작용을 하게 된다.

　그 후, 많은 과학자들은 연구에 연구를 거듭하여 프론토질보다 효과가 훨씬 크고 또 제조하기 쉬운 다이아진, 구아니딘 같은 약을 발견했다. 서로 비슷한 구조를 가진 유기화합물인 프론토질, 다이아진, 구아니딘과 같은 약을 설폰아미드제라고 한다.

　지금은 다이아진이나 구아니딘이 많이 쓰이고 프론토질은 거의 사용되지 않고 있다.

　도마크는 이 새로운 약을 발견한 공적으로 1939년 노벨의학상을 받았다.

비타민의 발견

옛날부터 많은 사람들은 괴혈병에 걸려서 죽어갔다. 13세기경 십자군 전쟁이 격렬할 때, 이 병에 걸린 군인들이 많았는데, 특히 15세기에 이르러 오랫동안 계속되는 항해가 시작되면서부터 더욱 증가되었다.

아프리카 대륙의 남쪽 끝 희망봉을 돌아 항해한 바스쿠 다 가마 탐험대의 선원 중 6할 이상이 원인 모를 이 무서운 병으로 쓰러졌다. 1593년경 영국 해군은 1년 동안 만 명 이상의 환자가 생겨 원인이나 치료법도 모르는 채 고통 속에서 내장 출혈로 죽어갔는데 이 병이 바로 괴혈병이다.

이 괴혈병 때문에 수많은 선원들은 공포에 떨게 되었으며, 이 병에만 걸리지 않는다면 어떠한 고통도 참을 수 있다는 말까지 할 정도였다.

1734년 어느 여름에 그린란드를 항해 중이던 영국 배에서의 일이다. 항해하고 있던 선원이 괴혈병에 걸려 신음하고 있었다. 그가 죽으면 바닷물 속에서 장사 지내게 하는 것보다 차라리 항해 중에 발견한 섬에 환자를 내려놓고 떠나는 것이 더 좋을 것으로 생각하여, 그를 외딴섬에 홀로 남겨 두고 떠나가 버렸다.

괴혈병에 걸려 거의 죽어가던 선원은 배고픈 고통까지 겹쳐 쓰러진 채 주위에 자라고 있는 풀을 뜯어 먹으면서 하루 이틀 지냈다. 그런데, 웬일일까? 이 선원은 죽지 않았을 뿐 아니라 3일이 지난 뒤에는 괴혈병도 완전히 낫게 되었다.

이 믿을 수 없는 거짓말 같은 이야기가 선원들 사이에 퍼졌는데, 모두 짓궂은 장난꾸러기가 지어낸 허무맹랑한 이야기라고만 생각하고 도무지 믿질 않았다.

그러나 당시에 이 말을 유심히 듣고 있던 영국 해군의 제임스 린드라는 의사가 있었다. 그는 이 이야기에 커다란 흥미를 느끼고 더 자세히 조사해 보고는 괴혈병 특효약의 성분이 일종의 식물 속에 들어 있음을 알게 되었다.

"식물의 성분 중에 괴혈병을 낫게 하는 어떠한 물질이 포함되어 있을 것이다."

이렇게 믿은 린드는 여러 종류의 식물을 실험한 끝에 과일즙, 야채 그리고 레몬즙에도 있음을 알았다.

그는 12명의 선원을 선정하여 그중 10명에게 보통 음식을 주고 두 사람에게만 매일 레몬에서 짠 즙을 마시도록 했다. 이와 같이 며칠 계속하니 레몬즙을 마신 두 사람은 아무렇지도 않았는데 나머지 10명은 괴혈병에 걸렸다.

린드는 이 실험을 하고는 미칠 듯이 기뻐했다.

"됐다, 됐어! 이제 수십만의 괴혈병 환자를 구할 수 있어."

이러한 린드의 기쁨도 한순간의 일로, 해군의 상관이나 선원들은 모

제임스 린드

두 터무니없는 헛소리라고 한결같이 비웃었다.

그러나 린드는 굴하지 않고 이 사실을 납득시키려고 온갖 노력을 다 했다.

"바보 같으니라고! 레몬즙으로 괴혈병을 고칠 수 있다니, 나뭇잎으로 큰 배를 만드는 것처럼 허황된 일이다."

이처럼 린드의 연구를 전적으로 무시한 해군의 무지 때문에 50년이란 세월이 그대로 흘러갔다.

그러나 그동안 한편에서 린드의 생각을 스스로 실험해 본 사람이 나타났다. 유명한 영국의 탐험가 쿡은 린드의 연구를 확신하고 항해를 떠날 때, 많은 레몬을 배에 싣고 식사 시간마다 선원들에게 이 레몬을 계속해서 마시도록 하였다. 이로 인해 괴혈병에 걸린 선원은 한 사람도 생기지 않았다.

그 후, 영국 해군도 이 사실을 받아들여 군함에 승선하는 모든 승무원들에게 레몬을 공급하여 이 병을 예방할 수 있었다.

이리하여 레몬은 괴혈병의 예방약, 특효약으로써 선원들에게 애용되었으나 아직 괴혈병의 원인은 밝혀지지 않았다. 19세기 초에는 "괴혈병은 음식물에 섞여 있는 유독한 물질을 먹을 때 일어나는 일종의 중독으로서 레몬 속에는 그러한 독을 없애는 작용을 하는 물질이 포함되어 있다."고 생각했으며 19세기 말에는 전염병이라고 단정해 버렸다.

이상에서 알아온 것과는 다른 일이 또 있었다.

19세기가 거의 끝나갈 무렵, 녹일이나 영국의 번화한 거리 담벼락에는 "평균적으로 섭취한 영양식으로 건강한 우량아를 키웁시다."라는 포스터가 곳곳에 붙여져 있었다. 이것은 리비히 같은 학자들이 주장한 설에 따라서 두 나라의 정부에서 시작한 운동으로서, 인간을 포함한 모든 동물들의 필요로 하는 영양소는 지방질, 탄수화물, 단백질 그리고 광물의 4가지라는 것이었다.

이리하여 4가지 영양소를 꼭 계산한 양만큼 먹으면 누구나 우량아가 된다고 생각해서, 국가적으로 선전하면서 권장하였다.

그러나 이렇게 완전히 계산된 음식을 먹는 어린아이에 한해서 그때까지 없었던 이상한 병이 걸렸다. 잇몸 사이나 살갗, 근육 및 내장 등에 출혈이 일어나고, 범위가 점점 넓어져서 잇몸이 자색이 되고 이가 흔들리고 심하면 죽는 것이었다.

"무서운 전염병이 아닌가?"하고 부모들은 근심에 싸였다.

그러나 오늘날 생각하면 이 병은 4대 영양소만을 너무 섭취한 탓으로 어린이들에게 비타민C가 결핍되어 일어나는 소아 괴혈병이었다.

또한 이와 비슷한 시기에 일어난 일로서, 네덜란드의 식민지였던 동인도 여러 섬의 원주민 사이에 각기병이 발생했다. 네덜란드 정부가 많은 학자들을 이 식민지에 파견하여 이 병의 원인을 조사하도록 한 결과,

"각기병은 일종의 전염성으로서 세균에 의해서 일어나는 것이다."라고 결론지었다. 그러나 이 연구자들 중에 이 보고에 만족하지 않고 계속 연구하던 에이크만이라는 한 젊은 학자가 있었다.

각기병을 일으키는 병원균을 발견하려고 몇 달째 계속 연구하던 에이크만은 어느 날, 병원 뜰 안을 산책하다가 우연히 이상한 닭을 보았다. 목이 비뚤어지고, 날개가 늘어지고, 다리를 부들부들 떨고 있는 이 닭을 보고 에이크만은 "이건 사람의 각기병과 똑같은 증상이 아닌가, 사람으로부터 전염된 것일까?"하고 생각하고, 이 닭이 무엇을 주워 먹는가를 세심하게 관찰했다. 그가 추측했던 바와 같이 닭은 각기병 환자가 먹다 버린 음식을 먹고 있었다. 이것을 보고 에이크만은 큰 용기를 얻었다.

즉, 각기병에 걸린 닭을 실험 자료로 병원균을 찾아내려고 연구에 착수했다. 그는 매일 닭에게 백미를 모이로 주고 있었는데, 하루는 이 광경을 목격한 고집 센 병원 원장이 벌컥 화를 내면서 백미 먹이는 것을 중지하고 현미를 주라는 했다. 에이크만은 "이건 실험용 닭입니다. 닭이 먹는다고 해야 얼마나 먹겠습니까?"라고 말하자 병원장은 다음과 같이 말했다.

"연구자 일행이 벌써 각기병은 전염병이라고 밝히지 않았소? 당신은 무엇을 연구한다고 귀중한 백미를 모이로 주려고 하오? 닭 같은 것에는 한 알의 백미도 줄 수 없소."

에이크만은 이 말에 분개했으나 어쩔 수 없이 실험을 포기하고 백미 대신 현미를 모이로 주었다. 그러나 오히려 이 일로 말미암아 더 놀라운 결과를 알게 될 줄을 어찌 짐작했으랴.

며칠 지난 뒤, 에이크만은 별 다른 생각 없이 뜰 안을 거닐다가 전의 그 닭이 보이지 않아서 혹시 죽었나 하고 자기가 다리에 표시를 해 둔 그 닭을 찾아보았다. 그런데 어찌된 일인지, 그 닭은 병이 완전히 나아서 모이를 주워 먹고 있었다.

"쌀이다! 쌀에 문제의 열쇠가 있는 것이다."

이렇게 생각한 에이크만은 백미를 닭에게 먹이면 틀림없이 각기병에 걸리고 또 현미를 먹이면 그 병이 낫는 것을 실험을 통해 알게 되었다.

사람에겐 어떻게 실험해야 될까를 고심하던 그는 문득 형무소의 죄수들을 생각했다. 그가 예측했던 그대로, 백미만을 먹는 죄수는 만 명 중 3,900명이란 엄청난 비율로 각기병 환자가 발생했음에 비해 현미만을 먹는 형무소의 죄수는 만 명 중 1명만이 각기병에 걸렸다.

그래서 에이크만은 "쌀겨 속에는 각기균에 대해서 대단히 강한 힘을 가진 물질이 포함되어 있다."고 생각했다.

1911년, 독일학자 훈크가 쌀겨에서 미량의 부영양소를 추출하는 데 성공하고 이것에 「비타민」이라는 이름을 붙였다. 「비타민」이란 독일어로서 생명체를 만드는 아민(질소를 함유한 유기화합물의 일종)이라는 뜻이다. 이것은 오늘날의 비타민B이며, 만일 이것이 부족하면 각기병을 일으킨다. 또 레몬즙이나 오렌지 껍질의 흰 부분에서 추출한 비타민C는 괴혈병을 예방하거나 치료하는 데 쓰인다.

오늘날, 비타민의 종류는 비타민 A·B·C·D·E·F·G…… 등 매우 많으며, 이것은 물에 잘 녹는 것과 기름에 잘 녹는 것으로 크게 구분할 수 있다. 그리고 비타민은 사람 몸속에서 만들어지는 것이 아니고 다른 음식을 통해서 얻게 된다. 또한 사람 몸에 비타민이 부족하면 영양상태가 나빠져서 전염병에 걸리기 쉽고 여러 가지 특유의 병에 걸리게 된다. 따라서 오늘날에는 4대 영양소 외에 비타민을 포함시켜 5대 영양소라 부른다.

전류의 자기작용의 발견

　자석이나 전기는 아주 옛날부터 발견되어 있었으며 자석의 성질에 관해서도 비교적 자세히 알려져 있었다.

　자석이 철을 잡아당길 뿐 아니라 다른 극 사이에는 인력이 작용하고 같은 극 사이에는 척력이 작용하여 이른바 남북의 극을 가지고 있다는 것도 알려져 있었다.

　이와 마찬가지로 전기도 가벼운 종잇조각 같은 것을 끌어당길 뿐 아니라, 양성과 음성의 두 가지 종류의 전기가 있어서 양전기와 음전기 사이에는 인력이 작용하고 같은 종류의 전기 사이에는 자석의 경우처럼 척력이 작용하고 있다는 것을 알게 되었다. 많은 학자들은 자석과 전기와의 사이에 있는 이런 비슷한 성질로부터 자석과 전기 간에 어떤 관계가 있지 않을까 여러 가지로 연구하기에 이르렀다.

　그러나 당시의 학자들이 말한 전기라는 것은 일종의 정전기였기 때문에 그들이 이러한 정전기의 범위를 벗어나지 못하는 한, 여러 가지 실험의 결과로는 결코 이 관계를 규명할 수 없었다.

　자석과 전기와의 관계가 밝혀지기 위해서는 더 많은 시간과 뛰어난 재능의 과학자를 필요로 했다.

덴마크에 한스 크리스티안 외르스테드라는 학자가 있었는데, 그도 자석과 전기와의 관계를 연구하고 있었다.

어느 날 외르스테드가 대학의 실험실에서 학생들에게 전기에 관한 강의를 하고 있었는데, 학생들은 이상한 것을 보았다. 이제까지 똑바로 남북을 가리키고 있던 자석의 바늘이 움직여서 다른 방향으로 기울어지는 것이었다.

외르스테드도 학생들의 이상한 눈초리에 놀라 살펴보고는 이 뜻하지 않은 현상에 어리둥절하였다. 실험 주위를 살펴보니 단지 자석을 놓은 바로 위에 있는 전지로부터 연결되어 나온 전선이 있을 뿐 다른 것은 이상할 것이 전혀 없었다.

이 현상이 일어난 후, 외르스테드는 조금도 지체하지 않고 연구에 착수하였다. 그의 머리에는 하나의 생각이 떠올랐다.

"자석이 바늘의 옆으로 기울어진 것은 곁에 전기가 흐르고 있기 때문이 아닐까?"하는 것이었다.

그가 실험을 거듭하는 중, 전선을 멀리하여 보니 자석의 바늘이 본래대로 똑바로 남북을 가리키고 있었다.

전선 밑에 자석을 놓았을 때의 여러 가지 현상을 자세히 관찰한 외르스테드는 다음과 같은 것을 발견하였다.

전선의 아래에 자석을 놓은 경우에, 북쪽을 가리키는 자석의 바늘은 전기가 흐르는 방향을 향하여 언제나 꼭 같이 왼쪽으로 기울어진다. 또

한 반대로 전선의 위에 자석을 놓
으면 자석 바늘은 언제나 오른쪽
으로 기울어진다.

외르스테드는 1820년에 「전류
가 자석의 바늘에 미치는 작용에
관한 실험」이라는 논문을 발표하
였으며, 자석의 바늘과 관계가 있
는 것은 마찰전기, 즉 정전기가 아
니고, 움직이고 있는 전기, 즉 전류
라 설명하였다.

외르스테드

자석과 전류와의 사이에 깊은 관계가 있다는 외르스테드의 이러한
발견은 유럽에 알려지게 되었다.

당시 프랑스 대학의 교수로 있었던 앙드레 마리 앙페르도 외르스테
드의 연구논문을 읽고, 이 실험을 시작하였다.

외르스테드의 실험을 되풀이해 본 다음, 한걸음 더 나아가 다음과 같
은 사실을 밝혔다.

즉, 전기의 흐르는 방향을 양전기의 흐르는 방향, 말하자면 전지의
양극에서 음극으로 향하는 방향으로 정하고, 이 전류의 방향에 대해서
자극의 바늘이 기울어지는 방향이 어떤 관계가 있는가를 법칙으로서 정
리했다.

이리하여 유명한 앙페르의 오른손 법칙이 발견되었던 것이다.

연구를 거듭하던 앙페르의 머릿속에는 또 다른 착상이 떠올랐다.

전기가 흐르는 전선이 자석을 움직이면, 자석도 전기가 흐르는 전선을 움직이지 않을까 하는 것이었다.

즉, 앙페르는 다음과 같이 생각하였다.

"전기가 자석의 바늘을 움직이게 한 것은 전기가 자기를 만들었기 때문이 아닐까?"하는 것이었다.

앙페르는 이와 같은 그의 생각을 입증하기 위해서 꾸준히 실험을 계속하였다.

그는 구리줄을 코일로 하여 여기에 전기를 흐르게 하고 책상 위에 매달았다. 코일은 처음에는 흔들리고 있었으나 그 사이에 남북의 방향으로 멈추었다. 이리하여 전기가 자기를 만들고, 따라서 코일이 자석의 작용을 하는 것을 분명히 알았다.

앙페르의 이러한 연구가 거듭되는 같은 시기에, 그의 친구 아라고도 외르스테드의 연구를 듣고는 전기가 자계와의 실험을 독자적으로 하고 있었다.

아라고는 전지를 연결한 도선에 쇳가루를 가까이 가져가면 쇳가루가 도선의 주위에 모이는 것을 발견하였다.

그는 이 사실로부터 전기가 흐르고 있는 코일은 하나의 자석이라는 생각을 가지고, 유리관에 도선을 나사 모양으로 몇 번 감은 후, 강철로 만든 바늘을 넣어 도선에 전기가 흐르게 하면, 강철 바늘은 하나의 자석이 되어 전류를 중단시켰을 때도 자석의 성질이 계속 남아 있음을 실증하였다.

　이것은 자석의 경우와 같은 결과로서, 아라고의 연구는 1820년 발표되었으며, 외르스테드나 앙페르의 발견과 같은 해에 이루어졌다.

　이렇게 외르스테드의 연구는 앙페르나 아라고의 연구를 촉진시켰을 뿐만 아니라 독일에 전해져서 이곳 과학자들에게도 새로운 자극을 주었다.

　즉, 독일의 학자인 슈바이거 및 포겐도르프는 외르스테드의 실험을 개량하였다.

　이 두 학자가 연구한 것은 자석의 바늘 둘레에 전선을 많이 감아 놓고 전기를 통하게 한 것으로, 외르스테드가 고안한 것보다 훨씬 강한 힘으로 자석의 바늘이 움직이는 것이었다. 이때 전선(여기에서는 코일을 의미함), 즉 코일로 감은 전선의 횟수를 증가하면 아주 작은 전류로서도 자석의 바늘이 움직였다.

　이러한 장치는 전기가 흐르고 있는지, 흐르고 있지 않은지를 쉽게 알 수 있는 계기로써도 이용할 수 있었다. 이처럼 여러 학자들의 노력에 의해서 검류계, 전압계의 원리가 발견되었으며 이로부터 전기 문명시대의 발전을 크게 촉진하였다.

유도전류의 발견

지금으로부터 약 150년 전의 일이다. 13세의 마이클 패러데이는 제본소에서 견습공으로 일하고 있었다. 그는 매일 책을 제본하면서 자기가 제본한 책을 열심히 읽는 소년이었다.

어느 날, 주인 조지 리보는 직공들이 돌아간 후 조용히 공장 주위를 둘러보고 있는 가운데 어디선가 바삭바삭하는 소리를 들었다.

"이거 쥐가 아닌가?"

이렇게 생각한 리보는 소리가 나는 곳을 찾아 공장 문을 열었다. 제본소 구석 쪽에 촛불이 켜 있고 그 옆에 패러데이가 앉아서 무엇인가를 열심히 적고 있었다. 그는 주인이 옆에 가까이 가도 모를 정도로 집중하고 있었다.

"무엇을 하고 있느냐?"

주인은 패러데이의 어깨를 탁 치면서 물었다. 패러데이는 깜짝 놀라 벌떡 일어나서 어쩔 줄을 몰라 했다. 제본대 위에 책이 펼쳐진 채 놓여 있었다.

"낮에 일할 때 이 책을 약간 들여다보니 재미있어서…"

패러데이는 주인의 꾸중을 두려워 머리를 숙인 채 가느다란 목소리로 이렇게 대답했다. 패러데이는 그가 제본하던 책 속에 쓰여 있는 과학에 관한 부분을 손수 만든 노트에 적고 있었던 것이다.

주인은 낮에 열심히 일하던 소년이 이렇게 남아서 밤늦도록 공부하는 것을 보고 꾸짖기는커녕 오히려 크게 감탄하면서 "패러데이야, 공부한다는 것은 참으로 좋은 일이야, 촛불 조심하고 열심히 공부해라."하고 격려했다.

주인으로부터 이러한 말을 들은 패러데이는 몹시 기뻤다. 가난한 대장간 주인의 셋째 아들로 태어나서 초등학교도 제대로 마치지 못한 패러데이는, 마음씨 착한 제본소 주인의 호의로 낮에 일하다 쉬는 틈을 이용하여 책을 읽고, 밤에는 이렇게 마음 놓고 과학 이야기나 그림을 보면서 열심히 노트에 베낄 수 있게 되었다.

백과사전 속에 있는 전기의 부분을 전부 베끼고, 자기가 베낀 것을 모두 모아 산뜻하게 제본하였으며 이것이 학교에 다니지 못한 패러데이의 교과서가 되었다. 패러데이는 이 책에서 여러 가지 지식을 얻었다. 이 책 속에는 유리 막대를 털가죽으로 마찰하면 전기가 일어나서 가벼운 것을 잡아당긴다는 것, 그리고 수년 전에 이탈리아의 볼타라는 학자가 발명한 전지에 관한 것 등도 적혀 있었다.

패러데이는 특히 전기에 대하여 흥미를 가졌으며, 돈을 저축하여 실험기구를 사서 전기나 그 외의 실험을 해보았다.

당시, 영국 런던의 왕립협회에서는 과학지식을 널리 보급시키고 국민들을 계몽하는 유명한 과학자들의 강연이 자주 있었다. 학교에 다니지 못한 패러데이에게 이러한 강연을 듣는 것이 무엇보다도 큰 소망이었다.

그런데, 패러데이가 사는 마을에서도 이러한 야간 강연회가 열렸다.

어느 날, 영국 왕립협회의 교수인 저명한 데이비 선생의 강의가 있었다. 훌륭한 선생의 강의를 꼭 듣고 싶었던 패러데이는 리보 주인에게 사정을 하였다.

"아저씨, 강연회에 나가고 싶은데 표를 한 장 얻어주세요."

주인은 패러데이의 간청을 듣고, 그 당시 제본소에 자주 드나들던 왕립협회에 근무하는 사람에게 부탁했다. 리보 씨는 정성을 다해 필기한 패러데이의 노트를 그 사람에게 보이면서,

"공부하려고 남달리 노력하는 착실한 소년입니다. 보십시오. 그 소년은 이렇게 매일 밤 필기를 하면서 공부한답니다."

"아! 정말 필기를 잘 했는데요. 과학을 무척 좋아하는 모양이군요."

이리하여 패러데이는 그 사람의 호의로 강연회의 표를 얻게 되었다. 넓은 강당에는 수많은 사람들로 꽉 차있었다. 이 속에서 패러데이는 데이비 교수의 강연을 열심히 들으면서 한 마디도 빼놓지 않고 전부 노트에 필기했다.

이후 패러데이는 과학연구에 몸을 바칠 결심을 새로이 했다. 7년 동안 제본소에서 일했기 때문에 그는 유명한 과학자 밑에 가서 연구하는 것을 바랄 뿐이었다.

그러나 이 소망은 교육을 제대로 받지 못한 패러데이에게는 너무나 벅찬 꿈이었다. 패러데이는 주인 리보 씨에게 자기의 희망을 전부 말했다. 주인도 그 말에 동의하면서 용기를 북돋아주었다.

패러데이는 데이비 선생에게 편지를 보내기로 결심했다. 그는 선생님 밑에서 무슨 일이라도 하겠으니 채용해 달라는 간곡한 사연의 편지와 함께 데이비 선생의 강연 내용을 빠짐없이 필기한 노트를 우편으로 보냈다.

그리하여 데이비 선생에게서 친절한 답장이 왔다.

"패러데이군, 자네의 노트를 보고 자네가 과학에 열성 있는 청년임을 알게 됐어, 1주일에 1기니씩 받는 연구실 조수의 자리가 생겼는데 좋으면 오도록 하게."

1812년 12월, 패러데이는 이 답장을 받아 보고 기쁨에 어쩔 줄 몰랐다. 마침내 패러데이는 왕립협회의 데이비 교수의 조수가 되어 실험기구를 정리하고 새로운 강연의 준비, 그 외에 데이비 교수의 사무 정리 등에 이르기까지 모든 일을 도맡아 하면서 많은 것을 배우고, 데이비 교수의 연구를 돕게 되었다.

"패러데이군, 이것을 읽어보게."

어느 날, 데이비 선생은 한 논문을 패러데이에게 주었다. 외르스테드라는 학자가 연구한, 자침 위에 같은 방향으로 철사를 감고 전기를 보내면 자침이 갑자기 움직인다는 실험에 관한 설명이었다. 이것이 바로 전류의 자기작용의 발견에 관한 실험이었다.

데이비와 패러데이는 깊은 관심을 가지고 이 실험을 다시 반복해 보았다. 그리하여 철사에 전기를 통하면 마치 다른 자석을 가까이 가져갔을 때처럼 자침이 갑자기 움직이는 것을 실험하고는 전기와 자석 사이에는 어떤 관계가 있음을 알게 되었다.

이때, 영국의 가난한 구둣방 주인의 아들로 태어난 윌리엄 스터전은 연철을 자석에 가져다 대고 얼마 후에 멀리 하면 바로 자성을 잃어버리는 현상에 커다란 관심을 가지고 있었다. 그리하여 이러한 연철을 코일 속에 넣으면 어떻게 될까 의문을 가지고 전류가 통한 코일 속에 연철을 넣어 보았다. 연철은 곧 자석이 되었을 뿐만 아니라 코일에서 이 자석을 빼내면 곧 자성이 없어졌다. 말하자면 연철은 코일에 전류를 통했을 때만 자석이 되었다. 이것을 전자석이라 하며 스터전에 의해 발견되었다. 이는 외르스테드가 전기와 자기와의 관계를 발견한지 5년 후의 일이였으며 전자석은 전신기, 전화기, 모터, 발전기 등에 절대적으로 필요한 것이다.

그런데, 당시의 많은 학자들은 전기의 작용으로 자석을 만들 수 있다면 반대로 자석을 이용하여 전기를 일으킬 수 없을까 하는 의문을 가지고 이러한 연구와 실험을 계속하였다. 영국의 유명한 화학자인 데이비도 이에 깊은 관심을 가지고 조수인 패러데이와 함께 연구에 열중하였다. 그러나 이들의 연구는 별 진전이 없이 도중에 중단되고 말았다. 데이비의 조수로서 자유로이 자기 마음대로 연구하고 실험할 수 없었던 패러데이는 이에 대한 연구의 중단을 애석하게 생각하였다. 언젠가는 자기 마음대로 끝까지 연구할 것을 마음속으로 굳게 결심하였다.

패러데이는 데이비의 조수로 있는 동안은 어디까지나 데이비에 충실하였다. 그리하여 그의 명석한 두뇌가 인정되어 그에게 연구 과제가 주어졌고, 그 연구의 결과가 학계에 인정되어 그의 이름이 점차 빛나기 시작했다. 결국 영광스러운 영국 왕립협회의 회원으로 선출되어 어엿한 학자로서 사회적인 지위를 확보할 수 있게 되었다.

이때, 패러데이는 옛날에 중단했던 전기에 관한 연구를 계속하기로 작정했다. 특히 데이비 교수가 세상을 떠난 후에는 이러한 연구를 더욱 마음 놓고 할 수 있었다. 1831년 가을이 다가올 무렵, 40세 되는 패러데이는 여름휴가 동안에 구상했던 새로운 실험에 착수했다.

패러데이는 직경 15cm 정도의 쇠로 된 고리의 양쪽에 구리선의 코일을 두 쌍으로 감고 한쪽 코일에 검류계를, 다른 쪽 코일에 전지를 연결하는 실험을 계획하였다. 이렇게 하면 전지를 연결한 코일로 쇠고리가 강한 자석이 될 것이고, 그 옆에 감겨져 있는 다른 하나의 코일에 어떤 전기의 흐름이 일어날 것이라 생각하여 이를 검류계를 통해 관찰하려고 했다. 패러데이는 모든 준비를 하고 긴장한 표정으로 주의 깊게 검류계를 지켜보면서 하나의 코일에 전기를 연결하였다. 그러나 검류계의 바늘이 움직였다가 다시 제자리로 돌아 멈췄다.

"왜 바늘이 움직였다가 제 자리로 돌아갔을까?"

바늘이 움직인 것은 틀림없이 전기가 흐른 증거라 생각하여, 기쁨에 넘친 패러데이는 다시 실험할 작정으로 전지에 연결하였던 코일을 떼었다. 그 순간, 검류계의 바늘이 전과는 반대 방향으로 또 움직였다.

"이것은 또 웬일일까?"

끊임없는 의문을 품은 채 이 실험을 몇 번이고 되풀이하였다. 역시 같은 현상이 나타났다.

패러데이는 전지를 연결하거나 끊어 버리면 그 순간 전기가 발생하는 원인에 대하여 곰곰이 생각하였다. 만일, 이때의 전기가 전자석에서 일어나는 것이라면 영구자석에서도 일어날 것이 아닌가 하는 반문을 가졌다. 그리하여 패러데이는 코일 속에 막대자석을 넣고 코일을 검류계에 연결하였다. 그러나 예상과는 반대로 검류계의 바늘은 꼼짝하지 않았다. 패러데이는 코일 속에서 막대자석을 빼냈다. 그런데, 그 순간 검류계의 바늘이 움직이는 것을 보고 얼마나 기뻤는지 몰랐다. 막대자석을 다시 코일 속에 넣어 보았는데, 이번에는 바늘이 전과 반대쪽으로 움직였다. 이것은 모두 그의 예상과 일치하는 것이었기 때문에 그의 생각에 더욱 자신을 가지게 되었다. 다시 말하면, 전자석의 경우에는 전류를 통하느냐 통하지 않느냐에 따라 전자석이 자성을 가지거나 가지지 않거나 하는 것처럼, 막대자석의 경우에 있어서도 이것을 코일 속에 넣거나 빼거나에 따라 전기가 생기거나 생기지 않거나 하는 것이라 믿게 되었다. 최초에 착상하여 실험을 시작한지 50일 만에 성공한 패러데이는 이와 같이 전기가 일어나는 현상을 유도라 하고, 유도되어 일어난 전류를 「유도전류」라는 이름을 붙여 세상에 발표하였다.

이 유도전류는 그야말로 전지 없이도 전류를 얻을 수 있는 새로운 방법이었으며, 이러한 전류의 유도현상은 전자석 또는 막대자석과 코일 사이에서만 일어나는 것이 아니고 코일과 코일 사이에서도 일어나는 것이었다. 즉, 두 개의 코일을 서로 가까이 접근시키고 한쪽 코일에 전지를, 다른 쪽 끝에 검류계를 연결하여 놓고 전지를 연결한 코일의 회로를 끊거나 연결하면 그 순간 다른 코일에 전기가 흐르게 된다. 또한 한쪽 코일은 전류의 세기를 변화시켜도 다른 쪽 코일에 전기가 흐르게 된다. 이와 같은 현상을 통해 전기가 흐르고 있는 코일이 자석의 성질을 갖는다는 것과 한쪽 코일의 전류의 세기가 변화됨에 따라 그 코일이 나타내는 자석의 세기도 변화된다고 생각하였다.

패러데이의 유도전류에 관한 실험 결과가 발표되자 많은 학자들은 그 원리를 이용하여 전지 없이 계속하여 전류를 만드는 장치를 고안하려고 서로 경쟁했다. 패러데이의 발견이 있은 지 30년 후인 1867년에 독일의 지멘스에 의해 발전기가 발명됨으로써 이 꿈이 처음으로 실현되었다.

상대성원리의 발견

알버트 아인슈타인은 남부 독일 뷔르템베르크의 울름이라는 곳에서 유대인의 아들로 태어났다. 그가 태어날 때, 집안은 뮌헨으로 이사했으며 6세 때 아인슈타인은 초등학교에 입학했다. 초등학교 시절부터 아인슈타인은 당시 사회에서 조롱거리가 되고 비웃음을 받았던 유대인이라는 괴로움을 당하고 있었다.

같은 또래의 친구들도 그와 어울려 놀기를 꺼려했으며 언제나 천대를 받으며 자랐다. 더욱이 형식을 좋아하고 구교의 세력이 강력했던 이 지방의 많은 사람들은 빈부의 차가 심해서 가난한 집 어린이들은 유대인 못지않게 멸시를 받고 있었다.

어느 날, 선생이 기다란 쇠못을 가지고 교실로 들어 왔다. 선생은 수업을 시작하기 전에 그 쇠못을 어린이들에게 보이면서 "이 못은 보통 못과는 전혀 다르다. 이것은 유대인인 유태가 예수그리스도를 십자가에 매달고 박았던 바로 그 못이야."

천진난만한 초등학교 어린이들은 모두 끔찍하게 생각하면서 갑자기 웅성거리기 시작했다.

"유대인이란 정말 악당들이야."

"유대인들은 다 죽여 버려야 해."

"우리도 그렇게 하면 어떻게 해. 유대인하고는 놀지도 말아야지." 이렇게 서로들 말하면서 유대인인 아인슈타인의 얼굴을 저주하는 눈빛으로 바라보았다.

아인슈타인은 재빠르게 가방을 들고 교실 밖으로 뛰어 나왔다. 넓은 벌판, 그리고 잔디 위에서 무심히 풀을 뜯어 먹고 있는 소들과 양떼들, 그리고 울창하게 우거진 수풀이 아인슈타인의 벗이었다.

그의 어린 가슴에 치밀어 오르는 분노, 그것은 일생 가난한 사람들의 벗이 되고 학대받는 유대인의 긍지를 버리지 않고 열심히 공부해야겠다는 결심을 더욱 굳게 해 주었다. 아인슈타인은 이 시절부터 어머니로부터 배운 바이올린을 홀로 연주했다. 그는 단순히 유대인이란 이유로 받아야만 했던 멸시와 쓸쓸함을 음악에서 위로를 받았다.

이러한 환경이 아인슈타인으로 하여금 대물리학자가 된 다음에도 줄곧 계속하여 자유와 평화의 사상을 신념으로 삼고 인류를 위한 봉사에 이바지하게끔 했다.

중학생이 된 아인슈타인은 제일 좋아하는 과목이 수학이었다. 그의 아버지와 함께 전기 공장을 경영하던 숙부로부터 수학을 자세히 배웠다. 아인슈타인은 수학 문제를 풀다가 정답을 얻었을 때의 기쁨을 잊을 수 없었으며, 따라서 수학에 대한 흥미를 더 갖게 되었다.

그는 숙부 곁에서 수학 문제를 푸는 방법을 여러 가지로 배웠으며,

14세의 아인슈타인

중학교 초급 학년생이었던 이 시기에 벌써 수학 문제집을 따로 사서 숙부가 가르쳐준 방법대로 많은 문제를 스스로 풀었다. 그리하여 수학에 점점 더 취미를 가진 그는 상급반에 올라가서 교과서에도 없는 어려운 문제들을 혼자 공부하여 선생님과 학생들을 놀라게 했다.

아버지가 전기 공장 경영에 실패하면서 가족이 모두 이탈리아의 밀라노로 이사하게 되었지만, 아인슈타인은 졸업반이었으므로 뮌헨에 그대로 남아 하숙생활을 하면서 학교에 다녔다. 그러나 졸업시험 전에 병을 앓게 되어 그도 부모가 계신 밀라노로 가게 되었다.

반년 동안 밀라노에서 자유로운 생활을 하다가 학업을 포기할 수 없어서 이탈리아에 있는 중학교 상급반에 입학하였다. 그리고 1년 후, 18

세 되던 해에 스위스의 취리히 공과대학에 입학했다. 그는 이 대학에서 공업기술 방면보다 오히려 수학이나 물리학을 더 열심히 했으며, 이 시기에 유명한 교수 밑에서 기하학을 열심히 익혔다.

하지만 그의 생활은 매우 곤란했다. 이탈리아에 있는 부모의 생활도 예전과는 달리 매우 가난했기 때문에 보내주는 학비가 아주 적었다. 그는 외롭고 가난한 자신을 달래기 위해 어릴 때의 습관대로 교외를 산보하거나 바이올린을 켜면서 스스로를 위로하고 격려하면서 열심히 공부했다.

1900년 가을, 취리히 공과대학을 우등으로 졸업한 아인슈타인은 공부에 전력을 기울인 보람으로 수학과 물리학 선생이 될 수 있는 자격증을 받았다. 그러나 스위스 국적이 없다는 것과 유대인이라는 이유로 어느 학교에도 취직할 수 없었다. 그럼에도 아인슈타인은 용기를 잃지 않고 가정교사를 하면서 역경을 참고 견디었다.

그 후, 아인슈타인은 스위스 국적을 얻게 되었으며 다행히도 특허국에 취직할 수 있었다. 그는 가득 쌓인 발명 특허에 관한 신청서를 조사하는 특허국 사무실에서 다른 기사들과 조금도 다름없이 모든 고생을 잊고 열심히 일했다.

그러나 이 사무실 안에서 아인슈타인이 세계를 놀라게 한 혁명적인 상대성원리를 연구하고 있으리라고는 어느 누구도 감히 상상조차 못했다. 그저 평범한 기사로서, 낮에는 충실히 근무하고 저녁이면 집에 돌아오기 바쁘게 복잡한 수식을 써가면서 연구에 몰두했다.

1887년에 미국의 마이컬슨과 몰리 두 과학자는 빛의 속도에 관한 기묘한 실험을 했다. 지구는 1초간에 약 30km, 따라서 1시간에는 무려 10만 km라는 엄청나게 빠른 속도로 태양 주위를 공전하고 있는데, 지구의 이러한 운동이 빛의 속도에 어떠한 영향을 미치는가를 조사한 결과, 빛의 속도는 운동의 영향을 받지 않는다는 실험 결과가 나왔다.

그러나 이 사실을 설명할 방법을 알 수 없어서 많은 학자들이 연구를 거듭하고 있었고, 아인슈타인도 이 문제 해결에 착수하여 복잡한 계산을 시작했다.

당시, 물체의 공전에 관하여 연구한 역학에 있어서는 이보다 200년 전에 뉴턴에 의해서 설명되었던 고전역학을 전적으로 신뢰한 나머지, 뉴턴의 법칙은 영구히 변하지 않는 것이라고 믿고 있었다.

그러나 아인슈타인은 자기의 연구가 점차로 진행됨에 따라 뉴턴의 고전역학의 일부가 어떤 공간 운동에서는 그릇됨을 알게 되었다.

1905년에 아인슈타인은 자기의 연구를 독일의 학술 잡지에 발표했는데, 이것이 바로 특수 상대성원리이다. 빛의 속도나 물체의 길이 또는 시간, 물체의 운동에 대한 설명의 근본이 되는 원리를 만든 것이다.

이 상대성원리는 너무 복잡하고 오묘한 수식으로 되어 있어서 아인슈타인 스스로가 그의 천재적인 두뇌로 밝혀내기 전에는 아무도 알 수 없었다. 뉴턴의 고전역학 이론에 사로잡힌 많은 학자들은 어리둥절하면서도 아인슈타인의 이론을 믿으려 하지 않았다.

그러나 아인슈타인은 이보다 훨씬 전에도 특허국에 근무하면서 여러 새로운 이론을 논문으로 발표했기 때문에 유명한 과학자들은 그의 연구 결과에 점점 관심을 가지는 경향을 보였다.

아인슈타인은 자기의 학설을 실제로 실험하여 관찰할 기회가 오기를 기다렸다. 이러는 동안 그는 몇몇 대학에서 교수로 초청받기도 했고, 1912년에는 취리히 공과대학의 교수로 취직하여 연구를 꾸준히 계속했다. 2년 후에는 카이저 빌헬름 연구소의 물리학 부장이 되었다. 그동안 연구에 열중하여 다시 한번 세계를 놀라게 한 일반 상대성이론을 발표했다.

아인슈타인의 이론에는 종전의 이론과는 전혀 다른 점이 있었다. 그 중 하나는, 빛은 인력에 의해서 구부러진다는 것이었다. 그러나 빛이 구부러지는 정도는 아주 작아서 인력이 아주 크게 작용하지 않는 한 누구도 그 구부러지는 정도를 측정할 수 없었다.

종전의 뉴턴의 인력법칙은 화성의 운동을 설명할 수 없었다. 화성은 태양 주위를 회전하면서 바로 운동을 시작한 그 점에서 정확하게 돌아오지 않는다는 것이었다. 그러나 아인슈타인의 이론은 이것을 설명할 수 있었다.

또한, 빛의 운동에 관한 설명에서 빛은 입자로 되어 있어서 태양 근처로 통과할 때는 뉴턴의 법칙에서 말한 것보다 2배나 더 구부러진다는 것을 주장했다.

이러한 놀라운 새 이론을 입증할 기회가 다가왔다.

1919년에 남아프리카에서 개기일식을 볼 수 있게 되었다. 태양은 아주 큰 인력을 가지고 있는데, 태양이 달에 가려져서 아주 검게 되었을 경우에 태양 뒤쪽에 보이는 별빛이 태양 옆을 지나올 때 약간이라도 구부러지는가 하는 것이었다. 만약, 구부러진다면 아인슈타인의 이론은 옳은 것이었다.

영국의 천문학자 에딩턴은 남아프리카에 가서 이해 5월 28일의 개기일식을 세밀히 관찰하면서 촬영했다. 그 결과는 별빛이 태양의 옆을 지날 때 분명히 구부러짐을 확인했다. 계산에 의해서 구부러진 각도는 겨우 1도의 약 1800분의 1정도였으며 이것은 눈으로는 확인할 수 없는 작은 굴절이라 하겠다. 그러나 어쨌든 이 같은 사실에 의해 아인슈타인의 상대성원리의 정당성이 증명되었다.

이 시기에 우리가 이미 알아온 러더퍼드의 연구에 의해서 원자의 구조가 점점 밝혀지게 되었으며, 아인슈타인의 이론을 발전시키면 원자핵을 파괴할 때 막대한 에너지를 얻을 수 있다는 것이 알려졌다. 수천만 톤의 화약에 해당하는 대폭발력을 가진 원자탄의 발전도 사실은 아인슈타인의 이론을 응용한 것이다.

한편, 제1차 세계대전의 비극적인 종말을 보았던 패전국 독일은 1930년경에 히틀러의 세력이 확대되어, 1933년에는 히틀러에 의한 나치 정권이 수립되었다. 따라서 세계 정복을 위한 전쟁 준비에 미쳐 날뛰고 있을 때 반유대 운동을 일으켜 유대인을 억압하기 시작했다.

아인슈타인은 나치정부를 비난하고 히틀러에 반대하는 글을 신문이나 잡지에 발표했으며 바이올린 연주회를 개최하여 괴로움과 핍박을 당하는 유대인을 돕는 모금 운동에 앞장서기도 했다.

그는 여러 나라를 방문하면서 강연회를 가졌고 특히 새로운 전쟁의 발발을 막기 위해 평화를 부르짖으며, 1933년에는 미국 여행 중에 히틀러로 인해 당할 자신의 생명의 위협을 느끼고 그대로 미국에 머물러 연구를 계속했다.

역사에 영원히 남을 비극이었던 제2차 세계대전이 끝나고도 다시 전쟁의 위험이 계속됨을 알아차리고, 아인슈타인은 평화운동에 앞장섰다. 과학자로서, 그리고 자유평화주의자로서 운동을 전개했던 것이다.

상대성원리는 20세기 최고의 과학자이면서, 음악과 자연을 남달리 더 사랑하고, 가난과 괴로움에 지친 수많은 사람들의 벗이 되며, 그리고 평화 수호의 선봉자였던 아인슈타인에 의해서 빛을 보게 되었다.

엑스선의 발견

매일 저녁때만 되면 기관차의 차고가 있는 옆길에서 낮은 울타리에 어깨를 기댄 채 차고 안을 물끄러미 바라보는 한 청년이 있었으니, 그는 위트레흐트의 학교에 다니다 그만둔 빌헬름 뢴트겐이었다. 뢴트겐은 의복을 제조하여 판매하는 부유한 공장주의 외아들로 태어났으며, 아버지의 공장에서 일하면서 저녁이면 이 작은 길을 따라 걸어와선 그저 아무 생각도 없는 듯이 말없이 차고 안을 들여다보고 있었다.

기관차의 차고는 철도선로 끝에 붉은 벽돌로 지은 집이었으며, 언제나 기관차가 증기를 내뿜으면서 차고에 들어가고 나오곤 하였다. 기름이 묻은 작업복을 걸친 기사나 노동자들이 부지런히 일하고 있는 차고 앞에는 기관차를 돌리는 전차대가 있었다. 기관차가 천천히 전차대 위에 정차하면 둥근 전차대는 붕! 소리를 내면서 절반 돌고 그 다음 그 위의 기관차는 방향을 바꾸어 다른 레일 위로 옮겨가게 되는 것이다.

뢴트겐은 이것을 호기심 어린 눈으로 바라보면서 자기의 앞길을 곰곰이 생각하곤 했다. 아버지의 공장과 상점에서 매일 일하는 것이 뢴트겐에게는 무척 괴로운 일이었다.

어느 날, 뢴트겐은 아버지에게 "아버지! 아버지의 상점에서 일을 배우려고 열심히 일했으나 아무리 생각해도 저는 상인이 될 소질은 없나 봅니다."라고 말했다.

그의 아버지는 외아들인 뢴트겐의 말을 듣고 놀란 얼굴로 "얘, 그러면 무엇이 되는 게 소원이냐?"고 뢴트겐에게 희망을 물었다.

"아버지, 저, 기사가 되고 싶어요. 공업학교에 입학하여 기계 공부를 해보고 싶습니다."

아버지는 뢴트겐의 뜻대로 그를 위트레흐트의 공업학교에 입학시키기로 결정했다.

이제 공업학교에 입학할 수 있는 허락을 받은 뢴트겐은 위트레흐트로 떠나기 전 마지막으로 기관차의 차고를 보러 갔다. 전과 다름없이 울타리 옆의 작은 길을 따라 차고가 잘 보이는 곳으로 걸어가고 있었는데, 작업복을 입은 어떤 기사를 만났다. 그 기사는 반가운 듯이 "네가 매일 저녁 여기에 서 있는 보았어. 기관차를 좋아하는 모양이지? 차고 속을 구경시켜 줄까?"라고 말했다.

뢴트겐은 매우 기뻐했다. 지금까지 하루도 거르지 않고 왔어도 차고 안에 들어가 볼 기회는 없었다.

기사는 앞장서서 걸어가면서 "나는 토르만이라고 한다. 스위스의 기관차 차고에서 일하는데 새 기관차를 사기 위해 이리로 온 거야."라고 자기소개를 했다.

뢴트겐은 토르만이라는 기사를 따라 차고 안에 들어가서 자세히 그

곳을 구경할 수 있었고, 토르만은 뢴트겐을 차고 안에 있는 기관차 속에 데리고 가서 그 내부까지도 설명해 주었다. 어려서부터 기계 만지기를 즐겨했던 뢴트겐은 이날 뜻하지 않게 기관차를 세밀하게 관찰할 수 있었다.

드디어 위트레흐트의 공업학교에 입학한 뢴트겐은 열심히 공부했으나, 이 학교는 기계의 제작이나 조립 같은 것만을 가르칠 뿐 깊은 학문을 가르쳐 주지는 않았다. 더욱이 이 학교에서 그는 한 선생에게 나쁜 인상을 준 학생으로 지목되어 대학 시험에도 떨어지게 되었다.

마침 뢴트겐의 집을 방문한 토르만이 이런 이야기를 듣고 설비가 훌륭한 스위스의 취리히 공과대학에 입학할 것을 권고했다. 아버지의 허락을 받고 취리히의 공과대학을 지원하여 합격한 뢴트겐은 훌륭한 교수 밑에서 공부하게 되었고, 연구한 결과를 논문으로도 발표했다.

뢴트겐은 30세 때, 기센대학의 교수가 되었으며, 10년 후엔 뷔르츠부르크대학의 물리학 교수가 되었다. 자신이 제작한 정밀한 연구 장치를 사용하여 연구를 거듭한 뢴트겐은 기관차를 볼 때의 결심을 잊지 않고, 언제나 의기왕성한 젊은이처럼 새로운 의욕을 불태웠다.

당시, 많은 학자들은 진공 유리관 속에서의 전기에 대한 연구에 몰두하고 있었는데, 뢴트겐도 이 연구에 착수했다. 라디오의 진공관을 어두운 곳에서 보면 유리관이 엷은 녹색으로 빛나고 있음을 볼 수 있는데, 이것은 그 속에 있는 금속선에서 튀어나오는 전자가 유리관 벽에 부딪치기 때문이었다.

전자가 부딪치는 유리관의 부분에 알루미늄의 얇은 판을 대면, 전자가 이 판을 뚫고 나가나, 시안화바륨(청화바륨)을 칠한 유리판을 대면 전자가 부딪쳐서 보통 유리관보다 더 밝게 빛났다.

뢴트겐은 검은 마분지로 싸인 크룩스관으로 실험해 보았다. 시안화바륨을 칠한 유리판을 방 안에 놓고 크룩스관에 전류를 통하였더니, 우연히 그 유리판 위에 이상한 검은 줄이 생기는 것을 발견했다.

"전자가 시안화바륨을 칠한 유리판에 부딪친 증거일 거야."

"전자는 유리를 통과할 수 없다. 그런데 유리판에 검은 줄이 생겨 반짝거리는 것은 무슨 까닭일까?"

이러한 의문을 밝히려고 뢴트겐은 연구를 계속했다.

뢴트겐은 크룩스관에서 유리판을 점점 멀리 하면서 2m 까지 거리를 두고 실험해 보았다.

"이건 확실히 전자는 아니다. 시안화바륨을 칠한 유리판이 빛나는 것을 보면 틀림없이 무엇인가 튀어나오고 있는 것이다."

"새로운 종류의 방사능을 가지고 있는 불가시광선(눈으로 볼 수 없는 광선)일 것이다."

이렇게 생각한 뢴트겐은 그 사이에 책이나 또는 나무판을 놓고 보아도 시안화바륨을 칠한 유리판이 반짝이는 것을 확인했다.

1895년 11월 8일, 뢴트겐은 세상이 놀랄만한 위대한 것을 발견했다. 그는 자기의 손을 관 앞에 놓았다. 그 신비로운 방사선은 피부와 근육을 뚫고 손의 뼈 모양을 유리판에 분명히 나타내었다. 이 방사선을 이용하면 피부와 살 속에 묻혀있는 손뼈의 모양을 알 수 있는 것이다. 즉 이 광선을 사용하면 모든 동물의 내부를 사진 촬영하여 자세히 볼 수 있다고 생각했다.

뢴트겐은 이 새로운 광선에 X선이라는 이름을 붙여 1896년 1월 23일에 발표했다. X선! 뢴트겐은 자신도 이상한 성질을 가진 이 광선의 이름을 무엇이라 부를까 생각다 못해 다른 광선과 구별하기 위해, 미지의 광선이라는 뜻의 X자를 붙인 것이다.

X선의 발견은 세계에 큰 소동을 일으켰다. 이 소식을 잘못 전해 들은 많은 사람들은 저마다 여러 가지 억측을 하면서 떠들었다. 어떤 시인은 외투와 가운, 심지어 속옷까지도 뚫고 볼 수 있다는 고약한 X선을 시로 써 읊었고, 영국의 어느 회사는 X선의 투과를 방지하는 부인용 속옷을 제조했다고 광고로 떠들어 대기도 했다.

한편, 사람의 마음도 X선으로 찍으면 명백히 알 수 있다는 사기꾼이 생기는가 하면 동전 한 푼에 X선을 쬐어 다량의 황금을 만들 수 있다는 엉터리 거짓말쟁이도 생기게 되었다.

X선은 이러한 센세이션을 일으켰으나, 많은 과학자들의 연구에 의해 여러 가지로 유익하게 쓰일 수 있게 되었다.

뢴트겐은 전자가 유리나 금속판에 부딪칠 때 거기에서 X선이 나옴을 밝혔는데, 이 X선은 의학에서 병의 진단에 널리 쓰일 뿐 아니라 물리학, 화학, 광물학 등에도 많이 사용된다. 폐결핵 진단이나 골절된 부분 등을 찾아낼 때 X선 촬영을 하는 것은 우리가 잘 아는 바이고, 내과 환자의 진단 역시 언제나 X선 촬영을 맨 먼저 해보는 것이 상식화되었다.

뢴트겐은 X선 발견의 공적으로 최초의 노벨물리학상을 받았으며 X선은 그의 이름과 같이 보통 뢴트겐선이라 불리고 있다.

오늘날, 전자가 유리나 금속판에 부딪치면 발생하는 X선을 다양한 목적에 사용하도록 여러 가지 종류의 기계장치를 만들어 의료분야와 공업분야에 널리 사용되고 있다.

라듐의 발견

넓고 웅장한 회당에는 피아노의 음반이 파도처럼 물결치고 있었다. 연단 위에서 피아노를 치고 있는 사람은 폴란드의 젊은 피아니스트 파데레프스키로서 그는 쇼팽의 곡을 연주하고 있었다. 청중은 별로 많지 않았으나 그들은 제정 러시아의 지배하에 있었던 폴란드를 떠나 파리에 살고 있는 폴란드 사람들이었다.

그들은 조국을 떠나 이역 하늘 아래에 살면서 제정 러시아의 압제 밑에서 신음하는 모국을 그리면서 폴란드가 낳은 천재음악가 쇼팽의 음악을 듣고 있었다.

당시, 폴란드는 100년 전부터 러시아, 독일, 오스트리아의 세 나라에 정복되어 있었으며 젊은 나이에 세상을 떠난 폴란드의 쇼팽은 작곡가이자 피아니스트로서 그의 어머니 조국인 폴란드를 위해 작곡했다.

피아노를 연주하는 사람이나 청중들도 한결같이 애국의 심정에 가득차 있어서 회당 안은 엄숙한 침묵이 흘렀다. 이 사람들 틈에 검소한 옷차림의 한 여자 대학생인 마리 퀴리가 있었다. 그 여자는 파리의 소르본대학에 유학하여 물리학을 공부하고 있는 폴란드의 여성이었다.

마리 퀴리는 자기가 태어나기 20년 전에 세상을 떠난 쇼팽의 가슴을 파고드는 곡을 들으면서 숱한 감회와 울분으로 가득 찼다. 그의 머릿속에는 폴란드의 독립을 위해 모든 정열을 바친 쇼팽의 모습이 스크린처럼 비쳤으며, 폴란드의 바르샤바에서 학교 다닐 때의 추억이 되살아났다.

중학교에 다닐 때의 일이었다. 교실에서 폴란드 선생은 학생들에게 폴란드의 역사를 열심히 가르치고 있었다.

"찌르릉! 찌르릉!" 교실의 벨이 요란스럽게 울릴 때, 선생이나 학생이 일제히 책상 위에 펼쳐 놓았던 폴란드의 역사책을 재빨리 가방 속에 감추었다. 이 벨 소리는 수업 시간만 알리는 것이 아니라 비상 신호로써도 사용되었다.

얼마 후, 번쩍이는 훈장을 단 으리으리한 모습의 거만한 러시아인 장학관이 교실에 들어왔다. 선생은 침착한 표정으로 재봉 시간이라고 설명했다.

이미 학생들의 책상 위에는 가위며 헝겊 조각들이 널려 있는 것이 아닌가? 장학관은 별 의심도 하지 않고 학생들을 빙 둘러 보고는 "폴란드를 통치하고 있는 분은 누구시냐?"라고 물었다. 대답해야 하는 사람은 다른 이가 아닌 퀴리였다. 뛰어난 재질을 타고나서 학급에서도 가장 공부를 잘 하는 퀴리가 대답해야 했다.

"우리들의 아버지, 대러시아 제국을 다스리는 황제, 알렉산드르 2세 폐하입니다."

퀴리는 분에 못 이기면서도 어쩔 수 없이 이렇게 대답했다. 장학관은 이 대답에 만족하였고 몇 마디 더 묻고는 교실을 나가버렸다.

그러나 퀴리의 머릿속에는 이 일만이 떠오른 것은 아니었다. 계속해서 그의 눈앞에는 고등학교 친구의 오빠가 교수대에서 사형을 당함으로써 그 친구가 몹시 슬퍼하던 처참한 모습이 어른거렸다. 러시아에 항거하여 음모를 계획했다는 혐의로 사형 집행을 받기 전날 밤, 퀴리는 그의 여러 친구들과 함께 친구의 집에 모여서 기도로 밤을 새웠다.

"하느님! 폴란드의 자유와 평화를 하루라도 빨리 이루어주소서."

그들은 사형당할 친구 오빠의 소원을 속히 이루어주기를 하느님께 기도드렸다.

이러한 일들은 회당에 조용히 앉아 다음의 연주를 기다리는 청중들 틈에 끼어 앉은 퀴리의 머릿속에 슬프게 되살아났다.

파리 유학의 꿈을 안고 학비를 벌기 위해 시골 어느 농장주의 집에서 가정교사로 지내던 일, 틈틈이 동네의 어린이들을 모아 놓고 엄격한 감시 속에서도 폴란드어를 몰래 가르치던 일들도 생각났다.

그리고 지금 자기는 조국을 떠나 파리에 와서 소르본대학에 다니고 있는 가난한 학생이라는 사실에 생각이 미치자 그는 더욱 더 굳세게 결심했다.

"열심히 공부하여 꼭 성공하고야 말겠다. 반드시 폴란드의 이름을 빛내야지!"

퀴리는 소르본대학에 다니는 동안, 방세가 싼 지붕 밑 방에 하숙하면서 공부했다. 침침한 작은 방에는 침대와 석유등과 책들만이 있었고 식사도 제대로 하지 않으면서 공부에만 열중했다. 한 켤레밖에 없는 구두에 구멍이 나도 새 신을 살 생각조차 못했다. 겨울이 되어 바깥 날씨가 추워지면 방안도 너무 추워 잠 못 이루는 밤도 여러 번 있었다.

퀴리는 나이가 30이 다 되도록 결혼할 마음도 갖지 않고 물리학 연구에만 전력을 다 했으나 프랑스 과학자 피에르와 우연히 폴란드인 물리학자 집에서 인사를 나눈 후로, 그들 사이에 애정이 싹트기 시작했다.

전쟁이 없고 자유를 빼앗긴 사람들이 없는 평화스러운 사회를 열망하고, 진리를 탐구하려는 강한 열정이 두 사람을 굳게 맺도록 하여 마침내 그들은 결혼을 하게 되었다. 퀴리는 남편 피에르의 이해와 협조로 남편의 연구실에서 함께 연구했다.

당시에 파리대학의 베크렐 교수가 우라늄이라는 물질을 포함한 광물로부터 이상한 방사선이 나오는 것을 발견했는데, 그 정체는 밝혀내지 못했다.

어느 날, 퀴리는 남편에게 "이제부터 우라늄의 방사선을 연구하고 싶어요."라고 말했다. 남편 피에르는 이 말을 듣고 이 연구가 아주 어렵다는 것을 알고 있었던 터인지라 난처한 표정을 지었다.

그러나 아내의 한결같은 끈기와 어떠한 어려움도 끝내 극복해 나가고야 마는 강한 의지를 믿고 있던 그는 흔쾌히 동의하고 대학에 아담한 실험실을 만들어주었다. 퀴리는 여기에서 열심히 연구했다.

그는 베크렐이 발견한 우라늄과 그 화합물의 방사능을 조사하기 위해서 남편이 전에 발명한 아주 작은 전기를 잴 수 있는 장치를 이용했

마리 퀴리

다. 이를 통해 방사선을 내는 물질이 방사선의 작용에 의해서 주위의 공기에 어느 정도의 전기를 줄 수 있는 가를 밝히려고 연구에 착수했다.

퀴리의 착상은 정확한 것이었다. 잠시 후에 아주 놀랍고 중요한 사실을 발견했다. 우라늄 외에도 토륨과 그 화합물도 역시 방사선을 내고 있었던 것이다. 우라늄과 토륨 및 이들 화합물 외에 그때까지 알려진 물질에는 방사능을 가진 것이 없었다.

그런데 공기 속에서 인광을 내는 황린을 보면 이런 인의 화합물에는 인광을 내는 성질이 있고, 황린을 가열하여 적린으로 변화시키면 또 이러한 성질이 없어진다.

그러나 우라늄이나 토륨에 있어서는 그것이 금속이거나 어떠한 화합물로 되어 있어도 방사능이 있고, 가열하거나 냉각해도 마찬가지이며 더욱이, 금속 우라늄 1그램과 우라늄을 1그램 포함한 화합물을 비교하면 방사능이 같다는 것이었다.

퀴리는 이와 같이 중요한 발견을 했는데, 이러한 발견에도 불구하고 어려움이 닥쳐왔다. 방사능을 가진 것은 우라늄이나 토륨의 광물 속에 아주 적은 양만 존재했기 때문에 이 원소를 추출해 낼 수 없었다.

그래서 퀴리는 남편과 함께 이 새로운 원소를 분리하기 위해서 우라늄이나 토륨이 포함된 여러 가지 광물의 방사능을 조사했다. 그들은 피치블렌드라는 우라늄의 광석으로부터 강한 방사능을 가진 원소를 발견해 내려고 연구에 착수했다.

피에르가 있던 대학의 한 구석에 있던 충분한 설비를 갖추지 못한 창고 속에서 실험을 계속했다. 다행히도 그 당시 체코슬로바키아의 광산에서 많은 피치블렌드를 얻을 수 있어서, 대학 창고에 가득 쌓았다. 산처럼 쌓인 피치블렌드를 차례차례 가루로 만들어 실험했다.

이 새로운 원소를 포함한 부분을 모으기 위해서 녹이고 결정을 얻는 연구를 2년 동안 계속하면서 그들은 한 사람의 조수도 두지 않았다. 추운 겨울에는 스토브 곁에 앉아 한 잔의 뜨거운 홍차를 정답게 마시면서 그들의 꿈을 계획했다. 단 하나의 꿈! 바로 그것은 새로운 원소를 기필코 찾아내는 것이었다.

이리하여 피에르와 퀴리는 1톤이나 되는 엄청나게 많은 피치블렌드로부터 고작 10만분의 1그램의 새로운 원소를 분리하는 데 성공했다.

퀴리 부부는 이 새로운 원소에 라듐이라는 이름을 붙였는데, 그것은 방사선을 낸다는 뜻이다. 또한 피치블렌드에서 다른 방사능을 가진 원소를 발견하여 마리 퀴리의 조국 폴란드의 이름을 따서 폴로늄이라 이름 지었다. 그들은 이 결과를 1898년에 발표했으며, 이로부터 방사능에 관한 더 깊은 연구를 되풀이했다.

퀴리 부부의 발견을 계기로 방사성원소의 연구는 본격적으로 시작되었다. 라듐을 사용하여 방사선이 인체에 미치는 영향과 라듐 이외의 방사성원소의 발견과 이에 대한 철저한 연구가 시작된 것이다.

퀴리 부부는 1904년 노벨물리학상을 받았으며, 그로부터 3년 후에 남편 피에르는 비 오는 날 교통사고로 세상을 떠났다. 마리 퀴리는 죽은 남편의 뒤를 이어 대학에서 강의하면서 라듐의 연구를 꾸준히 계속했다.

1919년, 폴란드가 독립되어 옛날에 피아노 연주를 하여 파리에 사는 폴란드인들에게 깊은 감명을 주었던 파데레프스키가 최초의 대통령으로 선출되었다. 마리 퀴리는 이 폴란드 독립의 날을 외국 땅에서 맞이하면서 기쁨을 감추지 못하고 감격어린 눈물을 흘렸다.

조국을 사랑하고 과학을 사랑하면서 과학 속에서 살았던 마리 퀴리는 라듐을 발견함으로써 그 위대한 업적을 후세에 영원히 남기게 되었다.

이로 말미암아, 역사상 아주 드문 탁월한 여성 과학자로서 그의 이름이 과학 사상에 길이 빛나게 되었다.

원자모형의 발견

기원 전 5세기부터 4세기 사이, 말하자면 지금으로부터 약 2300년 전, 그리스의 대철학자였던 데모크리토스는 여러 나라를 여행하고 많은 경험과 견문을 넓히면서 천체, 의학, 농업 그리고 동식물에 대해서까지 뛰어난 학설을 제창하였다.

데모크리토스는 모든 물질의 근원은 무엇일가 하는 의문을 품고 이에 대한 생각에 몰두하였으며, 그리하여 모든 물질은 더 이상 쪼갤 수 없는 작은 알맹이로 되어 있다고 결론지었다. 그는 이와 같이 거 이상 쪼갤 수 없는 물질의 최소 입자를 아톰이라고 이름 지었으며 이것이 우리말로 원자의 뜻이 된다.

그는 원자는 서로 성질이 다른 것이 많으며 이것들은 그 자신의 무게에 의하여 항상 공간에서 운동하며 그리고 서로 결합하거나 떨어지거나 한다고 생각하였고, 세계에는 헤아릴 수 없는 무수한 원자가 있다고 말하였다. 더욱이, 그는 원자는 없어지거나 아무것도 없는 데서 새로 생길 수 없으며 따라서 모든 물질은 어떻게 변하여도 그 본성은 잃지 않는다고 하였다.

이러한 데모크리토스의 원자에 대한 사상은 그 후 계속해서 많은 과학자와 철학자들에게 영향을 주었으나, 그것은 단순히 머릿속에서 생각한 것일 뿐 실험에 의해 증명된 것은 아니었다. 근세에 들어와서 과학자들에 의해 많은 원자가 발견되면서 실제 데모크리토스의 생각이 옳다는 것을 알게 되고 이리하여 원자는 더는 쪼갤 수 없는 작은 입자라는 것을 믿게 되었다. 그러면, 이 원자는 도대체 어떤 모양을 하고 있는 것일까? 네모난 것일까? 둥근 것일까? 또 딱딱한 것일까? 물렁물렁한 것일까?

이러한 의문은 모든 과학자들이 다 가지고 있는 것이었지만, 당시에는 이것을 알 수 있는 방법이 없었다. 그 시대에 아무리 정확하고, 배율이 높은 현미경으로도 원자는 볼 수 없었기 때문에 이것을 증명할 도리가 없었다.

그러나 과학이 발달하여 더 많은 원자가 발견되고 그러한 원자 가운데는 이상한 성질을 가지고 있다는 것을 알게 됨으로써 원자의 사상에 새로운 의문을 갖지 않을 수 없게 되었다.

1896년, 프랑스의 베크렐이 우라늄 광석에서 이상한 광선이 나오는 것을 발견하였으며, 이 광선은 종이나 널판도 투과하고 사진 건판도 감광했다. 그로부터 2년 후에 퀴리 부부가 이 광선이 라듐이라는 원자 속에서 방출되는 방사선이라는 것을 밝혔다. 퀴리 부부가 이 연구를 발표하던 시기에 세계에서 뛰어난 많은 물리학자들이 모인 영국의 캐번디시 연구소에서, 어니스트 러더퍼드라는 젊은 물리학자가 원자에 관한 연구를 하고 있었다.

대학 시절에는 줄곧 장학생으로서 우수한 성적을 나타냈고 운동에도 뛰어나 재질을 보인 패기 있는 러더퍼드는 퀴리 부부의 방사선에 관한 논문을 읽고 감격과 흥분에 젖어 있었다.

"방사선이야 말로 원자의 비밀을 벗겨주는 신호와 같은 것이 될지도 모른다."고 러더퍼드는 생각하였다. 그리하여, 방사선을 연구하면 신비롭고 놀라운 원자의 세계를 밝힐 수 있을 것이라 믿고 있었다.

러더퍼드는 톰슨이 소장으로 있는 연구소로 옮겨갔다. 톰슨은 전자를 발견하고 원자의 구조에 있어서의 전자의 성질과 의미에 대해 설명한 유명한 원자물리학자였다. 이 연구소에는 원자에 대하여 관심이 많은 훌륭한 젊은 과학자들이 모여, 자유로운 분위기에서 원자에 대한 토론도 하고 서로 협력하며 열심히 연구하고 있었다. 물론, 러더퍼드도 이러한 분위기에서 누구보다도 열심히 연구하였고 특히 방사선에 대하여 여러 가지 실험을 하고 있었다.

어느 날, 톰슨 소장은 농담 섞인 말로 러더퍼드에게 한마디 던졌다.

"러더퍼드 군. 자네의 아들 방사선 군은 요새 어떻게 있는가?"

"그런데 말씀입니다. 최근에 그 애가 그만 셋으로 쪼개져 버렸습니다. 선생님."

거침없이 대답하는 러더퍼드의 대답에 톰슨은 속으로 다소 놀라며 커다란 호기심을 가지고 다시 물었다.

"그것 참 신기한 이야기군, 어째서 그 애가 그렇게 된 거요. 러더퍼드 군!"

"선생님, 사실을 말씀드리겠습니다."하고 러더퍼드는 정색을 하며 그의 실험의 결과를 말하였다.

"선생님, 자석 사이에 라듐의 방사선을 통과시켰더니 세 개로 쪼개졌는데 하나는 똑바로 지나갔고, 또 하나는 오른쪽으로 구부러졌고, 나머지 하나는 왼쪽으로 구부러졌습니다."

톰슨은 이러한 러더퍼드의 설명에 열심히 귀 기울이고 있었다. 러더퍼드의 설명은 계속되었다.

"그런데, 이 세 어린애의 이름을 붙였는데, 그중에 똑바로 나가는 것을 감마선, 오른쪽으로 구부러지는 것을 알파선, 그리고 왼쪽으로 구부러지는 것을 베타선이라 하였습니다."

"그러면, 그 세 가지 방사선의 정체는 도대체 무엇이라 생각하고 있는가?"

톰슨은 심각한 표정으로 다시 물었다. 그러나 러더퍼드는 그 이상은 설명할 수 없었으나, 그것은 정말 놀라운 발견이었으며, 이러한 발견으로 그의 가슴은 더욱 부풀었다. 그는 아직 설명할 수 없는 세 가지 방사선의 정체가 무엇인지 하루 빨리 밝혀야 했으며, 이에 대하여 모든 힘을 기울였다.

이러는 동안, 러더퍼드는 28회의 생일을 열흘 앞둔 1898년 9월 8일에 캐나다의 맥길대학의 교수로 초빙되었으며 이곳에서 물리연구소의 소장으로 임명되었다. 여기는 연구 시설도 좋았고 연구비도 많아서 그가 야심한 연구를 마음 놓고 할 수 있었다. 그리하여 세 가지 방사선의 정체가 점점 밝혀져 갔다.

특히 베타선이 전자라는 입자가 아주 빠른 속도로 빠져 나가는 현상이라는 것을 알게 되었고, 전자는 음전기를 가지며 그 한 입자의 무게는 수소 원자 하나의 무게의 1840분의 1정도 밖에 안 된다는 것을 밝혔다.

이때 프레더릭 소디라는 화학자도 맥길대학의 연구소에 와서 러더퍼드의 방사선의 연구에 참가하였다.

어니스트 러더퍼드

러더퍼드는 이러한 유능한 과학자들과 함께 연구를 거듭하는 중에 방사선을 방출하는 물질인 토륨의 표면이 언제나 흐려 있다는 것을 발견했다. 그런데 토륨은 라듐, 우라늄 같이 방사선을 방출하는 물질로 이미 알려져 있었다. 실제, 흐려 있는 곳에서도 역시 방사선을 방출하는 것같이 보였다. 토륨의 표면이 흐려 있는 것을 씻어 버렸으나, 어느 사이에 다시 흐려지고 그곳에서 계속 방사선을 방출하는 것 같았다.

러더퍼드는 그의 공동 연구자인 소디와 함께 우선 이 신기한 현상의 정체를 밝히는 데 주력하였다.

그들은 퀴리 부인이 라듐의 주위에도 방사선을 방출하는 물질이 생긴다는 것을 발표한 사실을 상기했으며, 우라늄에서도 마찬가지 현상이 발견되는 것을 확인했다.

라듐, 우라늄 및 토륨 등에서 일어나는 이러한 공통된 현상을 규명하기 위하여 그들은 연구와 실험을 거듭하였다. 이리하여 그들은 다음과 같은 결론을 내렸다.

"토륨의 원자가 방사선을 방출하기 위하여 그 일부가 전혀 다른 새로운 원자로 변하는 것인지도 모른다."

"이것이 사실이라면 원자는 절대로 다른 원자로 변하지 않는 것이 아니라 방사선을 방출하면서 다른 원자로 변하게 되는 것이다."

이것은 정말 놀라운 통찰이었으며 훌륭한 결론이었다.

데모크리토스가 원자의 개념을 제창한 이래 2000년 이상, 원자라는 것은 절대로 쪼개지지 않는 입자라고 믿었던 지금까지의 신념이 완전히 깨어지는 결과였다.

러더퍼드는 자기의 결론이 옳다는 것을 실증하기 위하여 더욱 실험해야 했다. 모든 실험의 결과는 원자가 방사선을 방출하면 다른 원자로 변한다고 생각하지 않고는 도저히 그것을 설명할 도리가 없었다.

이리하여 1902년, 러더퍼드는 소디와 공동명의로 방사선이란 원자가 스스로 다른 원자로 변할 때 방출한다는 것임을 발표하였다.

이러한 러더퍼드의 학설은 세상을 크게 놀라게 했으며 그의 실험 결과에 의한 이 학설에 대하여 반대하는 사람은 있을 수 없었다. 그러므로 방사선을 방출하는 원자는 어느 것이나 자연히 깨어지고 있고 깨어진 원자에서 방출되는 방사선은 이미 방사선에 대하여 밝혀져 있는 것처럼 알파선, 베타선, 감마선이라는 것을 믿게 되었다. 방사선은 원자의 신비를 밝혀주는 신호일 것이라는 그의 예감과 신념은 옳은 것으로 입증된 셈이다.

러더퍼드는 이 방사선의 연구를 계속하면서 원자의 깊은 신비를 더욱 자세히 밝히기 위하여 연구를 계속하였으며, 우선 방사선에 대한 지식을 이용하여 원자의 구조를 알아내려고 결심하였다. 전자에 대해서는 이미 톰슨이 발견했고, 이것이 음전기를 띠었다는 것이 알려져 있었다. 그는 이 전자가 원자의 한 구성 입자일 것이라 생각했다. 그러나 원자는 전체에 있어서 중성이므로 원자 속에도 전자의 음전기를 중성으로 만드는 양전기를 띤 입자가 있을 것이라 생각하였다. 그리하여 러더퍼드는 원자의 구조에 대하여 다음과 같은 결론을 내렸다.

"원자 속에는 전자보다 훨씬 무거운 원자핵이 있으며 이것은 양전기를 띠고 있다. 이 원자핵의 주위를 마치 태양 주위를 지구가 돌고 있는 것처럼 전자가 돌고 있다."며, 원자의 모형에 대하여 세상에 처음으로 발표하였다. 이것은 참으로 놀라운 학설이었고, 오늘날 원자물리학에 있어서 매우 중요한 이론이었다.

러더퍼드는 또한 알파선으로 인공적으로 원자를 파괴하는 실험도 처음으로 하였다. 원자를 인공적으로 파괴할 수 있다는 사실을 증명한 셈이다. 그리하여 세계의 물리학자들은 저마다 원자를 인공적으로 파괴하는 실험을 하였고, 20세기의 물리학은 이러한 연구에 총집중된 느낌이 있었다. 오늘날, 원자탄이 만들어지고 원자력발전소가 건설되어 원자력 시대를 이루게 한 커다란 공로자로 우리는 러더퍼드를 잊어서는 안 된다. 그는 20세기의 물리학자 중에서 아인슈타인과 어깨를 나란히 할 수 있는 위대한 원자물리학자였다.

1907년에 러더퍼드는 원자의 신비를 밝힌 그의 커다란 공로에 의해 노벨물리학상을 받았다.

원자폭탄의 발명

    누가 무엇을 발견하였거나 발명한 것이 어떤 것이든 어느 개인만의 힘으로 이룩되는 일은 거의 없다. 그 시대의 사회적 배경이나, 사회의 요구나 기타 여러 가지 원인이 발명과 발견의 계기를 만들어주며, 또 그 이전에 달성한 많은 과학의 업적들이 또 다른 발명과 발견을 가능하게 만든다.

    한편, 오늘날과 같이 과학이 고도로 발달된 시기에 있어서 어떤 새로운 발명은 그것을 보조하는 다른 모든 발전의 기초 위에서만 가능하다는 것을 명백히 보여주고 있다.

    우주 탐험이라든지, 이것에 필요한 로켓 연구 같은 것도 정밀의 극치를 이룬 여러 가지 부속품의 제조가 필요하므로 어느 한 사람만의 힘으로는 불가능하다. 탁월한 재능을 타고난 천재적인 과학자의 비상한 노력에 의해서 새롭고 놀라운 발명이 가능한 것도 사실이나, 이와 병행하여 이러한 발명을 성공시킬 수 있는 다른 부분의 발전을 또한 가볍게 볼 수 없다는 것이다.

    우리는 이것을 원자폭탄의 발명에서 쉽게 알아 볼 수 있다. 원자력은 원자 시대의 새로운 문을 열고 지금까지 한 번도 본 적이 없는 강한 파괴력으로 군사에 이용되고 있으며, 또 이에 못지않게 에너지 근원으로서의 이용 가치로도 활발히 사용되고 있다. 이러한 원자력은 그야말로 수많은 과학자들의 피어린 공동 노력의 결정으로 이루어진 것이다. 제2차 세계대전을 빨리 끝내게 한 중요 역할을 하였던 원자탄의 제조는 수천수만의 과학자 및 기술자와 막대한 연구비가 소요됨으로써 비로소 가능했다.

이제, 이 원자폭탄이 발명되기까지의 경로를 알아보기로 하자.

제2차 세계대전이 한창 치열하게 계속되고 있을 때였다. 아인슈타인 주위에는 몇 사람의 과학자들이 모여 근심스러운 표정으로 서로 이야기를 주고받고 있었다.

"아인슈타인 박사, 아주 중대한 일이 일어나고 있습니다. 독일은 분명히 원자폭탄 제조를 위한 본격적인 연구를 시작하고 있습니다."

"저도 같은 생각입니다. 베를린에 있는 연구소에서도 200명 이상의 과학자들이 우라늄을 연구하고 있는 모양입니다."

이러한 말들을 들으면서 아인슈타인은 심각하고 우울한 표정을 짓고 있었다.

"당신들의 걱정은 충분히 이해합니다. 만약, 독일이 원자폭탄을 완성한다면 전세는 예측할 수 없을 정도로 악화될 것이며 유럽을 비롯한 전 세계가 히틀러의 발밑에 굴복당하고 말 것입니다."

이리하여 아인슈타인은 이 위급한 정세를 그 당시 미국의 루스벨트 대통령에게 알리고 미국도 원자폭탄 제조를 위한 연구에 전력을 다할 것을 서면으로 요청했다. 루스벨트 대통령은 원자폭탄의 중요성을 인정하고 이를 제조하기 위한 연구소의 설치를 명령했다.

이리하여 미국은 수억 달러의 자금으로 원자폭탄 제조에 착수했는데, 이 일을 달성하기 위해 수많은 과학자들을 동원했다.

당시, 유럽 등지에서는 우수한 과학자들이 히틀러의 박해를 피해서 자유의 낙원인 미국으로 건너와 있었으므로 미국은 유리한 입장에 있었다. 그런데 이 시기에 독일, 프랑스, 미국의 과학자들은 놀랄만한 발견을 하였는데, 그것은 우라늄 원자에 중성자를 충격시키면 우라늄 원지가 두 개로 나누어진다는 사실이었다. 더욱이, 우라늄 원자의 파괴에 의해 생긴 중성자는 다시 다른 우라늄 원자를 파괴시켜 중성자와 다량의 에너지를 방출한다는 사실이었다.

이것은 보어에 의해 발견된 '우라늄 원자핵 분열'로서, 극히 작은 원자인 우라늄을 파괴해도 막대한 에너지를 방출한다는 것이었다.

우라늄이 연쇄반응을 일으켜 분열할 때 나오는 에너지에 의한 폭발력은 보통 폭탄보다 수백만 배에 달한다는 사실이 아인슈타인의 에너지 방정식에 의해 계산으로 나왔다.

이것이 바로 원자폭탄의 원리이다. 미국은 이러한 원리를 이용하여 원자폭탄 제조에 착수했으며 연구소 소장으로는 오펜하이머 박사를 임명했다. 세계 일류의 과학자들이 모인 연구소의 소장으로 임명된 오펜하이머 박사는 1904년 미국 뉴욕에서 탄생하여 1925년에 하버드대학을 졸업한 수재로서, 영국 캐번디시 연구소의 러더퍼드 밑에서 연구한

과학자였다.

　여러 대학에서 교수로 있으면서 원자핵에 관한 연구를 꾸준히 쌓아온 오펜하이머 박사가 이런 중책을 맡게 된 것은 당연한 일이었다. 오펜하이머를 비롯한 과학자들은 뉴멕시코의 사막 근처에 있는 로스 알라모스에서 연구에 전념하였다.

　이 연구소의 건립에 따라 근처에는 새로운 집들이 지어졌고 많은 과학자들의 가족들도 이곳에 모여 살게 되었다. 오펜하이머를 비롯한 많은 과학자들은 피로도 잊은 채 연구에 몰두했는데 그중에서도 오펜하이머는 하루에 4시간 이상 잠자는 일이 거의 없는 나날을 보내고 있었다.

　한편, 테네시주의 오크리지에는 대규모의 공장이 건립되었다. 그런데, 우라늄에는 238과 235의 두 가지 동위원소가 섞여 이으며 중성자에 의해서 파괴되는 것은 우라늄 중 겨우 0.07% 정도밖에 포함되어 있지 않은 우라늄 235뿐이었다. 즉, 우라늄 238은 중성자에 의해서 분열 반응이 일어나지 않으므로 새로이 건설된 공장에서는 우라늄 235를 분리시키는 일이 중요한 임무로 되었다.

직경 27m, 높이 50m, 무게가 무려 180톤이나 되는 커다란 전자석을 장치한 이 공장은 높이만 해도 10층 높이의 대규모로 웅대한 공장이었다.

이와 같이 복잡하고 거대한 설비의 공장에서 우라늄 235의 분리를 하였으며, 드디어 1945년 7월 16일 아침, 뉴멕시코의 사막에서 최초의 원자폭탄 실험이 행해졌다.

오펜하이머와 이 연구에 종사했던 많은 사람들은 이 역사적인 순간에 긴장할 대로 긴장했다. 그들의 피땀 어린 노력의 결정이 실제로 입증되는 날이었다.

수백 개의 태양이 일시에 빛나는 듯 갑자기 빛이 번뜩이더니 천지를 뒤흔드는 폭음, 뒤이어 직경이 200 내지 300m나 되는 구름이 기둥처럼 하늘로 올라갔다. 사실, 태양의 중심 온도는 6,000℃ 정도임에 반하여 원자폭탄이 폭발할 때의 그 중심온도는 10,000℃ 가까이 되었다. 원자폭탄의 실험은 성공적이었다. 처음으로 인간이 원자력이라는 놀랄만한 에너지를 손에 잡게 된 것이다.

원자폭탄은 제2차 세계대전의 끝판에 들어와서 최후로 발악하던 일본에 투하되어 대전을 빨리 끝내고 연합군의 승리를 이끌었다.

원자폭탄의 성공은 오펜하이머 박사의 천재적인 두뇌와 격려 및 그의 지도력에 힘을 받은 수많은 과학자들의 공동 노력에 의하여 이루어졌다.

군사적인 목적으로 그 필요성이 강조되었고 그 발전이 촉진되었던 원자력은, 오늘날 평화적 이용을 위한 방면의 연구로도 활발히 진행되고 있다. 원자로에서 생성되는 방사성동위원소를 의학, 농학, 화학, 물리학, 생물학 및 공업분야 등 여러 방면에 사용함으로써 놀라운 성과를 달성하고 있다.

우리나라도 1962년 3월 30일에 미국의 제너럴 아토믹스 회사에서 만든 트리가 마크II형 연구용 원자로를 도입 가동함으로써 원자력 이용 시대에 돌입하였고, 1978년 7월 20일 우리의 최초의 원자력발전소(60만 kW)가 준공됨으로써 원자력의 혜택을 받고 있다.

한편, 원자력의 파괴성은 제2차 세계대전의 그것과 비교도 안 될만큼 TNT 100메가톤급의 폭발력을 가지는 정도까지 이르렀으며, 핵분열 반응이 아닌 핵융합반응을 이용한 수소탄도 만들어지고 있어 무기로써의 발전은 가공할 정도이다.

이것은 오늘날, 모든 인류를 말할 수 없는 커다란 공포의 도가니로 몰아넣고 있다. 이러한 군비 경쟁을 통한 원자폭탄의 비약적인 발전은 지구 최후의 날을 재촉하는 느낌마저 든다.

그러나 원자력을 진정한 의미에서의 평화적인 방면에만 이용할 수 있는 날이 온다면, 이것은 인간의 행복한 생활을 위하여 놀라운 기여를

할 것이다. 따라서 그렇게 되게 하기 위해서 모든 사람들은 한결같이 원자력의 평화적 이용에 대하여 특별히 노력하지 않으면 안 된다.

혈액순환의 발견

 1578년에 영국 남해안의 시골에서 태어난 윌리엄 하비는, 케임브리지대학을 졸업한 후 이탈리아로 가서 파도바대학에 입학하여 의학을 공부하기 시작했다.

 당시, 이탈리아의 파도바대학은 유럽 학문의 중심지로서 세계적으로 유명한 과학자들이 많이 모여 있었다.

 이 대학에는 유명한 베살리우스의 뒤를 이어 정맥변과 발생학의 연구로 유명한 파브리키우스라는 학자가 해부학의 연구실을 만들어 연구하고 있었는데, 하비는 이 대학의 의학부에 입학하여 파브리키우스의 제자가 되었다.

 당시의 의학 공부라는 것은 아주 옛날 사람들이 저술한 의학 서적을 마치 성서와 같이 암기하도록 읽는 일이었다. 특히 기원전 300년경에 로마의 갈레노스라는 과학자가 쓴 의학 서적을 가장 신봉하였고 널리 교과서로 사용되었다. 이 책에는 "심장에서 나온 혈액이 몸속으로 들어가며 간장에서는 새로운 혈액을 만들어 심장에 보낸다." 등의 설명이 적혀있었다.

하비도 갈레노스의 책을 열심히 공부하는 학생이었으나, 심장에 관한 이와 같은 설명에 대해서는 잘 이해가 되지 않았다.

당시는 기독교 세력이 거의 세계를 지배했고 성서에 위배되는 사상이나 학문은 용납하지 않았던 때였다. 이러한 때 교회는 "갈레노스의 책은 하느님의 마음과 뜻을 이어 받은 가장 훌륭한 책이다."라고 규정하고 이것에 반대되는 의

윌리엄 하비

견을 말하는 사람은 누구나 하느님의 뜻을 배반한 이단자로 단정하였다.

하비가 태어나기 25년 전에도, 스위스의 세르베토라는 학자가 갈레노스의 책 속에 있는 심장에 관한 부분이 틀렸다고 말하고 "혈액은 심장으로부터 나와서 심장으로 되돌아간다."는 의견을 주장한 죄로 교회의 재판을 받고 화형을 당한 일이 있었다. 이때는 교회에서 하느님이 주신 고귀한 인간의 몸에 칼을 대고 해부한다는 것은 하느님의 뜻을 배반하는 것이라 하여 강력히 금지했다. 그러나 세르베토는 교회 몰래 인간의 시체를 해부하고 갈레노스의 그릇된 설명을 확인하였으며, 이렇게 확인된 자기주장이었음에도 불구하고 결국 비참한 체형을 당하고 말았다.

그 후에 벨기에의 베살리우스라는 학자도 몰래 시체를 해부하며 연

구하고 갈레노스의 책 속에는 적어도 2백 개 이상이나 틀린 데가 있다고 밝힌 바 있다. 그리고 베살리우스는 교회의 박해와 벌을 피하기 위하여 벨기에를 떠나 버렸다.

그러나 시일이 갈수록 교회의 박해에도 불구하고 자유로운 학문 연구를 추구하는 사람들이 많아졌고, 그리하여 세르베토나 베살리우스의 설명에 찬동하는 사람이 많아졌다. 한편, 교회의 세력도 점차 약화되어 가서 시체의 해부도 전보다 자유롭게 할 수 있게 되었다.

하비가 대학에 입학할 때는 바로 시체의 해부도 중요한 과목의 하나가 되었다. 하비가 파도바대학에서 의학을 공부하면서 특별히 느낀 것은 "사람이 태어나서 죽을 때까지 심장과 폐는 잠시도 쉬지 않고 규칙적으로 움직이고 있는데 어떻게 해서 이렇게 움직이고 있는 것일까?"하는 것이었다. 이것은 의학 공부를 깊이 하면 할수록 더욱 큰 의문이 되었다.

하비는 파도바대학을 뛰어난 성적으로 졸업한 후, 고국인 영국으로 돌아와서 케임브리지대학의 의학교수가 되었다. 대학교수로서의 하비는 학생 때 품었던 의문에 대한 연구를 계속하려고 결심했으며, 특히 심장과 혈액의 관계를 밝히는 데 그의 연구의 중점을 두기로 했다. 이때 파브리키우스라는 사람이 갈레노스의 이름을 반박하고, 정맥의 혈액은 모두 몸의 여러 곳에서 심장을 향하여 흘러가며 반대로 거슬러 흐르지 않도록 곳곳에 마개가 붙어 있다는 것을 밝혔다. 갈레노스의 학설에 의하면 정맥 속의 혈액은 몸속에 빨려 들어간다고 했다. 그러나 정맥의 혈액이 계속하여 심장을 향하여 흐른다는 것은 틀림없는 사실로 알려졌다.

"그런데, 이처럼 많은 혈액이 어디서 만들어지는 것일까."하는 생각이 하비에게 떠올랐다. 갈레노스는 이렇게 많은 혈액이 간장에서만 만들어진다고 하였지만 그것은 잘 납득이 가지 않았다.

하비는 이 의문을 풀기 위하여 사람의 시체를 해부하였을 뿐 아니라 동물도 해부하여 심장에서 나오는 동맥과 정맥이 나뭇가지처럼 뻗어있는 것을 조심스럽게 끄집어내어 보았고, 이러한 관찰은 살아 있는 토끼나 개구리의 심장에서도 이루어졌다.

심장의 좌심실이 한 번 오므라들면 그 속의 혈액이 전부 밀려나오고, 반대로 불어나면 혈액이 흘러 들어와서 가득 차는 것을 관찰하였다. 특히 사람의 심장이 불어났을 때의 좌심실 부피도 재어 보았다.

보통 좌심실의 부피는 57그램의 혈액이 들어갈 수 있으며 이것을 기초로 하여 계산하면 다음과 같은 결과가 나오게 된다.

사람의 맥박은 1분 동안에 대개 72회이므로 1시간에는

$$60 \times 72 = 4,320회$$

그러므로 1시간에 심장에서 흐르는 혈액은

$$57g \times 4,320 = 246,240 \text{ g (약 246kg)}$$

이 무게는 보통 어른 체중의 4~5배 되는 것이다. 이것이 매일 24시간 계속되는 것이므로, 하루 24시간 동안에는 대개 6,000킬로그램이라는 막대한 양이 된다. "이렇게 많은 양의 혈액이 심장에서 나오는데 사람의 체중은 조금도 변하지 않는다. 하루에 아무리 많은 음식을 먹는다 해도 3킬로그램을 넘지 못하는데 어떻게 어른의 약 100명의 체중에 해

당하는 6,000킬로그램의 혈액을 만드는 것일까?"

하비는 이 계산의 결과를 어떻게 이해해야 할지 도무지 알 수가 없었다. 그는 곰곰이 생각했다 그리하여 다음과 같은 생각을 해 보았다.

"혹시 동맥의 혈액과 정맥의 혈액은 서로 같은 것이 아닐까? 그렇다면 심장에서 흘러나온 동맥의 혈액이 정맥으로 흘러 들어가서 심장으로 다시 돌아가는 흐름일 것이다. 이렇게 설명할 수 있다면 이 계산의 결과는 이해하기에 어려울 것이 없는데, 이것을 증명하는 방법이 없을까?"

하비는 그의 생각을 증명하기 위하여 더 많은 토끼와 개구리, 그리고 쥐들을 해부하여 관찰하기로 했다.

어느 날, 하비는 자기의 팔목을 우연히 구부려 보았다. 그러자 동맥이 툭툭치는 것이 느껴졌고, 다른 손으로 눌러 보았더니 혈관이 파랗게 불어난 것을 보았다. 그는 이상해서 이것을 몇 번이고 되풀이해 보았다. 끈으로 팔을 꽉 묶어 보았더니 팔 아래의 살색이 파랗게 변하면서 기운이 없어지는 것을 느꼈다. 이것은 분명히 동맥의 혈액이 순환하지 못하기 때문이며, 따라서 팔 아래의 살색이 죽은 사람처럼 파랗게 보이는 것이라 생각했다. 이것을 여러 사람의 팔에 대해서도 관찰해 보고 개구리의 혈관에 대해서도 실험해 보았다. 그리하여 정맥의 혈액이 심장으로 들어가기 위해서는 파브리키우스가 발견한 정맥변이라는 것이 심장 쪽으로 향해 열려 있을 것이라 믿었다.

그리고 하비는 동맥의 혈액은 심장의 강한 힘으로 세게 흐르고 있기 때문에 만일 동맥을 끊으면 잠시 후에 몸속의 혈액이 전부 밖으로 흘러

나가 버려서 동물은 곧 죽어버린다고 설명하였다. 또, 인체에 영양이 공급되면 혈액으로 변하고 혈액 때문에 체온이 유지되는 인체의 여러 가지 작용에 대해서도 연구하였다.

하비는 혈액의 순환을 수량적, 실험적으로 증명하기 위한 연구를 위시하여 여러 가지 인체에 대한 연구를 13년이라는 긴 기간 동안 계속하였으며, 그동안 되풀이한 실험 횟수는 셀 수 없을 정도로 많았다.

하비는 이러한 그의 연구 결과를 72페이지 되는 팸플릿에 실어 1628년 독일에서 발표하였으며, 이리하여 인체생리학의 기초가 되는 혈액순환설이 하비에 의하여 처음 발견되었다.

그러나 하비는 동맥의 혈액이 언제 어디서 어떻게 정맥으로 흘러가는가 하는 것에 대하여는 명백히 설명하지 못하였다.

이것은 하비가 세상을 떠난 4~5년 후에 이탈리아의 말피기와 오스트리아의 레벤후크가 현미경으로 모세혈관을 발견함으로써 동맥의 혈관이 이 모세혈관을 통하여 정맥으로 들어간다는 것을 알게 되었다. 이 발견으로 하비의 학설은 더욱 확실해졌다. 갈레노스 학설의 잘못을 실험으로 증명한 하비는 갈릴레오처럼 관찰과 실험은 과학에 있어서 가장 중요하다는 것을 실천하고 실증한 대표적인 사람이며, 더욱 진리의 탐구를 위하여서는 생명도 아끼지 않았던 용감한 과학자 중의 한 사람이었다. 나중에 케임브리지대학의 총장을 지내다가 1657년에 80세를 일기로 세상을 떠났다.

인체의 연구

벨기에의 브뤼셀에서 태어난 베살리우스는, 18세 때 프랑스 파리로 유학을 갔다.

소년 시절부터 개구리, 개 등의 동물의 해부에 취미를 가지고 있었다.

개를 해부하는 사람의 솜씨가 서투르면 베살리우스는 "나에게 수술칼을 빌려 주십시오." 이렇게 말하고는 손수 자기 손으로 척척 해부하였다.

당시의 일반적인 경향에 의하면, 해부학자가 수술칼을 잡는다는 것은 상식에 벗어나는 일이어서 누구나 그러한 일을 꺼렸던 낡은 사고방식에 젖어 있었다.

갈레노스의 낡은 학설을 그대로 가르치고 있었던 당시의 학자들 중에서, 베살리우스를 가르치고 있었던 실비우스 교수도 예외는 아니었다. 해부학을 전공하는 이러한 교수들 자신이 직접 자기 손으로 해부하는 것을 싫어하였을 뿐 아니라 무조건 갈레노스를 숭배하고 그가 만든 아주 옛날의 해부도를 가르쳤다. 이러한 점이 베살리우스에게는 큰 불만이었다.

그는 "자기의 손으로 해부해야 한다."는 신념에 가득 차 있었다.

훌륭한 의사가 되겠다는 희망을 안고 파리에서 공부하고 있던 베살리우스는, 교수의 강의에 만족할 수 없었고 더욱이 인체를 해부하는 것은 감히 엄두도 낼 수 없었다. 기독교에서는 인간의 시체를 해부한다는 것이 하느님의 뜻에 어긋난다고 하여 이것을 강력히 금지했기 때문이다.

의학 공부에 전력을 기울이고 있었던 베살리우스는 어떻게 해서든지 사람의 몸을 명확히 알고 싶었다. 훌륭한 의사가 되기 위해서는 우선 사람의 몸을 자세히 알아야 되기 때문이었다. 이리하여 베살리우스는 묘지 부근을 산보하기 시작했다.

당시, 프랑스에서는 묘를 그다지 깊게 파지 않았기 때문에 비가 오거나 바람이 세차게 불면 묘가 자꾸 씻기어 그 속의 사람 뼈가 겉으로 드러나는 일이 많았다. 그래서 베살리우스는 묘를 파헤치지 않고도 죽은 사람의 뼈를 쉽게 얻을 수 있었다. 일 년, 이 년 동안 이렇게 뼈를 모아서 관찰하였기 때문에 그는 학교에서 뼈에 관해서만큼은 교수들보다 더 다양한 지식을 갖고 있기로 유명했다.

그가 파리에 유학한 3년 후, 프랑스와 독일 간의 전쟁이 일어나서 벨기에로 돌아왔다.

고향에서의 생활은 베살리우스로 하여금 또다시 모험을 계속 시켰다. 어느 날, 그는 친구와 함께 교외의 한적한 길을 산책하고 있었다. 인가가 없는 적막한 초원에 이르자 베살리우스는 깜짝 놀라면서 걸음을 멈추었다. 동행하던 친구의 어깨를 잡고 "저것 봐!"하고 소리를 쳤다.

그의 손가락으로 가리키는 얼마 떨어지지 않은 곳에 교수대가 우뚝서 있고 거기에는 죽은 사람이 축 늘어져 있는 것이 아닌가. 주위에는 까마귀들이 까악! 까악! 울면서 날아다니는 정말 음산한 광경이었다.

친구는 이 광경을 보고 깜짝 놀라면서 베살리우스에게 돌아가자고 재촉했다. 그러나 베살리우스는 "여보게, 부탁이야, 좀 도와주게."하고 호기심에 찬 표정으로 말했다.

친구는 알 수 없다는 듯이 "도대체 무엇을 도와달란 말인가?"하고 반문했더니 "저 시체를 가지고 가야겠어."하고 서슴없이 대답했다. 이러한 베살리우스의 말을 들은 친구는 새파랗게 질린 얼굴로 베살리우스의 얼굴을 빤히 쳐다보았다. 그의 친구로서는 너무나 어처구니없는 부탁이었다.

그러나 전에 파리 교외의 묘지를 돌아다니면서 뼈를 모았던 베살리우스의 용기와 타오르는 연구심이 이 기회를 놓칠 리 없었다. 그는 친구에게 간청을 했다. 자기가 교수대에 올라가서 시체를 잡아맨 끈을 풀면 이것을 밑에서 도와 달라는 것이었다. 결국 친구도 어쩔 수 없이 협력할 것을 응낙했다.

이러한 일은 사람들에게 들키기라도 하면 자기들의 생명까지를 빼앗기는 무섭고도 엄청난 모험이었다. 들켜서 붙잡히면 저렇게 교수대에 매달리고 사형시킬 것이 뻔했다.

그러나 베살리우스는 친구의 도움을 받아 시체를 교수대로부터 풀어 땅에 내려놓았지만, 운반하는 일이 문제였다. 하는 수 없이 그들은 도망치는 사람들처럼 운반도 못한 채 집으로 돌아왔다.

그날 밤, 베살리우스는 무서움도 잊은 채 혼자 다시 그 초원으로 가서 시체를 메고 집으로 돌아왔다. 까마귀들에게 찢겨서 시체는 상처투성이였으나 베살리우스는 이 시체를 해부하여 철저히 관찰하고 조사했다.

교수대에 매달린 사형수의 시체를 몰래 메고 와서 인체를 직접 해부하면서 연구한 베살리우스의 목숨을 건 모험은 그야말로 누구나 감히 따를 수 없는 용기였으며 진리 탐구에 대한 빛난 정신이었다.

베살리우스는 언제나 인체 해부를 떳떳이 할 수 있는 기회만을 엿보고 있었으며, 전쟁 중에는 루벤에서 외과의사로 근무하면서 그의 꿈을 잊지 않았다.

그런데, 당시에 이탈리아의 대학에서는 인체 해부가 허락되었음을 알고 베살리우스는 이탈리아의 파도바대학으로 자리를 옮겼으며, 1537년 12월에 이 대학의 해부학 외과 교수가 되었다.

그동안 베살리우스는 많은 사람들의 시체를 해부했으며 그래서 인체의 구조를 열심히 연구하였다. 그래서 그는 더욱 갈레노스의 학설만을 믿을 수 없었다. 연구를 되풀이 할수록 갈레노스가 동물을 해부한 것을 인체 해부에 적용시켰다는 것을 확실히 알게 되었다. 사람의 대퇴골은 개처럼 구부러져 있지 않고 간장도 갈레노스가 말한 것처럼 몇 개의 가지로 나누어져 있지 않음을 알게 되었다.

"심장의 우심실과 좌심실 사이의 벽에는 많은 구멍이 뚫려져 있다."는 갈레노스의 혈액순환에 대한 설명에서는 믿을 수 있는 근거를 찾아볼 수 없었다.

파도바대학의 연구실에 와서 6년 후인 1543년, 베살리우스는 이와 같은 그의 이론을 엮은 『인체의 구조에 관하여』라는 유명한 책을 출판했다.

이 책은 1,500년 동안이나 유지해온 갈레노스의 학설을 전적으로 부인할 만큼은 못되었고 자체에도 잘못된 부분이 많았으며, 갈레노스의 학설에 있어서 가장 큰 약점이었던 심장에 구멍이 없다는 것도 확실히 단언하지 못하였다.

"혈액이 무엇을 통하여 우심실로부터 좌심실로 가는가?"하는 문제는 뒤에 알게 될 하비의 연구 결과를 기다려야만 했다.

그러나 베살리우스의 인체 구조의 연구는 새로운 전환점을 이루었으며 르네상스 시대 의학 연구의 새로운 등불이 되었다.

베살리우스는 신체의 구조를 연구하는 해부학과 그 작용을 연구하는 생리학을 구분해서 생각하지는 않았으나, 해부학에 있어서 관찰을 중요시한 그의 과학적 태도는 근대과학의 위대한 선구자라 칭찬할 만한 것이었다.

세포의 발견

17세기 이후부터 현미경을 가지고 동물이나 식물의 구조, 발생 등을 연구한 학자들이 많이 나타났다.

영국의 로버트 훅도 이들 중 한 사람이었다. 그는 과학에 남달리 흥미를 가지고 있었으며, 공기나 화석에 관해서 연구하고 스스로 렌즈를 갈아서 현미경을 만들기도 했다.

그는 손수 만든 현미경으로 주위에 있는 물건들을 닥치는 대로 들여다보고 관찰하면서 확대되어 보이는 모양을 종이 위에 그렸다. 그중에는 꿀벌의 침, 파리의 눈과 다리, 빈대·거미 등의 모양, 이끼와 털의 구조 등을 관찰한 그림도 있었다.

1665년 어느 여름 날 오후에 현미경으로 여러 가지 물건을 관찰하고 있던 훅은 코르크 한 조각을 칼로 잘라서 보기 시작했다. 그런데, 그는 이상한 것을 보았다. 현미경으로 들여다본 코르크 조각은 수많은 작은 방으로 되어 있는 것이 아닌가?

훅은 혼잣말로 "야! 꼭 작은 방과 같구나." 이렇게 중얼거리면서 더 자세히 관찰했다. 다시 작은 식물을 현미경으로 관찰한 훅은 이것들도

로버트 훅

코르크와 마찬가지로 작은 방으로 되어 있다는 것을 알았다. 훅은 이 작은 방에 세포라는 이름을 붙였는데, 훅 자신은 생물학을 전문적으로 연구한 사람도 아니어서 세포의 의미를 확실히 이해하지는 못했다. 따라서 식물이나 동물의 몸이 모두 세포라는 단위로 구성되어 있을 것이라고 생각하지는 않았다. 이 세포라는 것이 식물이나 동물에 있어서 얼마나 중요한 의미를 지니고 있는지조차 전혀 생각지 않았으나 세포에 관한 최초의 관찰은 훅에 의해 시작되었음은 의심할 바 없다.

훅이 세포를 관찰하고 200년이 지나서 독일의 슈반이라는 학자가 나왔다. 슈반은 위 속에 있는 소화액이나 신경의 구조에 관해서 훌륭한 연구를 계속한 학자이며, 뼈나 신경 및 근육이 형성되어 가는 모양을 연구하던 중에 이 모든 것이 세포로 구성되어 있는 것이 아닐까 생각하기에 이르렀다.

그렇게 되면 동물의 몸이나 뼈, 근육 그리고 신경 등 여러 가지의 모양이나 작용은 다르지만, 세포들이 모여서 그렇게 만들어졌고 또 동물이 성장하는 것도 세포가 증가되어 가는 현상이라 설명할 수 있었다.

슈반은 이와 같이 생각했으나 당시까지 아무도 그러한 생각을 가지고 있지 않았으므로 발표하기를 꺼려했다. 이것은 아주 새로운 이론이어서 슈반 자신은 주저한 나머지 자기만의 이 새로운 사실을 간직한 채 아무하고도 이 문제에 관해 말하지 않았다.

19세기 초의 학자들은 세포에 관해서 뚜렷한 견해가 없었으므로 동물이나 식물의 모든 기관, 피부, 신경, 근육 그리고 소화기의 벽 등 모든 요소가 세포로 되어 있다고 생각하지 못했다.

그러나 시일이 경과함에 따라 물체의 모양을 뚜렷이 볼 수 있는 배율이 높은 현미경을 만들 수 있게 되어, 그때까지 잘 알려지지 않은 동물이나 식물의 각 부분의 아주 복잡한 구조가 연구에 의해 점점 밝혀지게 되었다.

1831년, 영국의 로버트 브라운은 식물 표피의 세포 속에 작은 알맹이가 있음을 발견하고 이것을 핵이라 불렀고, 그 후 여러 식물의 가지각색의 구조 속에도 핵이 있음을 밝혔다.

한편, 슈반은 독일의 유명한 식물학자 슐라이덴과 서로의 연구에 관해서 이야기할 기회를 가졌다. 이 두 사람은 상호 간에 의견을 교환하는 가운데 식물에 관해서 서로 같은 생각을 하고 있음을 알게 되었다.

슐라이덴은 식물 각각의 요소는 공통된 요소로부터 만들어진다고 생각했고, 이 요소를 세포라고 불렀다. 그는 이 생각을 더욱 발전시켜 식물의 몸을 구성하고 있는 기본적인 단위는 세포라는 것을 확신했다. 더욱이, 이 세포는 독립적인 생활을 영위하므로, 식물 하나하나의 개체는 이러한 독립된 생활을 하는 많은 세포의 집단에 지나지 않는다고 생각했다.

슈반은 슐라이덴의 연구실에 가서 그의 세포설에 관련된 여러 가지 사실을 현미경으로 관찰하면서 서로의 의견을 교환했다.

슐라이덴은 작은 식물이 자라고 있는 모양을 관찰하여 위에서 설명한 바와 같이 식물도 세포가 모여서 이루어졌고, 식물이 성장하는 것은 세포가 많아지기 때문이라고 믿게 되었다.

두 사람은 그들의 생각이 똑같음을 다시금 확신하고는 깜짝 놀란 한편 서로에게 새로운 연구에 커다란 용기를 북돋우어 주었다.

이리하여 슐라이덴은 1838년에『식물의 발생에 관하여』라는 논문을 발표하여 그의 세포설을 세상에 알렸다.

슈반도 뼈의 발생이나 그 과정을 연구하던 중에 이러한 것도 세포로부터 생기는 것을 관찰했다. 그는 동물의 몸을 구성하고 있는 다른 요소의 기원을 밝히면서 모두 세포로 구성되어 있다는 것을 밝혀 결국 세포설에 이르게 되었다.

슈반은 슐라이덴의 이야기를 듣거나 그의 논문을 읽으면서 자신의 연구 결과에 확신을 가지게 되었으며, 식물과 마찬가지로 동물도 세포로 구성되어 있어서 세포설은 모든 생물에 적용됨을 알게 되었다. 슈반은 슐라이덴이 그의 논문을 발표한 그 이듬해인 1839년에『동물과 식물의 구조 및 생장에서 볼 수 있는 일련의 현상에 관한 현미경적 연구』라는 논문을 발표하여 동물도 역시 세포로 되어 있음을 밝혔다.

슈반이나 슐라이덴이 발표한 이 새로운 학설에 반대하는 학자들도 많았으나 점점 이것이 사실임이 증명되었다.

동물의 알은 단지 하나의 세포라는 것도 밝혀졌다. 달걀이 큰 것은 세포가 그렇게 크기 때문이 아니고 세포의 양분이 많이 들어있기 때문이라 설명하였다. 세포는 이러한 양분을 섭취하면서 점차적으로 커가며 결국 그 세포가 피부, 뼈, 근육, 신경, 혈구 등으로 나누어져서 병아리의 몸을 구성하게 된다는 것이었다.

그러나 세포의 구조에 관한 슈반이나 슐라이덴의 생각은 정확한 사실에 바탕을 두지 못하였다. 식물이나 동물과 같이 겉모양으로는 아주 판이한 생물처럼 보이는 것도 모두 세포로 구성되어 있다는 점에서는 같다는 그들의 설명은, 생물학의 발전에 중요한 의미를 가진 동시에 커다란 역할을 하였다.

슈반이나 슐라이덴보다 젊은 독일의 후고 폰 몰은 1844년, 모든 세포는 앞선 세포의 분열에 의해 발생한다고 밝힌 동시에 세포를 만들고 있는 물질을 「원형질」이라 명명하였다. 이어서 1854년, 독일의 피르호는 "모든 세포는 세포에서 생긴다."는 원칙을 주장하였고 1861년, 독일의 슐체는 "세포는 핵이 있는 원형질로 만들어진 것이다."라는 정의를 내려 이것이 모든 사람들에게 세포에 대한 정설로 인정되었다. 또한 생물의 기본 단위는 세포이고 생물의 성장은 세포분열로 이루어진다고 믿게 되었다.

진화의 발견

산업혁명에 의해서 다량으로 생산된 상품의 소비시장을 개척하려는 경쟁이 각국에서 치열하게 벌어지고 있었다.

영국을 비롯한 많은 나라들은 외국에 상품을 팔기 위해 자기 나라의 배가 안전하게 항해할 수 있는 항로를 발견하고, 외국의 시장을 찾을 필요성 때문에 각지의 탐험에 앞장서서 열중했다.

많은 경비를 들여 탐험대를 조직하여 보냈으며, 그때 생물학자나 지질학자들도 동승시켜 해외 탐험을 계속했다.

찰스 다윈을 태운 비글호가 영국의 항구 포츠머스를 떠난 것은 1831년 12월 27일이었다. 비글호는 남미와 태평양 가운데 있는 누구도 탐험하지 않은 여러 지역을 측정 조사하기 위하여 케임브리지대학을 막 졸업한 22세의 청년 과학자 다윈을 태우고 항해를 시작했다. 길이 30m, 폭 9m, 무게가 겨우 242톤에 지나지 않는 이 배를 타고 간 사람들의 고생이 얼마나 심했던가 하는 것을 짐작할 수 있을 것이다.

2년 예정으로 떠난 비글호는, 실제 5년 이상의 오랜 항해를 계속했으며 항해 중에 다윈은 많은 고통을 겪었다. 그 결과 다윈은 일생을 허약

비글호

한 몸으로 고생했다. 그러나 이 항해는 다윈의 일생을 통하여 가장 보람된 경험이 되었으며, 그로 하여금 진화론을 완성하는 기초를 마련하게 되었다.

다윈은 세계 각지를 답사하면서 놀라운 동식물의 화석과 암석 및 지층 등을 자세히 조사하고 관찰하였으며, 그곳의 독특한 토지나 동식물의 생활, 습관 등을 자세히 살피고 또 이것을 일일이 기록하였다.

비글호의 항해 중에 관찰한 여러 가지 중에서 다윈이 특히 관심을 기울인 몇 가지 신기한 사실이 있었다.

남미의 우루과이와 아르헨티나 사이에 나무 하나 자라지 않는 초원이 있었다. 이 초원에는 인디언들이 「큰 짐승의 언덕」이라든가, 「짐승의 강」이라 부르는 곳이 많이 있었다. 이곳에서 완전히 죽어버린 여러 가지 짐승의 화석을 발견했다. 이러한 언덕이나 강에는 죽은 짐승의 뼈를 크게 하는 힘이 있다고 믿는 인디언들의 설명을 들으면서, 다윈은 여기에서 많은 화석을 발굴했는데, 어떤 것은 5m나 되는 것도 있었다.

다윈은 이것을 관찰하면서, 같은 대륙에서 죽어간 짐승과 이런 초원에 살아있는 짐승 사이에는 어떠한 연관이 있음을 알게 되었다. 그리고 다윈은 북쪽으로부터 남쪽으로 향해서 항해한 남미대륙에서 연관성이 있는 듯한 동물이, 북쪽에서 남쪽으로 내려옴에 따라 점점 변하고 있음을 알았다. 그러나 이것보다도 다윈에게 가장 큰 주목을 끈 것은, 남미의 에콰도르 서쪽에 있는 적도 바로 밑에 흩어져 있는 갈라파고스 군도에서의 일이었다.

비글호에서 보트를 옮겨 이 군도 중의 산티아고섬에 상륙한 다윈은 다른 곳에서는 볼 수 없는 커다란 거북이 엉금엉금 기어다니는 것을 보고 깜짝 놀랐다. 이 거북을 코끼리거북이라 하는데, 큰 것은 1m 이상이나 되며 체중이 150킬로그램에 달하는 것도 있었다. 섬의 어린이들은 거북 등 위에 올라타고는 평화스럽게 놀고 있었다.

다윈은 이 신기한 거북의 모습을 물끄러미 바라보고 있던 중에 이상한 것을 다시금 보게 되었다. 이 큰 거북이 기어가는 방향이 두 갈래로 나뉘어져 있다는 것이다. 많은 거북의 행렬은 해안으로부터 섬 가운데 있는 작은 산을 향해서 기어가고 있는 반면에, 다른 거북의 행렬은 산 쪽에서 해안을 향해 내려오고 있었다.

다윈은 매우 이상하게 생각하였다. 똑같은 거북들이 저 산에 갔다 돌아오는 것이 분명한데 무슨 이유일까? 그는 안내하는 토인에게 물었다.

"도대체 산에 무엇이 있는 거요?"

이 말에 토인은 다음과 같이 설명했다.

"이 섬의 가운데 있는 저 산에는 깨끗한 물이 나오는 우물이 있습니다. 거북들은 우물가에 가서 2~3일 머무르면서 뱃속에 가득 차게 물을 마신답니다. 그 후에 해안으로 돌아오면 그 거북은 10일이나 20일까지도 물을 마시지 않고 살 수 있습니다. 해안에서 우물까지 계속되는 길은 바로 물 마시러 가는 거북들이 밟아서 만들어진 길입니다."

토인의 설명을 자세히 들은 다윈은 그저 감탄했다. 안내하는 토인은 더 흥미 있는 말을 계속했다.

"갈라파고스라는 말은 스페인어로 거북이란 뜻입니다. 갈라파고스 군도의 10개 남짓한 섬에는 모두 이와 같이 큰 코끼리거북이 살고 있습니다. 그런데, 재미있는 사실은 하나하나의 섬에 있는 코끼리거북은 형태가 약간씩 다르다는 것입니다. 그래서 우리 섬사람들은 거북을 한번만 보면 어느 섬에 사는 거북인지를 알 수 있지요."

이러한 토인의 말을 듣고 다윈은 더욱 놀랐다. 정말 이 토인의 설명이 확실한지 수긍이 가지 않았다.

그러나 그 후 여러 섬을 돌아다니면서 관찰하고는 그 말이 사실임을 알게 되었다. 더욱이 거북뿐 아니라, 여러 섬에서 약간씩 다른 한 무리의 동물을 볼 수 있었고 이러한 동물들은 남미대륙의 동물과도 비슷했다.

갈라파고스 군도는 전부 바다 밑에서 뿜어 오른 화산으로 된 섬으로서 암석의 모양을 보아도 이 섬들이 그리 오랜 시대에 생긴 섬이 아님을 쉽사리 알 수 있었다. 또한 모든 섬이 서로 눈으로 볼 수 있을 만큼 가까운 거리에 있었는데, 어떻게 이런 큰 거북이나 그 밖의 동물이 약간씩 다를 수 있을까? 이러한 것이 큰 의문이었다. 아주 가까운 거리에 있는 섬들, 다른 형태의 거북들이 살고 있다는 것은 아무리 생각해도 이상한 일이 아닐 수 없었다.

당시 사람들은 모든 생물은 하느님이 만든 것이기 때문에 창조된 다음에는 전혀 변하지 않는다고 믿고 있었다.

비글호로 항해하기 전까지만 해도 다윈은 그다지 큰 의문을 가지지 않았으나, 갈라파고스 군도에서 거북 등을 관찰하면서 기존의 믿음을 더는 받아들일 수 없음을 깨닫게 되었다.

하느님이 손수 창조하셨다면 어떻게 형태와 성질이 다른 거북이 이웃하여 살게 되었을까? 하느님이 당초에 그렇게 형태와 성질이 다른 거북을 만들었다고는 도저히 믿어지지 않았다.

젊은 과학자 다윈은 갈라파고스 군도의 동물이나 토지의 상태를 상세히 관찰한 후에 다음과 같은 결론을 얻었다.

"갈라파고스 군도처럼 대륙이나 섬 사이가 깊은 바다나 빠른 해류로 분리된 지역에서는, 어떤 계기로 한 섬의 동물이 다른 섬으로 이동해 정착하게 될 수 있다. 이때 새로운 섬에서는 기존 섬과는 다른 생물들과 경쟁하게 되어, 오랜 시간에 걸쳐 점차 변화하게 된다."

이렇게 항해 중에 관찰한 사실로부터, 생물은 변하지 않는 것이 아니라 긴 세월을 지나는 동안 조금씩 변화한다는 생물진화의 확신을 가지고, 다윈은 1836년 10월 오랜 항해를 끝마치고 영국에 돌아왔다.

생물진화의 사상은 인간 자신의 문제와도 관련되는 것이므로 낡은 사상을 고집하는 사람들로부터 맹렬한 공격과 비난을 각오해야 했으며, 따라서 이러한 반대와 비난에 대비하여 진화의 증거가 되는 확실한 자료를 더 많이 모아야 했다.

다윈은 아버지의 유산을 가지고 런던 동남쪽에 있는 다운이라는 조용한 시골에서 연구에 전력을 기울였다. 또한 농사나, 꽃 재배, 가축에 관해 풍부한 지식을 가지고 있는 사람과 서신을 나누거나 직접 만나 이야기 또는 토론을 하면서 동물이 어떻게 변하며 품종개량을 위해서는 어떤 방법이 적당한가 하는 것을 알아보고 또 연구하였다.

다윈은 새를 기르면서, 영국 새 클럽의 회원이 되어 사람의 귀여움을 받는 새들이 어떻게 변화하는가를 관찰하기도 했다.

특히 영국에는 집비둘기의 종류가 여러 가지 있는데, 영국 사람들은 옛날부터 비둘기 기르는 것을 즐겨 왔었다. 따라서 집비둘기의 다양한 품종은 처음부터 서로 다른 종류를 따로따로 사육한 결과가 아니었다. 같은 부모에게서 태어난 여러 마리의 새끼 비둘기 중에서, 기호에 따라 선택해 사육하는 일을 몇 세대 반복하다 보면 결국 최초와는 다소 다른 비둘기로 변화할 수 있다고 보았다.

이때, 영국의 경제학자 토머스 맬서스가 「인구론」이라는 책을 써서 발표하였다. 그는 이 책에서 인구가 불어나는 속도는 생활에 필요한 식량을 만들어내는 속도보다 빠르다고 했다. 따라서 인구의 수가 식량보다 너무 많아 결국 가난해져 굶주리거나 병을 앓고, 전쟁의 원인이 되기 때문에 인구를 너무 많이 불려서는 안 된다고 설명하였다.

다윈은 이 책을 읽고, 자연도태에 의한 생물진화론을 주장하려는 결심을 굳혔다. 다시 말하면, 생물의 세계에도 먹고 먹히는 생존 투쟁이 있으므로, 생존 투쟁에 의해 적자가 남게 된다는 것이다. 이러한 자연도태는 먹을 것을 위한 생존경쟁에서 생기기도 하지만, 새로운 환경에서 적응하는 생존경쟁에서도 생긴다. 따라서 동일한 코끼리거북이 지역이나 환경에 따라 서로 형태와 성질이 다른 종류가 생긴 것도 이러한 이치로 생각하면 쉽게 이해될 수 있다.

비글호의 항해에서 귀국한지 20년이란 긴 세월동안 연구한 다윈은 1859년 『종의 기원』이라는 책을 세상에 내놓았다. 자연도태에 의해서 하나의 종이 점점 변화되어 새로운 종으로 발전한다는 생물진화의 학설을 발표한 것이다. 다윈의 『종의 기원』은 많은 사람들의 관심을 모았으나, 한편 강력한 반대의견에 부딪히게 되었다. 인간이 하등 동물로부터 진화되어 왔다면 그건 아마 원숭이와 비슷한 것이 아닐까? 하는 생각에 더욱 많은 사람들 특히 학자들의 비난이 심했다. 그들은 인간의 선조가 원숭이라는 생각은 성서에 쓰여 있는 사실을 부정하는 천벌을 받을 무서운 사상이라고 극렬히 비난했다.

코페르니쿠스의 지동설이 직면한 바와 같은 비난을 방불케 하는 다원의 진화론은, 외로운 입장에서 고군분투해야 했다. 이때 다윈을 옹호하며 용감히 나선 사람이 영국의 토머스 헨리 헉슬리였다.

헉슬리는 처음에 기술자가 되려고 했으나, 집이 가난하여 의사가 되었다. 이후 군함의 군의가 되어 오스트레일리아 방면을 항해하는 동안 바다의 동물에 깊은 관심을 가지고 연구하여 동물학자로서 명성이 높았다. 헉슬리가 다윈의 옹호자가 되었다는 것은 모든 사람들이 다윈의 진화론을 믿게 하는 큰 힘이 되었다.

헉슬리는 계속하여 인간의 기원 문제에 대하여 연구하고 많은 권위 있는 논문을 발표하였다. 이러한 발표를 통해 인간이 발생학적으로 보나 해부학적으로 보아 틀림없는 동물의 일종이며, 원숭이의 종류와도 깊은 관계가 있다는 것을 주장하였다. 이에 따라 많은 찬성자가 생겼으며 이리하여 다윈의 진화론은 누구도 부정할 수 없는 하나의 사실로 널리 믿어지게 되었다.

지금은 적자생존에 의한 자연의 원인만으로 하나의 종류가 새로운 종류로 변한다는 다윈의 자연도태설에 대하여 새로운 의문이 제시되고 있지만, 생물이 진화하여 왔고 또 진화하여 간다는 사실에 대해서 부정하는 것은 아니다. 즉, 생물의 진화가 어떤 원인으로 이루어지고 있는가 하는 「진화의 원인」에 대한 설명에 의문이 있을 뿐이다.

유전법칙의 발견

지금으로부터 약 100년 전의 일이다. 당시에는 오스트리아령이고 현재는 체코의 영토로 되어 있는 마을에, 그레고어 요한 멘델이라는 신부가 있었다.

멘델은 신부가 되려고 신학교에 다녔으며 후에 수도회의 비용으로 빈대학에 유학하여 자연과학의 여러 분야를 공부한 다음 브륀에 돌아와서 주립학교의 교사가 되었다.

멘델의 선조들은 식물재배에 탁월한 재능이 있었으며, 그의 아버지도 원예에 흥미가 있어서 열심히 원예 일을 돌봤다. 멘델 역시 어릴 때부터 식물을 가꾸는 데 취미를 가지고 아버지의 일을 도와 드렸다.

멘델은 빈에서 공부를 할 때도 특히 식물에 관한 관심을 버릴 수 없어서 어릴 때부터의 소질을 살려 연구를 계속했다.

브륀의 중학교 선생 멘델은 검정 빛깔의 수도자복을 입은 채 학교에 나와서 친절한 선생으로서 모든 학생들의 존경을 받았다. 그는 수도원 내에 살면서 매일 이런 생활을 계속했다.

그러나 멘델에게는 꼭 하고 싶은 일이 있었으니, 그것은 어릴 때부터의 취미이며 앞으로 계속해서 연구하고 싶은 식물의 기묘한 현상을 밝히는 일이었다.

멘델

당시, 멘델이 살고 있던 승원의 넓은 뜨락에는 여러 종류의 화초가 자라고 있었다. 멘델은 높은 담으로 둘러싸인 수도원의 정원에서 식물에 관한 연구를 계속했다.

멘델은 아름다운 색을 가진 꽃이나 여러 가지 다른 모양의 식물을 재배하고 싶었다. 그리고 식물의 종자의 성질이 다음 대의 식물에 어떻게 전해지는가 하는 것을 알고 싶었다.

당시, 새로운 성질을 가진 꽃이나 나무 및 가축을 만들려면 인공적인 도태로 변할 수 있는 성질을 찾아내는 방법도 있었고, 다른 성질을 가지고 있는 양친을 교배하여 양친의 좋은 성질만이 다음 대에 전해지도록 만드는 교잡법이 있었다.

사실 이러한 방법은 멘델보다 훨씬 이전에 이미 행해지고 있었으나 이 방법으로는 양친의 성질이 어떤 법칙으로 유전되는 것인지 알 수 없는 일이었다. 따라서 여러 가지 실험을 해서 양친의 좋은 성질이 우연히 조합되는 것을 기다려야 했으나, 이렇게 하여 성공되는 일이란 아주 드

물었다.

당시의 사람들은 예컨대, 키가 큰 아버지와 키 작은 어머니 사이에 태어나는 자녀는 모두 키가 중간쯤 된다고 믿었는데 이것이 사실인지는 분명히 밝혀져 있지 않았다.

유전의 법칙을 밝히려고 노력한 학자들은 많았으나 양친이 가지고 있는 여러 가지 복잡한 성질이 다음 대에 어떻게 유전하는가를 한꺼번에 조사하려 했기 때문에 그들은 번번이 실패했다.

그러나 멘델은 이러한 종래의 방법을 그대로 되풀이하지 않았다. 그는 양친이 가지고 있는 여러 가지 성질 중에서 서로 뚜렷하게 구별되고, 대를 거듭해도 전혀 변하지 않는 성질을 골라서 처음에는 그 하나하나의 성질이 어떻게 유전하는가를 관찰하려고 했다.

멘델은 우선 다른 꽃의 꽃가루가 자유로이 붙어서 어느 꽃의 꽃가루로 수정했는지 알 수 없게 되는 식물은 유전에 관한 실험을 하는 데 있어서 적합하지 않다고 보고, 다른 꽃의 꽃가루가 멋대로 날아와서 붙을 염려가 없는 완두콩을 실험 재료로 썼다.

이리하여 멘델의 실험은 조용한 수도원 마당에서 시작되었다.

완두콩에서 볼 수 있는 여러 가지 성질에서 키가 큰 것과 작은 것, 콩의 색깔이 녹색이거나 황색을 띤 것 등 서로 확실히 구별되어 대를 거듭해도 변하지 않는 대립형질이라는 성질을 가진 것을 일곱만 골라서 실험했다. 맨 처음에 키가 큰 완두콩과 작은 완두콩을 꽃가루받이 시킨 결과는 키가 큰 완두콩이 생겼다.

멘델은 계속하여 키가 큰 완두콩을 이번에는 꽃가루받이 종자로 만들어 보았더니 그 종자에선 키가 큰 것이 3개, 그리고 키가 작은 것이 1개 자라났다.

이것은 정말 놀라운 일이었다. 멘델은 몇 번이고 실험을 되풀이했으나 역시 마찬가지로 1대에서는 키 큰 것이 생기고 2대에 가서는 키 큰 것과 작은 것이 꼭 3 : 1의 비율로 정확히 분리되어 나타났다. 즉, 이와 같은 사실은 멘델의 연구에 서광을 비춰주는 획기적인 것이었다.

보통, 잡종 1대에 나타나는 성질을 우성이라 하고 잡종 2대에서 다시 나타나지 않으면 열성이라 하였다.

실제 색깔로서는 녹색의 완두콩이 우성으로 나타난 데 반하여 황색의 완두콩이 열성으로 나타났다. 그리고 완두콩 껍질의 색깔에 있어서는 회색이나 갈색을 띤 것이 우성, 흰색이 열성으로 나타났다.

다른 색의 완두콩을 가지고 해 본 실험에서도, 이와 같이 규칙적으로 유전하는 것을 알게 되었고, 일곱 쌍의 대립형질은 서로 연관성 있게 유전되는 것이 아니라 서로 관계없이 따로따로 독립적으로 유전한다는 것을 확신하게 되었다.

양친의 성질이 어떻게 유전되는가를 실제 실험을 통해 입증한 멘델은 이 위대한 발견을 1865년 브륀의 박물학회에서 『잡종식물의 연구』라는 제목으로 발표했다.

그러나 완두콩의 실험으로 유전에 규칙적인 법칙이 있음을 처음으로 밝힌 멘델의 연구는 묵살되어 버렸다. 8년이라는 긴 세월 동안 묵묵히 전력을 다하여 실험으로 이룩한 이론이 학계의 관심을 끌지 못한 채 그대로 파묻힌 불행을 당하였던 것이다.

브륀의 한 중학교 선생 그리고 이름 없는 신부 멘델의 연구는 이렇게 묵살된 채 햇빛을 보지 못하고 세월은 자꾸만 흘러갔다.

그 후에 멘델은 수도원의 원장으로 승급되었으며 그저 말없이 때를 기다리고 있을 뿐이었다. 그러나 그의 죽음이 다가오는 순간까지도 유전의 법칙은 학계의 인정을 받지 못했다. 결국 멘델이 사망한 뒤 15년, 그가 세상에 이 법칙을 발표한 지 34년 후인 1900년에 유전의 법칙은 다시 세상에 알려지게 되어 그 가치를 인정받았다.

이때부터 유전의 연구는 급속히 발전하여 갔다. 그 결과, 유전의 법칙은 다음과 같이 다른 경우도 발견되어 이것을 모두 합쳐서『멘델의 법칙』이라 부른다.

1. 우열의 법칙
잡종 제1대에는 우성의 성질만 나타나나 잡종 제2대가 되면 우성과 열성이 3대 1의 비례로 나타난다.

2. 분리의 법칙
잡종 제1대에서 나타나지 않았던 열성의 성질은 그때 없어진 것이 아니라 잡종 제2대에서 우성의 성질을 가진 것과 열성을 가진 것으로 분리된다.

3. 독립의 법칙

각각의 대립형질은 하나의 연결된 것으로 유전하는 것이 아니라 서로 아무런 관계없이 따로따로 유전한다.

훗날에 독립의 법칙은 특별한 경우만 적용된다는 것이 밝혀졌다. 그리고 이에 따라 교잡을 조직적으로 연구하는 유전학이 탄생하였으며 이 유전학은 세포학, 생화학 등과 결부되어 1950년대에는 DNA 분자구조의 해명과 동시에 유전자에 대한 물리화학적 설명을 할 수 있게 발전하여 갔다.

종두법의 발견

  지금으로부터 약 190년 전의 일이다. 영국의 버클리라는 마을에 에드워드 제너라는 유명한 의사가 살고 있었다. 제너는 이 시골에서 병원을 개업하자마자 아주 유명해졌다. 환자를 치료하는 데 있어서 아주 친절하였을 뿐 아니라, 병을 잘 고친다는 소문이 널리 퍼져 있었기 때문이었다.

  제너는 의사이면서도 음악에도 탁월한 재능을 가졌고 또 시도 곧잘 지었다. 동네 어린이들은 제너가 산책이라도 하면 "제너 선생님! 제너 선생님!" 하면서 그의 뒤를 따랐고 이때마다 제너는 어린이들과 함께 거닐면서 재미있는 이야기를 들려주곤 했다.

  또 그는 틈이 있으면 동네 어린이들을 모아놓고 옛날부터 내려오는 영국의 전설이라든지 재미있는 이야기나 노래를 가르쳐주었다. 이리하여 환자들은 물론이고 동네 어린이들까지도 제너를 좋아했다.

  그런데, 18세기가 거의 끝날 무렵인 당시에 많은 사람들이 천연두라는 무서운 병에 걸려 죽어가고 있었다. 의사들까지도 천연두에 걸리면 용서 없이 죽는 것으로 알고 치료하는 것조차 단념하였다. 천연두에 걸리면 높은 열에 신음하고 신체의 여러 부분에 종기가 나기도 한다. 그리고 환자가 한 명 생기면, 놀라운 속도로 마을 전체에 퍼져서 많은 사람들이 같이 앓게 되고 결국 죽게 되었다. 다행히 살아남는다 하더라도 얼굴이 보기 흉한 곰보가 된다.

이러한 일은 마음씨 좋은 의사였던 제너를 가장 슬프게 하였다. 이리하여 제너는 무엇보다 이 천연두의 예방법을 빨리 발견해야겠다고 결심했다.

당시에는 소도 천연두에 걸린다는 것이 이미 알려져 있었다. 그런데 소의 천연두가 사람에게 전염되면 약간 붉은 작은 상처가 생길 뿐 곧 나아지고, 그 후에 그 사람은 천연두에 걸리지 않게 된다는 것이 알려지고 있었다. 즉, 소에도 사람의 천연두와 닮은 우두가 있었고 이것이 사람에게 전염되면 목이나 손에 약간의 발진이 생길 뿐 죽는 일은 없었던 것이다.

제너도 우유를 짜는 여자들로부터 "소의 천연두에 걸린 적이 있는 사람은 천연두에 걸리지 않아요. 모두들 그렇게 말하고 있어요."라는 이야기를 듣고 이 말에 매우 흥미를 느꼈다. 그는 우선 우두에 걸린 경험이 있는 사람을 조사하기 시작했다. 하지만 천연두에 걸린 일이 있는가 없는가를 여러 사람을 상대로 조사하는 일은 매우 어려웠다. 이리하여 우두 예방법을 알아내기 위한 제너의 노력은 몇 년이고 계속되었다.

그는 이것을 실험으로 입증하려고 하였다. 그러나 그 누가 무서운 천연두에 걸리는 실험에 참여하려 하겠는가? 만약 실험이 실패하는 날에는 무서운 죽음을 당할 것을 각오해야 할 테니 말이다. 제너는 절대로 안전하다는 신념을 가지고 있었기 때문에 많은 사람들에게 한번 실험에

에드워드 제너

응해 줄 것을 열심히 설명하였다. 우두에 걸린 일이 있는 우유 짜는 여자들이나, 과거에 천연두에 걸렸다가 구사일생으로 살아난 일이 있는 사람들을 붙들고 이러한 설명과 간청을 되풀이하였다.

드디어 "내가 실험대에 서겠습니다."하고 나서는 사람이 나타났다. 62세의 마을에 사는 노동자 존 필립이라는 사람이 용감하게 제너의 실험에 응하기로 결심한 것이다. 필립 노인은 옛날 9세 때 꼭 한번 우두에 걸린 경험이 있었다.

제너는 기쁨을 감추지 못한 얼굴로 서둘러 천연두를 앓고 있는 사람을 찾아내어, 그 환자에게 고름을 빼낸 다음에 필립 노인의 몸에 주사하였다. 얼마 후, 주사한 부분에 발진이 일어났다. 나흘째까지는 약간씩 범위가 넓어지고 어깨가 아프다고 했으나 닷새째 되던 날부터는 좋아지고 다음날에는 완전히 처음과 같이 완쾌되었다. 즉, 필립 노인은 결국 천연두에 걸리지 않았다. 우두에 걸리고 나서 50여 년이 지난 다음에도 천연두에 걸리지 않는다는 것을 실제로 입증할 수 있었던 것이다.

제너는 이러한 성공에 만족하지 않았다. 이제 남은 일은 예방법을 알아내는 일이었다. 제너는 연구를 계속하였다. 실로 30년이라는 긴 세월을 이 연구를 위해 바쳤다.

1796년 5월 14일의 일이었다. 제너는 자기의 신념에 확신을 가지고 새로운 실험에 착수하였다. 제너는 제임스 핍스라는 8세의 어린이에게 우두를 접종하였다. 이것은 더 큰 모험이었다.

그날부터 제너는 매일매일 핍스 소년에게 나타나는 증세를 세심히 관찰하였다. 소년은 약간의 열을 내고 팔에 상처가 몇 개 생겼을 뿐, 얼마 후에는 저절로 나아졌다. 다음에 제너는 핍스 소년에게 천연두 환자로부터 고름을 빼내어 주사하였다. 그러나 핍스 소년은 아무렇지도 않았다. 며칠 후에 다시 고름을 주사하여도 소년에게서 아무런 천연두의 증세가 나타나지 않았다. 이리하여 제너는 핍스 소년의 몸에 천연두에 대한 면역이 생겼음을 알게 되었다.

그는 여러 사람을 대상으로 같은 실험을 해 보았고, 그 결과는 모두 그의 예측대로 성공적이었다. 제너는 이 실험 결과를 토대로 드디어 1798년에 종두법의 성공을 발표하였는데, 이것이야말로 인류가 무서운 질병에 도전하여 승리를 얻은 최초의 쾌사였다고 하겠다.

우두를 접종하는 이른바 종두법은 인류가 오랫동안 기다리던 것임에 틀림없었다. 그러나 이 방법을 실제로 적용하는 것은 그리 쉬운 일이 아니었다. 당시에 종두의 놀라운 효과와 그 의의를 이해하는 사람은 극히 드물었고, 많은 이들이 이를 믿으려 하지 않았다.

"하느님이 만드신 신성한 사람의 몸에 소의 전염병을 옮긴다는 것은 말이 안 된다."

"잘못하면 더 무서운 천벌을 받을지도 모른다."

이러한 소문이 널리 퍼져있는가 하면 "종두를 하면 소가 되어버려." 하고 터무니없는 소문도 고리를 물고 널리 퍼져갔다.

그러나 제너를 비롯하여 많은 과학자들이나 의사들은 종두를 하면 천연두를 예방할 수 있다는 사실을 꾸준히 설명하면서 종두의 효과를 많은 사람들이 믿도록 열심히 노력하였다.

다행인지 불행인지 얼마 후, 유럽 전역에 다시금 천연두가 유행되기 시작하고 종두의 효과는 즉각적으로 나타났다. 종두를 맞은 사람은 한 사람도 천연두에 걸리지 않았던 것이다.

영국에서는 1803년에 왕립 제너 협회가 발족하여 종두법의 보급을 본격적으로 시작하였으며, 수년 후에는 유럽 여러 나라에서도 종두를 적극적으로 실시하게 되었다.

어린이들에게 특히 많이 전염되었던 천연두를 예방하는 종두법이 제너에 의해 발견되지 않았더라면, 많은 사람들이 이 병에 걸려 사망하였을 것이다. 또 많은 사람들이 보기 흉한 곰보가 되었을 것이다. 인류의 오랜 역사를 통틀어 종두법의 발견은 가장 위대한 업적 중의 하나였으며, 전염병을 사람의 힘으로 예방하고 없앨 수 있다는 사실을 실제로 입증했다는 점에서 그 의의가 자못 크다.

제너의 종두법은 그 후 동양에서도 도입되어 1848년에 네덜란드 사람에 의해서 일본에 알려졌다. 우리나라는 병자년에 제일차 수신사로 일본에 파견되었던 김기수 일행을 수행한 박영선이라는 사람이 동경에서 일본인 의사로부터 종두법에 관한 책을 얻어 지석영에게 주고, 또 그 방법을 가르쳐 주었다.

그 후, 지석영이 고종 16년부터 우리나라 전역에 종두법 기술을 보급하기 시작하였고, 이때부터 서양의 새로운 종두법이 우리나라에서도 실시되었다.

안전한 수술법의 발견

옛날 사람들은 의사에게서 수술받는 것을 죽는 거나 마찬가지로 생각하여 아주 무서워하였다.

약간의 상처를 입어도 아파서 못 견디는데 하물며 몸을 칼로 자르는, 아프고 고통스러운 수술을 두려워했다는 것은 무리가 아니다.

영국의 한 의사가 마취제를 발견한 후로는 마취를 하여 고통 없이 수술을 받을 수 있게 되었다. 그러나 수술을 고통 없이 받을 수 있게 되었다고 해서 쉽사리 수술을 받으려는 사람이 많아지는 것은 아니었다. 수술을 받은 사람 중에는 수술한 부분이 곪아서 패혈증이라는 무서운 병에 걸려 죽어가는 사람이 많았기 때문이다.

더욱이 마취약이 발견된 뒤로는 수술을 받는 사람이 비교적 많아졌는데, 이에 따라 패혈증으로 사망하는 사람의 수가 점점 많아져서 100명의 환자가 수술을 받으면 그중 70명은 패혈증으로 죽는 엄청난 사망률을 나타내고 있었다.

많은 학자들은 이 패혈증을 방지하여 안전한 수술을 할 수 없을까 여러 가지로 연구하였다. 상처에 공기가 닿으면 상처가 곪고, 피가 썩게 되므로 상처에 붕대를 감거나 계속하여 물로 씻어서 공기가 닿지 못하게 하는 방법을 생각한 의사들도 있었다.

그러나 이러한 방법으로는 패혈증으로 죽는 수술 환자의 수를 감소시킬 수 없었다.

파리의 빈민 구호병원 같은 데서는, 빈민들의 산실을 공기가 맑고 조용한 곳에 마련하려고 교외에 병원을 새로 지어 산모들을 돌보는 한편 수술도 하였다. 그런데, 이 교외의 병원에서 수술을 받은 사람 중에 죽는 사람이 어찌나 많았던지 파리의 사람들은 이 병원을 『사자의 집』이라고 부르게 되었다. 이러한 비극은 이 병원뿐 아니라 당시의 유럽 어느 병원에서도 흔히 볼 수 있는 일이었다.

당시에 빈의 산부인과 병원에 제멜바이스라는 의사가 있었다. 그가 근무하는 병원에도 사망자가 많았기 때문에, 이것을 어떻게 막을 수 있을까 여러 가지로 연구하고 있었다. 그런데, 제멜바이스는 우연히 이상한 것을 관찰하게 되었다.

이 병원에는 두 개의 산실이 서로 인접하여 나란히 있었는데, 한 산실에는 훌륭한 기술과 학문을 습득한 인턴들이 근무하고 있었고, 다른 산실에는 그저 경험만을 쌓은 조산부들이 산모들을 간호하고 있었다. 그런데, 이상한 것은 인턴들이 간호하고 있었던 산실에서 사망률이 훨씬 높았다.

그는 이것을 열심히 관찰하고 연구한 끝에 그 이유를 밝혀냈다. 인턴들이 병원에서 시체를 만진 후에 수술실로 곧장 들어와 오염된 환자의 침구나 환자가 사용한 기구 및 도구를 만지던 손을 소독도 하지 않고 그대로 산실로 들어오는 것을 본 것이다. 이로써 확실히 환자나 시체에 묻었던 어떤 유독한 균이 산모의 상처에 전염되었기 때문이라는 것을 알게 되었다. 그리하여 제멜바이스는 산실을 깨끗이 하고 인턴들의 손이나 그들이 사용한 기구와 붕대를 클로르칼키로써 소독하도록 하였고, 이때부터 이 병원의 사망률이 상당히 줄게 되었다.

이 병은 일종의 전염병이었는데, 제멜바이스의 주의 깊은 관찰 덕택에 수많은 인간의 생명을 구하게 되었다. 그러나 이러한 것만으로는 무서운 패혈증에서 사람의 목숨을 건질 수 없었다.

1870년, 독일과 프랑스 사이에 프로이센 전쟁이 일어났다. 많은 군인들이 전장에서 부상을 입어 수술을 받게 되었는데 수술자 100명 중에 겨우 3명 정도 살아나는 게 보통이었다.

수술한 환자들은 수술 부위가 곪게 되어 수술받은 후 10일이나 20일이 지나면 패혈증을 일으켜 비참하게 죽어갔다.

한편, 세계적으로 널리 알려진 프랑스 학자 파스퇴르는 물체가 썩거나 포도가 포도주로 되는 발효는 눈으로 볼 수 없는 아주 작은 미생물의 작용에 의한다는 것을 이미 밝힌 바 있었다.

영국의 외과의사였던 조지프 리스터는 이러한 파스퇴르의 학설을 읽고는 수술한 상처가 곪아서 무서운 패혈증을 일으키는 것은 상처에 붙은 세균 때문이라 생각하게 되었다. 그러나 이러한 생각만으로 문제가 해결되는 것은 아니었으므로, 어떻게 예방할지 방법을 생각해 내야 했다.

몇 달 지난 뒤, 리스터는 우연히 마을에서 일어난 이야기를 듣게 되었다. 그가 살고 있는 카를스루에 거리에 하수가 어떤 목장을 가로질러 흘러갔는데, 목장에서 기르는 가축이 이유도 모르게 많이 죽는 일이 생겼다. 목장 주인은 별도리가 없어 고민하고 있다가, 우연히 누군가의 말대로 하류에 약간의 석탄산을 흘려보냈더니 가축이 죽어가는 것을 막을 수 있었다는 것이었다.

조지프 리스터

이 말을 들은 리스터는 이것을 이용하면 되지 않을까 생각하였다. 이리하여 리스터는 "다른 모든 일보다도 우선 상처를 깨끗하게 하는 것이 제일 중요하다. 세균은 상처에서 저절로 생겨나는 것이 아니다. 그러므로 상처를 세균으로부터 막아야 한다. 이를 위해 석탄산에 적신 붕대로 상처부분을 감으면, 무서운 패혈증도 완전히 막을 수 있을 것이다."라고 주장했다.

리스터의 이러한 생각에 대하여 다른 의사들은 비웃으면서 "석탄산을 상처에 바른다니 정말 터무니없는 생각이야."라고 말하며 비웃었다. 하지만 부상당한 상처를 석탄산으로 소독해 본 결과 매우 양호해지는 것을 알게 되었다.

리스터는 이러한 결과에 만족하지 않고, 석탄으로 상처를 닦는 것 외에도 상처에 세균이 붙지 못하도록 석탄산을 방안에 안개처럼 뿜어서 방안의 세균을 깡그리 죽이는 방법을 연구하였다. 또한 수술할 때 의사의 손이나 수술기구, 붕대 등을 전부 철저하게 소독하도록 하였다. 그리하여 상처에 닿는 것을 모조리 소독함으로써 리스터는 수술에서 일어나는 무서운 패혈증을 예방할 수 있게 되었다. 외과 수술을 안전하게 받을 수 있게 된 것은 바로 이때부터이며, 오늘날에는 수술할 상처를 석탄산으로 닦지 않고 페니실린이나 스트렙토마이신을 사용하여 세균이나 곪는 것을 예방하고 있다.

창조의 아이디어라는 것은 우리 생활의 주변에서 얻을 수 있다. 그것은 항상 무엇을 해결해야 하겠다는 문제의식을 갖고, 문제를 해결할 힌트를 평소의 생활 속에서, 혹은 사람들과의 대화에서 그리고 독서하는 책 속에서 우연히 발견할 수 있다. 리스터의 석탄산에 대한 아이디어도 이렇게 평소의 문제의식 속에서 우연히 얻은 좋은 예라 하겠다.

탄저병균 · 결핵균의 발견

파스퇴르가 파리에서 발효 현상을 연구하고 있을 때, 독일의 어느 시골에서 로베르트 코흐라는 소년이 초등학교에 다니고 있었다.

1866년에 코흐는 독일의 의과대학을 졸업하고 시골에 병원을 차려서 환자들을 치료하고 있었다.

당시, 유럽에 있던 모든 의과대학에서는 교수로부터 학생에 이르기까지 파스퇴르의 발견과 전염병의 원인이 미생물인가 아닌가를 토론하는 데 많은 시간을 보내고 있었으며, 여기에 그들 연구의 초점을 두고 있었다.

시골 병원의 의사로 일하던 코흐도 이에 커다란 흥미를 가지고 있었다. 그가 28세의 생일을 맞는 날, 그의 사랑하는 부인은 그에게 현미경 한 대를 선물로 주었다. 코흐는 매우 감격했으며, 이 현미경으로 무엇을 관찰한다는 것이 너무 즐거웠다. 그래서 연구에도 더욱 열중했다.

코흐는 어느 날, 무서운 탄저병이라는 이름의 병 때문에 죽은 양의 피를 관찰하던 중 놀라운 사실을 발견했다. 검은 핏방울 속에 아주 작은 막대 모양의 무언가가 섞여 있었던 것이다. 더욱이 어떤 부분에서는 막대가 이어져서 마치 실처럼 길게 보이는 것도 있었다.

"이건 도대체 무엇일까? 분명히 이것은 건강한 양의 피에서는 볼 수 없는 것이다."

이렇게 생각한 코흐는 다시 "어쩌면 미생물일지도 모른다."라고 믿고 있었다.

병원에서 치료를 기다리고 있는 환자의 일도 깡그리 잊어버리고 그는 생각을 계속했다.

"이 작은 막대가 살아있는가 어떤가를 밝히려면 어떻게 해야 좋을까?"

여러 가지로 실험을 거듭한 끝에 신기한 방법을 발견했다. 즉, 작은 나뭇조각을 노 속에서 가열하여 여기에 붙어 있을지도 모르는 미생물을 모조리 죽였다. 그런 뒤, 이 나뭇조각에 탄저병으로 죽은 양의 피를 빼서 바르고, 다음에 잘 소독한 작은 칼로 쥐의 꼬리에 상처를 내서 이 상처에 준비한 나뭇조각의 피를 묻혀서 상자에 넣어 두는 것이었다.

이렇게 한 다음 날, 상자 속을 보니 쥐는 죽어 있었다. 그는 죽은 쥐의 비장을 잘라 새까맣게 된 피 한 방울을 유리관 위에 떨어뜨리고 현미경으로 관찰했다.

어제 본 것과 똑같은 막대 같은 모양이 무수히 보였다. 어제 쥐꼬리의 상처에 들어간 것은 겨우 수백 마리에 지나지 않았는데, 24시간 지나는 동안에 수십억으로 증가했다.

"틀림없이 이 막대는 살아있는 것이다. 어떻게 해서 이 막대가 저렇게 막대한 수로 늘어나는 모습을 직접 눈으로 확인할 수는 없을까?"

이렇게 생각한 코흐는 며칠 동안 이 연구에 몰두했으나, 살아있는 쥐의 몸속에서 일어나는 변화를 직접 볼 수는 없었다.

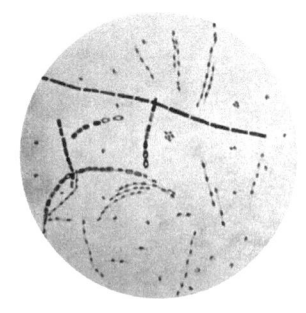

탄저균

"그렇지! 쥐의 몸을 구성하고 있는 물질과 거의 비슷한 물질 속에서 번식시켜 보면 될 거야."

그리하여 코흐는 소의 눈알 속 눈물을 사용하여 그 막대 같은 균을 번식시키기로 했다.

처음에는 실패했다. 다른 균이 탄저병균을 죽여 버렸기 때문이다. 그는 연구를 거듭한 끝에 다른 균이 들어가지 못하게 연구했다. 즉, 열로 소독한 작은 유리판 위에 죽은 지 얼마 되지 않은 소의 눈에서 얻은 눈물한 방울을 떨어뜨리고 그 속에 탄저병에 걸린 쥐의 비장 조각 한 덩어리를 뜯어 넣는다. 다음에 그 눈물방울을 두꺼운 오목 유리로 씌워서 외부의 균이 침입하지 않게 유리 조각과의 접촉 부분에 바셀린을 어느 정도 두껍게 바른다. 그리고 유리판을 거꾸로 해서 관찰하는 것이다.

잠시 후에 현미경으로 보았더니 놀라운 변화가 생겼다. 탄저병균이라 믿어지는 가느다란 막대 모양의 것이 살아서 뱀처럼 흐느적거리며 움직이고 있었다. 두 시간 정도 지나니 작은 덩어리의 비장이 가느다란 실처럼 변하여 하나의 실무더기를 만들었다.

"그런데 이 실처럼 엉킨 것이 과연 탄저병의 병원체일까?" 코흐는 또 이것을 밝혀야 했다. 그래서 이 실 무더기의 일부를 건강한 쥐의 상처에 바른 후, 다음날 가 보았다.

쥐는 탄저병에 걸려 죽어 있었다. 코흐는 재빨리 쥐를 해부하여 얻은 비장 한 조각을 현미경 밑에 놓고 열심히 관찰했다.

"앗! 있다, 있어. 틀림없이 처음에 보았던 그 막대 모양은 코흐의 탄저병 병원체이다!"

코흐는 기쁨에 넘쳐 이렇게 외쳤다. 이러한 환희에 잠기는 것도 잠시, 다음 문제가 그를 기다리고 있었다.

"완전하게 탄저병균을 순수배양 해야 한다."

그러나 코흐는 이 어려운 문제도 얼마 후에 해결하게 되었다. 그는 감자를 재료로 하여 간단하면서 확실하게 세균을 순수배양 하는 방법을 발명했다.

그리하여 양이나 소에게 잘 걸리는 가장 무서운 탄저병의 병원체를 1876년에 발견했다.

당시, 세계의 많은 사람들은 독일의 한 의사가 이러한 사실을 발견했다는 소식을 듣고 모두 놀랐다. 33세의 코흐가 탄저병의 원인은 눈에 보이지 않는 아주 작은 미생물 때문이라는 것을 발견했다는 기사가 신문에 크게 보도되었다.

그러나 큰 황소나 양뿐 아니라 사람까지도 하룻밤 사이에 까만 피를 토하면서 죽어가는 무서운 병이 눈에 보이지 않는 미생물 때문이라는 사실을 쉽사리 믿으려고 하지 않았다.

인간을 죽음으로 몰아넣는 전염병의 병원체를 찾아낸 코흐는 탄저병 연구를 통하여 "이 미생물이 전염병을 일으킨다."는 전염병의 조건을 발견함으로써, 다음과 같은 오늘날 세균학의 기초적인 법칙을 만들었다.

1. 발병한 동물의 체내에서는 언제나 같은 미생물(세균)이 발견된다.
2. 그 미생물만 순수하게 배양한다(기른다).
3. 배양한 순수한 미생물을 건강한 동물에 주사하면 첫 번째와 같은 병에 걸린다.

그 후, 코흐는 독일의 수도 베를린에 있는 국립위생원의 연구소에 초청되어 병에 관한 연구를 하고 싶은 대로 할 수 있게 되었다.

코흐는 이곳에서 결핵을 일으키는 병균을 찾아내는 연구에 착수했다.

당시에 많은 학자나 의사들은 결핵이라는 병은 세균 때문에 일어나는 병이 아니라고 생각하고 있었다. 태어날 때부터 신체가 허약한 사람이 심한 감기에 걸리거나, 몹시 피곤하게 되면 신체 내부의 작용이 약화되어 생기는 병이 결핵이라 단정했다.

그러나 코흐는 이와 같은 단정에 만족할 수 없어 또 다시 연구를 시작하게 되었다.

"결핵은 사람에게서 사람으로 전염하므로 이 병은 반드시 세균의 작용 때문이다. 그러므로 꼭 세균을 찾아낼 수 있을 것이다."라고 확신했다.

코흐는 이러한 확신을 입증하기 위해서 세균 연구에 몰두했다. 아침

로베르트 코흐

부터 밤늦게까지 식사할 때나, 길을 걸을 때나 항상 그의 머릿속에는 결핵의 세균에 관한 문제로 가득 차 있었다.

코흐는 병원에서 결핵으로 죽은 사람의 시체를 해부하여 결핵으로 나빠져 있는 부분을 끄집어내어 연구실로 가지고 왔다. 그는 이것을 가루로 만들어 물로 묽게 한 다음, 한 방울 한 방울을 현미경으로 주의 깊게 관찰했다. 또 이렇게 결핵에 걸려 죽은 환자의 폐를 가루로 만든 것을 물에 녹여서 쥐나 토끼한테 약간씩 주사했다. 그랬더니 쥐나 토끼는 결핵에 걸렸고, 이런 쥐나 토끼를 해부하여 어느 부분이 병드는가를 관찰하는 코흐의 현미경 관찰이 반복되었으나 결핵균은 발견할 수 없었다.

한편, 이 시기에 독일은 화학공업이 매우 발달하여 콜타르로부터 합성 염료를 제조하기 시작했다. 1876년에 살로몬센이라는 사람이 염료로 세균을 염색하는 것을 시험했는데, 코흐도 이 방법을 이용하기로 작정했다.

코흐는 결핵으로 죽은 사람의 폐를 가루로 만든 것을 한 방울씩 여러 가지 색깔의 염료로 물들였다. 이 물감 중에는 결핵균만 염색되는 물감이 있으리라고 믿었기 때문이었다. 이렇게 조사를 거듭한 끝에, 코흐는 한 색깔로 물들여진 약간 구부러진 막대 모양을 발견했다.

코흐는 그의 조수들과 함께 이 세균을 끄집어내어 배양시킨 후에 이 것을 쥐나 토끼에 주사했다. 결국 쥐나 토끼는 결핵에 걸려 죽어버렸다. 코흐는 실험을 되풀이하여 이 세균이 결핵균임을 입증할 수 있었다.

염료를 사용한 실험으로 1882년 결핵균을 발견한 코흐의 명성은 널 리 떨치게 되었으며, 성급한 사람들은 이제 결핵이라는 무서운 병이 지 상에서 영원히 없어질 것이라고 믿기까지 했다.

결핵의 원인이 신체의 조건이 나빠서 뿐만 아니라 병균에 의한 전염 병임을 확신하고서, 이 병균의 발견을 위한 코흐의 노력은 이렇게 결실 을 맺었다. 또한 결핵균의 발견으로 결핵병의 예방과 치료에 관한 연구 에 박차를 가하게 하였다.

결핵은 어디까지나 전염병으로서 허약한 체질을 가진 사람이 병원균 에 대한 저항력이 약하기 때문에 걸리며, 세균에 감염되지 않는다면 결 핵에 걸리지 않는다.

그래서 결핵은 예방을 잘하면 걸리지 않을 수 있으며, 오늘날 치료와 예방에 있어서 놀라운 발전을 보이고 있다.

광견병 예방약의 발견

프랑스의 어느 마을 대장간 주위에 이 마을 사람들이 모여서 웅성거리고 있었다. 어른, 어린이들이 대장간 속을 들여다보면서 모두 걱정스러운 표정을 지었다. 잠시 후 "아! 엄마, 엄마."하는 어린애의 비명이 대장간 구석에서 들려왔다.

억센 대장간 주인은 지금 빨갛게 달군 쇠붙이를 니콜 소년의 발에 대고 있었다. 대장간 주인은 인정도 없는 사람처럼 눈을 둥글게 크게 뜨고 이 소년의 발바닥을 지지는 것이다.

니콜은 고통스러운 아픔을 참지 못해 거의 죽어가는 괴로운 표정으로 주인의 억센 주먹을 뿌리치려고 아우성을 질렀지만, 모든 사람들은 그저 불안하고 안타까운 표정으로 보고만 있었다. 이때, 새파랗게 질린 한 소년이 사람들 속을 헤치고 나와 정신없이 달려갔다. 두 손으로 귀를 막은 채 집으로 뛰어가는 이 소년은 가죽을 이겨 만드는 집 아들인 파스퇴르였다. 너무나 무섭고 불쌍하여 더 이상 볼 수 없었던 것이다.

대장간 주인은 왜 니콜 소년의 발을 그처럼 잔인하게 빨갛게 달군 쇠붙이로 지졌을까?

사실, 그날 아침 동네 길에서 친구들과 놀고 있던 니콜이 미친개에게 물렸다. 미친개에게 물리면 무서운 광견병에 걸려서 목이 마르거나 배가 고파도 밥 한 숟가락 떠먹을 수 없을 뿐 아니라, 물 한 모금도 마실 수 없게 된다. 또한 미친개의 소리와 똑같은 소리를 내면서 신음하다 죽어간다.

당시, 프랑스의 여러 지방에서는 미친개에게 물리면 빨갛게 달군 쇠붙이로 물린 부분을 지지는 것이 유일한 치료법이었다. 미친개의 독을 태워버린다는 이러한 방법은 100년 전까지만 해도 프랑스 곳곳에서 널리 이용되었다.

이렇게 보기만 해도 끔찍스러운 일들은 광견병이 얼마나 무서운가를 말하는 것으로, 가끔 요행히도 치료되는 수가 있어서 그날의 니콜 소년은 다행히 나을 수 있었다. 그러나 수많은 사람들이 이 무서운 병 때문에 죽어가는 일이 빈번히 발생했다.

뒤도 돌아보지 않고 단숨에 집까지 달려온 파스퇴르는 아버지의 팔에 매달려 공포에 떠는 목소리로 물었다.

"아버지! 왜 미친개에게 물리면 죽나요? 왜 사람은 병에 걸리게 되나요?"

이러한 파스퇴르의 말을 듣고서 그의 아버지는 아들의 머리를 쓰다듬어 주면서 한숨을 지었다.

"그건 말이야, 모두 하느님의 뜻이란다. 어떻게 할 수 없는 일이야."

"이 세상에서 병이 없어졌으면 얼마나 좋겠니?"

사실, 당시 아무리 유명한 의사라도 가죽 이기는 장사를 하는 파스퇴르의 아버지 이상의 대답을 할 수 없었다.

어린 시절에 직접 본 일을 잊을 수 없었던 파스퇴르는 그 후에 대학에 입학하여 화학을 열심히 공부했다. 대학을 졸업한 뒤에도 계속해서 화학 연구에 전념한 파스퇴르는, 1854년에는 릴이라는 곳에 새로 설립된 이과대학의 화학 교수가 되었고 이후 발효나 미생물에 관한 연구를 중심적으로 하였다.

세균에 관해서 여러 가지 연구를 거듭한 파스퇴르는 "어떻게 해서든지 병이라는 것을 이 세상에서 완전히 없애버릴 수는 없을까?"하고 매일 곰곰이 생각했다.

"전염병의 원인은 무엇일까?"

"전염병을 예방할 안전한 방법은 없을까?"

이러한 것은 오랫동안 많은 사람들이 고심했던 일이었지만, 19세기 중엽에 접어들어서 파스퇴르와 로베르트 코흐 두 과학자에 의해 이 과제가 해결되었다. 세균에 관한 연구를 시작한 다음부터 파스퇴르는 발효 현상을 과학적으로 밝혔으며, 부패 현상을 설명하여 이를 방지하는 방법으로 멸균법을 발명함으로써 오늘까지도 획기적인 업적으로 평가받고 있다.

이러한 연구는 그가 세균에 관한 연구에 착수한 후 40년 동안 계속되었다. 한편 어릴 때의 그 무서웠던 충격이 항상 머릿속에 되살아나서 광견병을 예방하는 방법을 연구하는 데 있어서도 게을리하지 않아, 60

세에 드디어 이 약을 만드는 데 성
공하였다.

파스퇴르는 토끼, 쥐 또는 개
같은 동물을 실험하고 그 효과를
확인했다. 광견병을 예방하는 이
약은, 탄저균을 가열하여 병을 일
으키는 힘을 약하게 한 다음에 몇
번 양에 주사하여 생긴 면역된 혈
청으로 만든 것이며, 이제 사람에
게 실험해 볼 순서였다.

루이 파스퇴르

그러나 누구에게 주사할 수 있
을 것인가? 미친개에게 물려 죽어가는 사람은 많아도 감히 사람에게 실
험한다는 것은 정말 어려운 일이었다.

"만약, 그 사람이 이 약 때문에 도리어 병을 얻게 되면…"

생각만 해도 무서운 일이었다. 이제 누가 이 최초의 실험대에 올라서
게 될 것인지를 기다릴 수밖에 별 도리가 없었다.

그러나 얼마 후 파스퇴르는 그의 연구를 사람에게 실험할 최초의 기
회를 잡았다. 파스퇴르의 연구실 문을 세차게 노크하는 소리가 들려왔
다. 새파랗게 질린 한 시골 부인이 소년의 손목을 잡고 떨면서 들어왔다.
어머니에게 끌려온 이 소년은 9세의 조셉 마이스터로서 며칠 전, 아침에
등교하던 길에 미친개에게 물렸던 것이다.

마이스터의 어머니는 귀여운 아들을 대장간에 데리고 가서 그런 처참한 모습을 볼 수가 없어서, 이름난 의사를 다 찾아보았지만 결과는 모두 마찬가지로, 아무리 큰 병원에서도 도무지 치료할 수 없다는 이야기를 전했다. 한 병원의 의사가 보기에 너무도 딱하여 소년의 어머니에게 다음과 같이 말했다.

　　"이건 우리 힘으로는 도저히 안 됩니다. 제 생각 같으면 파스퇴르 선생이 틀림없이 치료해 줄 것이라 믿습니다. 그리로 빨리 가보십시오."

　　이 말을 들은 마이스터의 어머니는 즉각 파스퇴르에게 찾아온 것이다. 파스퇴르가 미친개에게 물린 소년의 상처를 보니 대단하였다. 그러나 파스퇴르는 주저하지 않을 수 없었다.

　　"이 약을 주사해도 괜찮을까?"

　　몇 번이고 마음 속 깊이 생각하였다. 혼자의 힘으로는 결정할 수 없었다. 주사의 효과가 없어서 결과가 실패하는 날에는 자신에게 참을 수 없는 괴로움이 올 것은 뻔한 일이었다.

　　생각다 못해 파스퇴르는 친구 의사들과 의논했다.

　　"어떻게 하면 좋을까? 한번 주사해 볼 것인지? 정말 용기가 안 나는군."

　　이러한 고민에 가득 찬 파스퇴르의 말을 들은 의사들은 한결같이 "파스퇴르 선생! 걱정 없습니다. 꼭 주사해 보세요. 이제 곧 마이스터에게 광견병의 증세가 일어나면, 그때는 이미 늦지 않습니까? 어서 속히 시작하십시오."라며 재촉하였다.

파스퇴르는 결심했다. 약을 주사하기로 용단을 내렸다. 이리하여 주사는 매일 한 번씩 14일 동안 계속되었다.

1885년 7월 어느 날의 일이다. 파스퇴르는 악몽으로 괴로운 밤을 지냈다. 미친개가 날뛰는 모습이 눈앞에 나타나는가 하면, 마이스터 소년의 병세가 악화되어 죽는 꿈도 꾸었다.

그러나 다음날 아침 일찍 주사의 결과가 걱정되어 마이스터의 방을 찾아 갔더니 명랑한 얼굴이었다. 실험용으로 키우는 쥐나 토끼들에게 먹이를 주면서 태연이 놀고 있었다. 조마조마하던 마음이 푹 놓였다. 말할 수 없는 기쁨의 순간이었다. 자세히 진찰해보니 마이스터는 광견병의 증세를 조금도 나타내지 않았다.

파스퇴르는 소년의 머리를 인자한 할아버지처럼 어루만지면서 말했다.

"이제 됐어, 마이스터. 완전히 낳았어, 이젠 집에 돌아가도 괜찮아."

그리하여 마이스터는 주사를 맞기 시작한 후, 21일 만에 퇴원하게 되었다. 곁에 있던 그의 어머니의 기쁨은 말할 나위도 없었다. 감격과 기쁨에 넘쳐 계속 파스퇴르에게 감사의 뜻을 표현하였다.

이렇게 파스퇴르의 광견병 예방약은 그 시험에 성공하였으며 세상에 널리 알려졌다. 유럽의 여러 나라들로부터 미친개에게 물린 사람들이 끊임없이 파스퇴르를 찾아왔다.

또한 파스퇴르에 대한 전 세계 수많은 사람들의 존경과 감사가 그치지 않았으며, 그 업적은 역사에 길이 남게 되었다.

위와 신경의 연구

러시아에서 목사의 아들로 태어난 이반 파블로프는 상트페테르부르크대학 생물학과의 학생이었다.

그는 이 시기에 베르너와 같은 시대의 생리학자로서 유명한 오브스얀니코프 교수 밑에서 생리학 실험에 열중했다. 실험대 위에는 머리가 잘린 개구리가 매달려 있었고, 파블로프를 비롯한 여러 학생들이 진지한 모습으로 교수의 실험을 관찰하고 있었다.

그런데, 매달려 있던 죽은 개구리의 다리에 교수가 잡은 메스가 닿자 갑자기 개구리의 다리가 오므라들었다.

"머리가 없는 개구리가 어떻게 다리에 메스를 댄 것을 알았을까?"

다른 학생들도 역시 놀란 표정으로 보고 있었다. 더욱이 이상한 것은 가죽을 벗긴 개구리의 배에 황산을 적신 종이를 대었을 때, 이 머리 없는 죽은 개구리가 발로 종이를 잡아당기는 것이었다.

놀라는 학생들을 보고 교수는 미소 지으면서 말했다.

"자, 모두들 놀랐지? 이러한 작용은 등골 때문이야. 다시 말하면 등골의 반사에 의해서 일어나는 현상이야. 즉 대뇌 없이 일어나는 운동이지."

오브스얀니코프 교수는 이렇게 설명하고는 이것을 확인하기 위해서 개구리의 등골을 깨뜨려 보이는 실험을 계속했다. 교수는 개구리 등뼈의 머리 쪽에서 가장 끝, 즉 숨골에 해당하는 부분을 바늘로 찔렀다. 그런 뒤 개구리는 어떻게 해도 움직이지 않았다.

"반사의 길이 끊어져 버렸기 때문이야."

교수는 이렇게 설명하면서 그의 실험을 끝맺었다.

개구리가 대뇌 없이도 자극에 의해서 운동한다는 이 실험은 파블로프에게 가장 감명 깊은 일이었으며, 이때부터 그는 신경의 반사작용에 커다란 관심을 갖게 되었다.

파블로프는 대학을 졸업한 뒤 수년간 국내에서 연구하고, 1884년부터 6년 동안, 독일로 유학하여 당시 세계적으로 널리 알려진 생물학자들 밑에서 공부했다. 이후 러시아에 귀국하여 우선 위의 소화에 관한 연구에 착수했다.

이전에 파블로프는 심장의 작용을 강하게 그리고 약하게 하는 신경을 발견함으로서 이미 학계에 그 이름이 널리 알려져 있었다.

당시의 학자들은 위액을 분비하거나 또는 분비를 중지시키는 신경은 없다고 믿었다. 그래서 음식물을 먹은 후에 그것이 위의 벽에 닿지 않으면 위액이 분비되지 않는다고 믿고 있었다.

그러나 파블로프는 이것을 그대로 믿지 않고, 위나 장에서 일어나는 소화에도 신경이 관계하고 있음이 틀림없다고 확신했다. 그는 위액도 타액과 마찬가지로 음식물을 보기만 하면 나오는 것이 아닌가 하고 생각했다. 그러나 이것을 실험으로 입증한다는 것은 대단히 어려웠다.

어느 날, 실험에서 그를 보조해 주던 조수가 허겁지겁 달려와서 "파블로프 선생님. 개의 위액을 많이 얻고 싶은데 위액이 음식물과 섞여서 나오기 때문에 순수한 위액을 얻을 수 없습니다. 어떻게 위액만을 얻을 수 있는 방법은 없을까요?"라며 물었다.

파블로프는 이 질문에 대해 어떠한 방법을 생각해내지 않으면 안 되었다. 살아있는 개의 내부 작용을 알아내기 위해 개의 가슴뼈 바로 밑을 절개하면, 빛나는 청회색을 띤 위의 바깥벽이 보인다. 위에 구멍을 뚫고 은으로 만든 가느다란 관을 집어넣은 다음에 피부를 꿰매어, 언제든지 위를 들여다보고 또 그 속에서 분비되는 물질을 그릇에 담을 수 있는 장치를 만들었다.

이렇게 해도 개는 어떤 이상 없이 살 수 있었다. 개가 음식물을 먹지 않았을 때, 위의 내부는 장미색을 띠었고 소화액이나 위액도 나오지 않았다. 그러나 개가 식사를 시작하면 위액이 분비되기 시작하고, 잠깐 사이에 위에 음식물이 들어와서 위액과 섞인다.

그러나 이러한 방법으로는 도저히 순수한 위액을 얻을 수 없음을 깨달은 파블로프는 "식도와 입의 중간을 절단하면 어떻게 될까? 그렇게 하면 순수한 위액을 얻을 수 있지 않을까?"라고 생각했으나, 그의 조수는 이러한 생각에 의문을 품고 다음과 같이 말했다.

"그렇다면 선생님은 위 주머니에 음식물이 들어가 있지 않아도 위액이 분비된다고 생각하십니까?"

이때 파블로프의 대답은 명료했다.

"암 물론이지, 나는 그렇게 생각해. 이제부터 함께 실험해 보세."

이리하여 파블로프는 조수와 함께 어려운 수술에 착수했다. 우선 개의 위에 창을 만들고 며칠 후에는 개의 목 근처에서 식도를 잘라서 결국 식도와 위를 완전히 절단하였다. 수술받은 후의 개는 건강한 개와 마찬가지로 자기를 보면 꼬리를 흔들며 반가워했고, 아무런 장해도 없다는 듯이 뛰어다니면서 놀고 있었다.

드디어 파블로프는 개에게 먹이를 주었다. 개는 반가운 듯이 꼬리를 흔들며 식사했으나, 음식물은 아무것도 위에 들어가지 않고 잘려진 식도를 통해 그대로 다시 나왔다. 그러나 개는 이런 것도 모르고 여전히 식사하고 있었다.

이렇게 거짓 식사를 시키면서 개를 관찰하니 음식물은 위에 들어가지 않았지만, 개가 먹기 시작하여 5분쯤 지나니까 위액이 분비되기 시작하여 한 방울, 두 방울씩 위 창문의 밑에 놓은 유리그릇에 떨어졌다. 이 위액은 타액이나 음식물 등을 조금도 포함하지 않은 순수한 것이었다. 파블로프는 이 실험에서 음식물이 위 벽을 자극하여야만 위액이 분비된다는 종래의 학설이 잘못된 것임을 확신했다.

파블로프의『거짓 식사』실험은 세계의 모든 생리학자들을 깜짝 놀라게 했다. 그러나 파블로프는 이 실험을 하는 중에 새로운 의문에 부딪쳤다. 거짓 식사에 의해서 개의 위액이 분비되는 시간은 거의 2시간이었지만, 1시간 반 정도 지나니 분비가 멈추었다.

그러나 정상적인 식사에 있어서는 식사를 끝마치고 나서도 3시간에서 6시간까지 위에서 소화가 계속되지 않는가? 즉, 입속에 음식물이 없어진 후에도 몇 시간 동안 위액의 분비가 계속되는 것이다. 무슨 원인으로 이러한 현상이 일어나는 것일까? 파블로프는 이 의문을 풀기 위해서 새로운 연구를 시작했다. 그는 조수와 더불어 아주 어려운 실험을 여러 가지로 되풀이했다.

실험의 결과는, 같은 음식이 작은 위와 큰 위에서 분비되는 위액은 거의 비례하여 나왔으며, 큰 위일수록 많은 위액이 분비되었다.

그리고 고기를 소화할 때는 2시간 되었을 경우에 분비되는 양이 최고이나, 빵을 소화할 때는 1시간 되었을 경우, 그리고 우유를 소화할 때는 거의 3시간되었을 경우에 최고를 기록했다.

또, 위액의 분비가 계속되는 시간은 고기는 8시간, 빵은 10시간에서 12시간, 우유는 5시간에서 6시간을 기록했다.

이와 같이 위벽은 음식물의 양은 물론 종류에 따라서도 분비량이 조절되고 있었다.

"그러면, 이와 같은 위의 정확하고도 일정한 반응은 도대체 어떠한 조직에 의해 나타나는 것일까?"

파블로프는 이러한 의문을 제기하면서도 소화에는 신경이 밀접하게 관계하고 있다는 것을 믿었다.

즉, 위액이 분비되려면 먼저 입 안에 음식물이 들어왔다는 사실이 신경을 통해 뇌에 전달되어야 하고, 뇌는 이 신호를 받아 위와 연결된 신경

을 통해 위에 위액 분비를 명령하
게 된다고 생각했다.

이러한 실험 결과를 바탕으로
파블로프는 뇌에서 위에 뻗친 많
은 신경 중에서 어느 것이 위액의
분비를 명령하는 신경인가를 밝히
는 실험을 계속하여, 마침내 이 신
경을 발견하기에 이르렀다. 이 신
경을 잘라버리면 어떤 맛있는 음
식물을 개에게 주어도 위액이 분
비되지 않았다. 이렇게 소화의 비
밀은 점점 밝혀져 갔다.

이반 **파블로프**

그리고 파블로프는 개가 입 속에 먹을 것을 넣지 않았는데도 위액을
분비한다는 새로운 사실을 발견했다. 즉, 개의 입 속에 시험관에 든 맛있
는 액체를 넣어주면 입 안에서 타액이 나와 함께 식도로 흘러가는데, 이
실험을 몇 번이고 되풀이하면 개는 이 액체를 넣었던 시험관을 보기만
해도 위액을 분비하는 것이었다. 더욱이, 재미있는 실험은 매일 식사를
주는 사람의 발소리만 들어도 나중에는 타액이나 위액을 분비하였고, 또
한 식사를 줄 때마다 전등을 켜거나 벨을 울리면, 역시 나중에는 전등불
이 켜지거나 벨소리가 울리기만 해도 개는 타액이나 위액을 분비하였다.

반면에 전등을 켜거나 벨을 누르면 식사를 주지 않는 실험을 몇 번이고 반복하면, 결국 개는 이러한 신호가 있는 것만으로는 타액이나 위액을 분비하지 않았던 것이다.

파블로프는 이러한 모든 실험 결과를 종합하여 소화액의 분비는 두 종류의 신경의 반사작용에 의해서 일어난다고 밝혔다. 즉, 그는 보거나 냄새 맡을 때의 자극에 의해서 일어나는 대뇌피질에 관계되는 조건반사와 대뇌와는 아무런 관계없이, 위나 장의 직접적인 자극에 의해서 일어나는 조건반사의 두 종류가 있다고 설명했다.

파블로프의 결론은 옳은 것이었다. 그러나 소화에 관한 완전한 설명이 되기에는 불충분했다. 파블로프의 뒤를 이은 학자들의 연구에 의해서 소화액의 분비는 신경의 반사작용 때문만이 아니고 체내에서 만들어지는 호르몬 같은 특별한 물질의 작용에 의해서도 조절됨이 밝혀졌고, 이 두 가지의 조절에 의해서 소화가 완전하게 일어난다는 것이 증명되었다.

파블로프는 그의 위대한 연구 결과를 『소화선의 연구』라는 책에 써서 출판했으며, 이 책은 그 후 유럽 여러 나라 말로 번역되어 생리학자로서의 그의 이름이 널리 알려졌다.

파블로프는 그의 피나는 노력의 결정으로 쌓은 소화의 연구에 관한 업적으로, 1904년에 세계에서 네 번째의 노벨생리학상을 받았다.

스트렙토마이신의 발견

　페니실린은 곰팡이로부터 발견된 새로운 항생물질로, 다른 미생물에서도 새로운 화학치료제를 발견할 수 있음을 입증했다는 점에서, 그 뛰어난 약효만큼이나 큰 의의를 지닌다.

　미국을 비롯한 여러 나라의 과학자들은, 새로운 화학치료제를 발견하기 위하여 경쟁적으로 연구하고 있었다.

　왁스먼 박사도 미국 뉴저지 주의 농사시험장의 연구실에서 매일 꼭 같은 일을 되풀이하고 있었다. 즉, 왁스먼 박사가 그의 조수들과 함께 하는 일은 배양 그릇에서 자라는 티푸스균과 같은 세균에다가 흙의 용약을 섞어 관찰하는 일이었다.

　그런데, 흙을 녹인 용액이 묻은 세균이 죽어버리는 사실을 발견하게 되었다. 그리하여 왁스먼 박사는 세균을 죽이는 미생물을 흙 속에서 찾아내려고 결심하고 전력을 다하여, 그 연구를 계속하여 결국 그 사실을 밝혀내고 말았다. 즉, 완두콩 크기의 흙덩어리 속에는 5,000만 개 이상의 많은 세균이 있다고 알려졌다. 실제 동물이나 식물을 땅 속에 파묻으면 마침내 썩어 버리는 것은 흙 속에 있는 이러한 세균의 작용 때문이다.

흙 속에서는 이러한 많은 세균들이 눈에 보이지 않는 치열한 싸움을 계속 하고 있고, 이러한 싸움 속에서 새로운 세균이 탄생하는가 하면 새로 침입한 세균이 다른 세균과 어울리지 못하면 결국 싸움에 져서 죽어버리고 만다. 흙 속에는 흙 속에서 살 수 있는 적합한 세균만이 살게 되어 있는 것이다.

가령, 결핵이나 티푸스 등의 병에 의해서 죽은 사람의 시체를 땅 속에 파묻으면 시체는 썩고 결핵균이나 티푸스 같은 무서운 병균들은 그대로 땅 속에 남게 되나, 흙 속에 있는 다른 세균 때문에 결국 죽어버리게 되고 땅은 원상대로 깨끗해지게 된다.

그러나 땅 속의 어떤 세균이 어떻게 작용하여 그러한 무서운 병균을 죽이는가 하는 것은 그때까지 아직 모르고 있었다.

왁스먼 박사도 미생물과 땅에 관한 연구를 계속하였다. 그때 프랑스의 세균학자인 르네 뒤보 박사가 포도상구균이나 연쇄상구균 등 무서운 세균을 죽이는 티로트리신을 발견하였다는 사실을 알게 되었다. 한편, 땅 속에 많이 살고 있는 브레비스균이 만드는 티로트리신은, 동물의 입을 통해서 입 속에 들어가면 별다른 반응이 없는 데 반하여, 혈관 속에 주사하면 곧 죽는다는 사실을 알게 되었다. 이것은 보통 몸에 상처가 생길 때, 상처의 부분에 바르는 약으로 사용하고 있다는 사실도 기억하고 있었다. 왁스먼 박사는 이러한 사실에 대하여 커다란 관심을 갖고, 구체적으로 이러한 물질을 생산하는 미생물의 연구에 착수하였다. 그의 연구가 진행되는 과정에서 영국의 플레밍은 푸른색의 곰팡이에서 발견한 페니실린이라는 약도 만들어냈다.

셀먼 에이브러햄 왁스먼

그러나 왁스먼 박사는 그것으로 만족하지 않고 그의 연구를 계속하였다. 그의 연구 목표는 페니실린에 의해서도 죽지 않는 세균을 죽이는 강력한 약을 만드는 것이었다. 그는 곳곳의 흙을 운반하여 그것을 수용액으로 하여 그 속의 세균을 죽이는 연구를 매일의 일과로 삼았다. 이것은 매우 어려운 일이었으며, 끈기 있는 인내력을 요구하는 연구였다. 왁스먼 박사는 강한 의지로 이것을 견디고 이겨나갔으며, 아무런 마음의 동요 없이 그의 연구를 묵묵히 실행하여 나갔다. 그리하여 포도상구균, 장티푸스 및 적리균 등이 죽는 놀라운 약을 발견하였다. 그는 말할 수 없는 기쁨에 어쩔 줄 몰랐다. 그러나 이러한 기쁨은 순간적인 것에 지나지 않았다. 그가 발견했다고 기뻐한 이 약으로 동물실험을 해보았더니 매우 심한 부작용이 일어났다. 이렇게 되면 사람에게 사용할 수 없는 무가치한 약이 되지만, 왁스먼 박사는 이것에 조금도 실망하지 않았다. 그는 흙 속에 있는 수많은 세균을 다시 조사해 보기로 결심했다. 흙 속에서 그가 관찰한 미생물의 수는 무려 만 개나 되었으며, 그중에서 세균을 죽이는 힘을 가진 1,000개 정도의 미생물을 가려냈다. 그리고 왁스먼 박사는 이 1,000개의 미생물 중에서 연구의 가치가 있는 것을 다시 10개 정도로 좁혀서 이 미생물에 대한 것만을 중점적으로 연구하였다. 이러한 연구가 4년이란 오랜 기간 동안 계속되던 어느 날, 왁스먼 박사는 같이 연구하고 있던 셔츠 씨의 시험관을 자세히 들여다보고 놀랐다. 장애병을 일으키는 병원균의 하나가 무슨 이유에서인지 죽어 있었던 것이다. 왁스먼 박사는 긴장한 표정을 하며 바로 셔츠 씨에게 물었다.

"이것 봐요. 이 시험관에 어떤 미생물을 넣었기에 이렇게 죽어 있는 거요? 자세히 봐요, 이것을."

셔츠 씨는 곧 "그것은 연구실의 뒤뜰 땅 속에 있는 미생물을 넣은 것입니다. 박사님."하고 대답했다.

왁스먼 박사는 이 미생물에 대하여 특별히 연구하기 시작했으며, 이것이 즉 스트렙토마이세스 그리세우스라는 것이었다. 그리고 이 미생물을 자라게 한 액이 페니실린으로 죽지 않는 세균을 죽인다는 사실도 알게 되었다. 장티푸스균, 결핵균은 물론 지금까지의 어떠한 강한 약으로도 효력이 없었던 다른 균도 죽이는 것이었다. 스트렙토마이세스 그리세우스가 만드는 물질이 이토록 강력한 효력을 나타내는 사실에 왁스먼 박사를 비롯한 같은 연구실의 모든 연구자들도 놀랐다. 그들은 놀라운 위력을 가진 이 새로운 약을 스트렙토마이신이라는 이름을 붙여 세상에 발표하였다.

스트렙토마이신의 약효가 세계에 알려지자, 특히 결핵에 신음하고 있던 많은 환자들이 하루 빨리 이 약이 대량생산되어 판매되기를 손꼽아 기다렸으며, 실제 스트렙토마이신은 오늘날 결핵 및 적리의 치료약으로서 많은 환자에 커다란 효력을 나타내고 있다. 그러나 결핵균은 원래 강하기 때문에 오늘날 의사들이 결핵병을 치료할 때 다른 치료 방법을 함께 사용하는 것이 보통이다. 이 스트렙토마이신 외에 장티푸스, 발진티푸스 및 백일해 같은 병의 치료에 사용하는 클로로마이신, 오레오마이신 및 테라마이신 등은 모두 땅 속에 있는 방선균에서 만든 치료제인 것이다.

왁스먼 박사는 스트렙토마이신을 발견하여 인류에 공헌한 공로로 1952년 1월에 노벨의학상을 받았다.

20세기 후반기는 항생 물질 시대라고 부를 만큼, 이러한 여러 가지 치료제의 발견이 현저했고 모든 사람들도 이러한 약제의 효과를 신용하게 되었다. 그러나 이러한 항생 물질의 약을 많이 쓰면 점점 더 높은 단위의 투약을 필요로 하게 되고, 경우에 따라서는 균이 면역성을 가지게 되어 나중에는 약 효과가 잘 나지 않게 된다. 따라서 이러한 약의 효과를 믿고 너무 많이 쓰는 것은 삼가야 한다.

페니실린의 발명

영국 런던 대학 세인트 메리 병원의 어두침침하고 누추한 연구실에서, 몇 개의 배양 그릇에 세균을 배양시키며 그 발육을 관찰하는 세균학자가 있었다.

그의 이름은 알렉산더 플레밍으로, 그는 매일 계속해서 미생물을 배양했다. 둥글고 납작한 유리그릇에 양분을 넣고 살균한 다음, 세균을 접종하고는 적당한 온도에서 배양시켜 하나하나의 모양을 현미경으로 세밀하게 관찰하는 것이 그의 일과였다.

이 세균은 무서운 곪는 병을 일으키는 포도상구균으로, 어느 배양 그릇 속에도 가득 차서 우윳빛처럼 하얗게 보였다. 그런데 어느 날, 플레밍은 배양 그릇을 조사하던 중에 한 그릇 속의 세균이 줄어들었음을 알았다. 배양이 잘못된 것으로 생각한 그는 그릇을 씻어버리려고 하다가 "아! 이상하다."며 소스라치게 놀라 배양 그릇을 자세히 관찰했다. 여러 개의 배양 그릇 가운데 유달리 한 개만은 세균과 함께 푸른색 곰팡이가 섞여 자라고 있었다. 이러한 현상은 연구실에서 번번이 일어났다.

미생물을 배양할 때 그릇이나 그 속에 들어있는 양분이 잘 살균되지 않거나, 배양 중에 주위 공기 속에 함유된 다른 미생물이 들어와서 자라면 대개 실험이 실패한 것으로 믿고 그대로 내버리는 것이 보통이었다.

그러나 뛰어난 세균학자 플레밍은 그냥 버리지 않고 더 자세히 살펴보았다. 푸른색 곰팡이가 자란 둘레의 포도상구균은 깨끗이 없어져서 흔적조차 찾아볼 수 없을 정도였다.

이것은 푸른색 곰팡이 주위의 구균이 녹아버린 것을 뜻하는 것이 아닌가?

"아! 구균이 녹아버렸다. 도대체 무엇이 이 구균을 녹였을까? 정말 푸른색 곰팡이인지도 모르지."

플레밍은 이렇게 중얼거리면서 그 배양 그릇으로부터 푸른색 곰팡이를 약간 끄집어내어 다른 그릇에 옮기고, 온실 속에 넣고는 양분을 첨가해서 배양하여 보았다. 곰팡이는 잘 발육해서 드디어 푸른 털 모양의 뭉치가 되었다.

플레밍은 이 푸른색 곰팡이가 빵이나 과일을 오랫동안 버려두었을 때, 그 표면에 생겨 자라는 푸른색 곰팡이와 같음을 알게 되었다. 그는 이 곰팡이의 성질을 더 명확하게 밝히려고 계속 세밀한 관찰을 했다. 플레밍은 이 곰팡이야말로 세균을 죽이는 어떤 액이 되었음에 틀림없다고 생각하게 되었다.

이리하여 그는 푸른색 곰팡이를 포도상구균과 함께 배양해 보았는데, 그가 예상했던 대로 곰팡이 둘레에서는 이 구균이 자라지 못하고 죽었다.

플레밍은 다시 곰팡이의 배양이 되는 것을 용해시켜 이것을 구균이

알렉산더 플레밍

자라고 있는 배양 그릇 위에 떨어뜨려 보았다. 얼마 후, 구균은 역시 죽어버렸다. 플레밍은 또 다시 이 액을 100배로 묽게 만들어 실험해 보았는데, 역시 마찬가지로 구균은 전부 죽어버렸다.

이리하여 플레밍은 푸른색 곰팡이가 포도상구균을 죽이는 어떤 물질을 생성한다는 것과 이러한 물질을 실제로 분리하는 데 성공했다.

플레밍은 토끼나 쥐에게 이런 물질을 주사하여 실험해 보아도 아무런 부작용을 일으키지 않음을 확인하고 동물에게도 해를 끼치지 않음을 입증했다. 그 후, 플레밍은 1929년에 푸른색 곰팡이가 페니실리움의 일종이며, 구균을 죽일 수 있는 물질, 즉 푸른색 곰팡이가 생성하는 물질로서 페니실린이라 이름 지어 발표했다.

플레밍은 이 페니실린이 병원균에 의해 발생되는 여러 가지의 병의 치료에 유효하게 쓰일 수 있음을 역설했다.

그러나 영국 학계에서는 이 연구 결과에 주목하려 하지 않았다. 저명한 학자들까지도, "보잘 것 없는 곰팡이가 어떻게 병을 고칠 수 있을까?", "미생물을 병의 치료에 사용한다는 것은 잠꼬대 같은 터무니없는 생각이야."라고 말하면서 플레밍의 확신에 가득 찬 말에 귀를 기울이려

하지 않았다.

플레밍은 연구실의 빈약한 설비를 가지고는 이 연구를 더 계속할 수 없었다. 더욱이, 푸른색 곰팡이가 생성하는 그 신기한 힘을 가진 물질은 너무 적기 때문에, 중태에 빠진 사람의 병을 치료하려면 이 곰팡이를 한 화차만큼의 큰 그릇에서 배양해야 될 정도였다. 또한 푸른색 곰팡이에서 페니실린을 분리하는 데는 고도의 기술이 필요했고, 가열하면 페니실린의 효력이 상실되는 등 여러 가지 어려운 점이 많았다. 또한 다른 곰팡이나 페니실린에 의해 죽지 않는 세균이 그 속에 들어가기만 해도 페니실린은 효력을 잃어버렸다.

이러한 여러 가지 어려운 점을 지니고 있어서, 대량생산의 희망은 조금도 없이 페니실린의 위력은 여러 사람의 기억에서 완전히 사라진 채 수년의 세월이 흘러갔다.

그로부터 9년 후, 영국 옥스퍼드대학에서 플로리와 체인이라는 두 학자가 플레밍의 보고로 페니실린을 알게 되어 큰 흥미를 느끼고 푸른색 곰팡이의 연구에 착수했다. 그들이 푸른색 곰팡이가 자란 배양액에서 페니실린을 분리하는 것은 매우 어려웠으나 몇 번이고 실패를 거듭한 끝에 겨우 소량의 페니실린 가루를 만드는 데 성공했다.

이제 페니실린도 플레밍의 주장대로 사람의 귀중한 생명을 건질 수 있는 위대한 힘을 발휘할 날이 다가온 것이다.

1940년 2월, 플로리 교수와 체인 교수가 연구하고 있던 옥스퍼드대학 내의 병원에서의 일이었다. 다른 좋은 약을 있는 대로 다 써 보아도 치료하지 못해 이제 죽음만을 기다리는 위독한 패혈증 환자가 마지막으로 이 병원에 입원한 것이다.

플로리 교수의 연구실에는 그들이 손수 만든 소량의 실험용 페니실린이 있었다. 플로리 교수는 최후로 이 페니실린을 환자에 주사하기로 결심했다.

최초로 인간에게 주사하게 된 페니실린! 의사나 환자나 양쪽이 다 자신을 가지고 행하는 일은 결코 아니었다. 이제 플레밍이 발견한 페니실린의 효력이, 그의 말처럼 무서운 병을 고칠 수 있는가를 입증할 기회가 찾아온 것이다.

이리하여 페니실린을 몇 시간씩 사이를 두고 주사한 지 이틀 만에, 그 패혈증 환자는 놀랍게도 열이 내리고 의식도 회복되기 시작하여 마침내 일주일 만에 완쾌되었다. 최초의 실험이 이처럼 대성공을 거두자 모든 사람들은 환성을 질렀고 이 소식을 들은 플레밍은 승리의 미소를 지을 뿐이었다.

이런 성공의 기쁨에 도취하기에 앞서 플레밍은 어떻게 하면 페니실린을 대량생산할 수 있을까 하는 문제에 몰두하지 않을 수 없었다. 이는 혼자의 힘으로는 불가능한 일이었다.

미국과 영국의 과학자들은 상호간 협력함으로써 이 문제를 해결하려 하였으며, 그리하여 1942년 봄부터 미국에서 비로소 페니실린을 대량생산할 수 있게 되어 많은 환자들의 치료에 쓰이게 되었다.

이로써 사람의 몸에 해가 거의 없는 이상적인 화학치료제 페니실린은 많은 사람들을 구하게 되었다.

페니실린을 처음으로 발명한 플레밍, 그리고 이 연구를 더욱더 계속하여 실제 이용할 수 있는 길을 마련한 플로리와 체인, 이 세 학자에게 그 찬란한 업적을 높이 평가하여 1945년에 노벨의학상이 수여되었다.

미터법의 발명

　오늘날에는 길이의 단위인 미터나, 무게의 단위인 그램이 세계 어느 나라에서나 통용되고 있다. 미터나 그램 단위는 세계 공통이 되어 우리 생활에 대단히 편리하게 사용되고 있다. 만약 우리나라 사람이 미국이나 영국에 가서 "길이가 한 자가 되는 옷감을 주십시오."라고 하든지, "쌀 한 되를 주십시오."한다면 그곳 사람들은 무슨 뜻인지 몰라서 어리둥절할 것이다. 그곳에서는 오히려 피트나 인치의 자가 있으며, 파운드나 온스 같은 무게의 단위가 사용되고 있기 때문이다.

　그러므로 이런 나라에 가서 1m의 막대를 달라고 하든지, 100그램의 밀가루를 달라고 하면 쉽게 줄 것이다.

　도대체 m자를 만든 사람은 누구일까? 그리고 미국, 영국의 m자가 우리나라의 그것과 꼭 같은 것은 무슨 까닭일까? 이러한 의문을 품어 볼 만도 하지만, 보통 사람들은 이러한 것을 심각하게 생각해 보려고 하지 않는다.

　m자는 물론 학자들이 만들었다. 그들은 우리들이 상상할 수 없을 만큼 값진 생명을 바친 모험을 겪으며 m를 만들었다. 그러한 일들은 프랑

스에서 일어났다.

프랑스 정부는 국가적인 대사업으로 이 일을 착수했다.

길이나 무게의 단위를 하나로 정해서 세계 어느 곳에서나 통용할 수 있도록 하기 위해 서둘렀다. 저명한 과학자들을 소집하여 역사적인 사업에 협력해 줄 것을 요청했다. 그런데 가장 중요한 문제는 세계 어느 나라에서나 영구히 통용되는 단위가 되어야 했기 때문에, 길이의 표준으로 만든 자가 어떠한 외부 조건에도 절대 변하지 않는 것이라야만 했다.

학자들은 여러 가지 토의를 거듭한 끝에 가장 확실한 표준으로 지구를 설정했다. 그래서 극으로부터 적도까지의 길이를 재어 그 1천만분의 일을 1m로 정하기로 계획했다. 그런데, 극에서 적도까지를 한 발자국씩 자로 잴 수는 없는 일이었다. 북극에서 남극까지 지면을 따라 똑바르게 그은 선을 자오선이라고 하는데, 지상의 한 지점에서 자오선을 따라 일정 구간의 길이를 측정하고, 나머지 구간은 계산을 통해 극에서 적도까지의 거리를 구하려 했다.

이리하여 프랑스 정부는 파리를 지나는 자오선의 실제 길이를 재기 위하여 몇 차례 대규모의 측량 사업을 시작했다. 이 측량대에는 일류 학자들이 참가했으며 오랜 세월 동안 엄청난 국가 재정의 후원을 받으면서 진행되었다.

1668년에 피카르를 필두로 시작된 이 측량은 다른 여러 학자들에 의해 계승되어 지중해 해안과 영불해협 사이 그리고 페루 북부 등지를 실지 답사하면서 측량했다. 이러는 동안, 1789년 프랑스에 대혁명이 일어나서 프랑스는 왕국에서 공화국으로 변하게 되었다. 그러나 새로운 정부도 역시 이 위대한 사업을 계속 추진했다.

학자들은 몇 개의 그룹으로 나누어 각지로 떠났는데 이때 달랑베르는, 1791년에 프랑스의 덩케르크라는 곳으로 측량하러 떠났다. 땅의 길이를 재는 데는 될수록 높은 데가 눈의 표적으로 적당하므로 높이 솟은 교회의 종탑 등이 가장 좋은 표적이 되었다. 그런데 이 지방에 간 달랑베르는 그곳의 사정을 직접 눈으로 보고 깜짝 놀라지 않을 수 없었다. 왜냐하면, 프랑스에 혁명이 일어나자마자 시골 사람들은 교회의 신부들을 쫓아내고 동시에 교회를 모조리 불태워 종탑들은 자취도 없이 사라졌기 때문이었다.

이러한 현실을 본 달랑베르 일행은 교회의 종탑을 표적으로 삼아 측정하려던 계획을 단념하고, 통나무를 베어다가 사다리처럼 만들고 그 꼭대기에 흰 기를 달아 이것을 보면서 측량을 했다. 그러나 그들에게 예기치 않았던 무서운 사태가 벌어졌다. 동네 사람들이 성난 표정을 짓고 도끼나 망치 등 연장을 들고 일제히 그들을 향해 밀려오고 있는 것이었다.

동네 사람들은 달랑베르 일행을 에워싸고 "저 왕당파의 스파이를 보아라.", "저 놈을 당장 죽여 버려라."고 아우성쳤다.

"당장 흰 깃발을 내려라."

이러한 소리를 듣고 달랑베르와 그의 일행은 영문을 몰라 어찌할 바를 몰랐다.

그러나 이러한 험악한 사태가 일어난 것은 무리가 아니었다. 그 흰 깃발은 혁명 시 국왕이나 귀족들, 즉 왕당파에 속한 사람들을 상징하는 깃발이었기 때문이었다. 그래서 덩케르크의 주민들은 왕당파의 스파이가 몰래 잠입해서 적들에게 신호하는 것이라고 생각했던 것이다.

비로소 달랑베르는 이러한 이유를 알아차리고 주민들 앞에 가서 자기들은 왕당파의 스파이가 아니라 혁명 정부를 위해서 덩케르크의 토지를 측량하고 있다고 설명했다. 그리고 이 일은 프랑스를 위할 뿐 아니라. 전 세계를 위해서 지극히 중대한 일임을 강조하고 설득했다.

흥분했던 덩케르크의 사람들은 이러한 사유를 듣고는 조용히 그대로 되돌아갔으나 흰 깃발만은 끝까지 떼어버리라고 고집하여 하는 수 없이 다른 색의 깃발을 달고 측량을 계속했다.

한편, 스페인의 바르셀로나로 측량하러 간 메셍이라는 학자와 그 일행도 많은 고초와 위험을 겪었다. 그들 일행이 측량에 필요한 장비와 기계를 가지고 이 지방에 갔을 때, 그곳 주민들은 이 낯선 사람들을 매우 의심하고 경계했다.

"악마의 사자가 왔다."

"저 기계 좀 봐. 저 기계를 가지고 마법을 써서 우리를 죽이려고 하는 거야."

이렇게 저마다 지껄이면서 단시일 내에 돌아가지 않으면 죽여 버린다고 야단법석을 떨었다.

메셍 일행은 이러한 어려움과 방해가 있다고 해서 측량을 포기하고 그대로 본국으로 돌아올 수는 없었다. 그들은 그곳 교회의 신부들에게 부탁하여 원주민들을 설득시키는 데 온갖 노력을 다했다.

이리하여, 이곳에서의 측량을 겨우 끝낸 다음 다른 마을로 떠나려고 할 때, 불행하게도 페스트라는 무서운 전염병이 이 지방에 침입했다. 어디에서 사신이라도 내습하여 온 것처럼, 건강한 사람도 이 병에 걸리기만 하면 하룻밤 사이에 고열에 신음하다가 마침내 검붉은 피를 토하면서 죽어갔다.

메셍 일행이 새로운 마을이나 거리에 들어가려고 하면 동네 어귀에 많은 사람들이 모여 지키고 서서 이들의 앞길을 가로막았다. 이 지방 사람들은 이들 일행이 페스트가 창궐하는 지방에서 온 사람들이라고, 절대로 마을로 들어올 수 없도록 막았다.

메셍은 그들에게 이 중대한 국가적인 사업에 협조해 줄 것을 간청했으나 들어주지 않았는데, 이 일은 세계에 자랑할 만한 위대한 일이라고 설명하고 또 설명했더니, 결국 조건을 제시했다. 그것은 메셍 일행이 측량을 위해 가지고 온 종이를 전부 초산에 적신 다음에 들어올 수 있다는 것이었다.

당시, 그곳 사람들은 초산에 적시면 어떠한 전염병도 예방할 수 있다고 믿고 있었다. 그러나 메셍은 불행하게도 그곳에 일하는 동안 병에 걸려 프랑스에 돌아가지도 못하고 스페인의 객지에서 쓸쓸히 세상을 떠났다.

프랑스에서는 메셍의 뒤를 이어 아라고라는 학자를 스페인에 파견하였다. 아라고도 메셍이 겪었던 그러한 온갖 고초를 겪은 후, 스페인에서

필요한 토지의 측량을 성공적으로 끝내고 프랑스로 돌아왔다.

이와 같이, 많은 학자들의 목숨을 걸고 실시한 측량에 의해서 극에서 적도까지의 1천만분의 일의 길이가 확정되었고, 프랑스 정부는 1793년 8월 1일에 이것을 법률로 발표했다.

1m의 10분의 1을 1dm(데시미터)라 하여 1dm³(데시미터 세제곱, 1L와 같음) 들이 그릇 속에 담은 물의 무게를 1킬로그램으로 정했다. 프랑스 정부는 1m 길이의 백금 막대와 1킬로그램 무게의 백금 덩어리를 만들고 이것을 표준으로 하여 파리에 보관했는데 이것을 미터원기, 킬로그램원기라고 한다. 그런데, 그 후 극에서 적도까지의 길이가 다른 것을 발견했다.

프랑스 정부의 주최로 1875년에 24개국의 과학자들이 모여 국제회의를 개최했으며, 이때 미터법의 조약이 체결되었다. 이 조약에서는 자오선 전체 둘레의 길이의 4천만분의 1을 1m로 정하고, 표준 형기를 프랑스 파리의 국제 도량형기소에 보관하기로 하고 각국은 이와 똑같은 형기를 보관하도록 했다.

사실 오늘날, 지구의 적도반경은 약 6,378.137km이고, 극반경은 약 6,356.752km이다.

우리나라에서도 산업통상자원부 산하의 국가기술표준원에 이와 꼭 같은 표준 원기가 보관되어 있다.

우리가 일상생활에서 사용하는 미터 단위나 킬로그램 단위가 이러한 역경 속에서 제정되어있음을 상기할 때, 과학자들의 노고에 자연히 머리가 숙여지지 않을 수 없다.

미터나 킬로그램원기가 온도 등의 영향을 받아 변하는 것을 방지하기 위해서, 오늘날 이 원기들은 백금 등을 주로 한 합금으로 만들고 있다.

한란계의 발명

우리는 따뜻하다, 차다 하는 것을 피부의 감각으로 알게 되지만, 실제 이와 같은 온도에 대한 감각은 매우 막연한 것이다.

예를 들면, 눈보라가 휘몰아치는 추운 겨울날에, 밖에서 돌아와 현관문을 열고 집 안에 들어선 사람은 집 안에 있는 사람보다 훨씬 따뜻하게 느껴질 것이고, 반대로 후끈후끈한 방 안에 앉아 있던 사람이 현관 밖으로 나갔다면, 밖에 있는 사람보다 훨씬 춥다고 느껴질 것이다. 이것은 피부의 감각으로는 온도를 정확히 잴 수 없는 좋은 예라 하겠다.

더 나아가 인간의 온도에 대한 감각의 차이를 다음과 같이 실험해 보자.

세 개의 대야를 준비해서 한 대야에는 찬 물을, 다른 한 대야에는 더운 물을, 그리고 나머지 대야에는 미지근한 물을 각각 담자. 찬 물이 든 대야와 더운 물이 든 대야를 나란히 놓고 양쪽 손을 각각 이 두 대야의 물속에 잠그고 나서, 잠시 후에 미지근한 물이 담긴 대야 속에 두 손을 잠가 보라. 미지근한 물이 담긴 대야에 잠긴 두 손에 느끼는 감각은 아주 다를 것이다.

이와 같이, 우리가 감각으로 말하는 온도의 개념은 아주 막연한 것이라 이것으로써는 과학적인 판단을 도저히 할 수 없다. 원래 따뜻하다, 차다의 정도를 나타내는 것이 온도인데 이와 같이 피부의 감각으로 온도를 재는 것은 옳은 방법일 수 없다.

옛날 사람들도 벌써 이런 사실을 깨닫고 인간의 감각에 의하지 않고 온도를 잴 수 있는 방법을 여러 가지로 생각하고 연구하였다. 이러한 노력에 의해서 발명된 것이 온도계이다. 온도계에 의해서 뜨겁다, 차다의 정도를 수량으로 나타내게 되었을 뿐만 아니라, 열에 의해 일어나는 여러 현상을 연구할 수 있는 계기를 만들어 주었다.

그러면 온도계는 과연 누가 발명했으며, 어떠한 힌트에 의해서 발명할 수 있었을까? 이제 이 재미있는 이야기를 알아보기로 하자.

지금으로부터 350년 전의 일이다. 당시 번창했던 이탈리아의 상업 도시인 베니스는 7월의 세 번째 월요일을 맞아 온 거리가 사람들로 가득차서 떠들썩했다. 이날은 축제의 날로, 사람들은 명절 기분에 들떠 있어서 많은 사람들이 거리로 쏟아져 나왔다. 상점의 거리에는 인파가 들끓었으며 상인들은 손님들을 부르느라고 야단법석이었다.

이날 파도바대학의 천문학 교수로 있었던 유명한 갈릴레오도 이 법석대는 시가를 구경하러 나와서 거리를 걷고 있었다.

"자, 여러분 여기에 신기한 물, 살아있는 물이 있습니다. 이것을 보지 못하면 일생에 큰 한을 남길 것입니다. 한 번밖에 없는 기회입니다."

"여러분! 살아서 움직이는 물을 구경하러 오십시오."

지나가던 갈릴레오의 귀에 이러한 소리가 들려왔다. 움막 비슷하게 막을 친 속에서 들려오는 이 소리에, 많은 사람들이 호기심을 갖고 몰려 들어갔다. 갈릴레오도 걸음을 멈추고 그 집 속으로 들어갔다.

사람들이 모여 서 있는 이 막 속에는 검은 보자기를 덮어 놓은 테이블이 두 개 놓여 있을 뿐, 다른 아무것도 볼 수 없었다. 갈릴레오는 웬일인가 의아스럽게 생각하면서 묵묵히 선 채 두리번거리며 안을 둘러보았다. 잠시 후, 간 막은 끝 쪽에서 늙은 사람 한 분이 허리를 구부린 채 걸어 나오고 있었다.

이 노인은 테이블 가까이 오더니 테이블을 덮은 보자기를 치워버리면서 말했다.

"자, 여러분, 이 두 개의 유리공은 한쪽에는 물을 넣은 것이고, 이쪽 것에는 수은을 넣은 것입니다. 여러분이 보시는 바와 같이 두 개의 유리공은 하나의 유리관으로 연결되어 있습니다."

"여러분, 이제부터 유리공 속의 물에 '에잇'하고 기합을 넣으면 물에 있는 혼이 활동하여 수은을 담은 유리공 쪽으로 물이 움직여 올라갈 것입니다. 거짓말이 아닙니다. 자! 여러분, 주의하여 보십시오. 이제부터 보여드리겠습니다."

이렇게 노인은 구경꾼의 호기심을 극도로 북돋우며, 수은을 담은 유리공을 약간 움직이며 손으로 그 위를 만지면서 "에잇"하고 이상한 음성으로 기합을 넣었다.

참으로 신기한 일이었다. 노인의 말은 거짓말이 아니었다. 유리공 속의 물이 점점 올라가서 유리관을 거슬러 수은을 담은 공쪽으로 움직였다. 구경꾼들은 신기하다는 듯이 이 광경을 열심히 지켜보았다.

얼마 지난 후, 다시 노인은 "에잇"하고 두 번째의 기합을 넣었다. 그러자 천정으로부터 스며들어 온 햇빛이 수은이 담긴 유리공을 비추었다. 이것은 정말 이상한 일이 아닌가! 이번에는 수은이 담긴 유리공 쪽으로 흘러 들어간 물이 다시 물이 담긴 유리공 속으로 되돌아오기 시작했다.

구경꾼들은 매우 놀랐다. 어떻게 하여 이런 일이 일어날 수 있을까? 이것은 노인의 말대로 분명히 물속에 어떤 영혼이 숨어 있다고 생각하게 할만 했다. 저런 요술을 부리는 물을 사 갈 수는 없을까? 저마다 중얼거리면서 이 흥미진진한 요술에 놀라 감탄하고 있었다.

갈릴레오도 물론 구경꾼들 가운데서 묵묵히 이 요술을 흥미 있게 지켜보고 있었다. 그의 머릿속에서 일어나는 생각은 단순히 이 일에 대하여 감탄하거나 신비롭게만 생각하고 있지 않았다. '왜 물이 저렇게 거슬러 올라갈 수 있을까?' 하는 의심을 풀려고 계속 생각하고 있었다.

이렇게 그는 처음부터 끝까지 구경꾼들과는 다른 각도에서 이 요술을 관찰하고 있었다. 그는 이것을 단순한 눈속임이라 생각하지 않고 어디까지나 하나의 실험이라고 믿었다. 갈릴레오는 과학자로서의 진지하고도 탐구적인 태도를 버리지 않고 세심하게 관찰을 계속했다.

"아! 그러면 그렇지."

순간 갈릴레오는 사실을 깨달은 기쁨에 자기도 모르게 큰 소리로 외쳤다. 주위의 사람들은 영문도 모르고 갈릴레오의 얼굴을 바라보았다.

갈릴레오는 그것도 아랑곳없이 곧
천막을 뛰쳐나왔다. 그곳에 잠시
라도 지체할 수 없었다.

집에 돌아온 그는 곧 책장에서
헤론이 쓴 낡은 책을 꺼내어 열심
히 무엇을 찾았다.

"이것이다. 바로 이것이야. 꼭
같구나."

전에 본 기억을 더듬어 갈릴레
오는 천막 안에서 노인이 하던 것
과 똑같은 실험을 그림으로 설명

갈릴레오 갈릴레이

한 것을 찾아냈다. 고대의 헤론이 쓴 책 중에 공기한란계에 대하여 설명
한 것이었다. 이것은 공기는 데우면 부피가 불어나고, 식히면 줄어든다
는 간단한 원리를 이용하여 만든 것이었다. 정말 기묘하게 만든 고안이
아닐 수 없었다.

갈릴레오는 혼자서 기쁨에 어쩔 줄 몰랐다. 그리고서 그는 깊은 생각
에 잠겼다. 며칠 지난 후에 갈릴레오는 헤론의 책 속에 그려져 있는 것과
비슷한 모양의 온도계를 고안했다.

갈릴레오의 한란계는 아래쪽으로 끝이 열려있고 위쪽으로 끝이 공
모양으로 된 하나의 관으로서, 그 속을 액체가 올라가거나 내려갈 수 있
도록 하고 온도의 차이는 유리관의 눈금으로 볼 수 있게 하였다. 이것은

따뜻한 날에는 위쪽 유리공 속의 공기가 더워지면서 부피가 커지기 때문에 관 속의 물이 밀려 내려가고, 추운 날에는 유리공 속의 공기의 부피가 줄어들면서 공기의 압력이 작은 만큼 관 속의 물이 올라가게 되는 것이었다.

갈릴레오가 고안한 한란계는 당시의 학자들에게 매우 유명한 것으로 알려졌으나, 이 한란계의 액면은 온도의 변화뿐 아니라 기압의 변화에 의해서도 움직이므로 정확하다고 할 수는 없었다. 온도를 정확하게 측정하기 위해서는 기압의 영향을 받지 않는 온도계를 만들 필요가 있었다.

기압에 관한 연구는 토리첼리, 파스칼 및 게리케 등에 의해서 처음으로 완전히 밝혀졌지만, 원래 온도계는 유리관 속을 진공으로 한 밀폐된 온도계를 만들어야 했다. 이러한 온도계는 진공이나 기압에 관한 연구가 있은 훨씬 후에 만들어졌다.

그리고 온도계에 쓰이는 액체를 물 대신 알코올이나 수은으로 바꾸었다. 수은은 섭씨온도로 영하 38.9도에서 얼고 135.6도에서 끓는 액체이기 때문에, 알코올보다 더 넓은 범위에서 사용할 수 있고 더욱이, 수은은 유리에 묻지 않아서 실용적인 온도계로서 사용하기에 가장 적합한 것이었다.

온도계의 눈금의 기준은 처음에 깊숙한 동굴 속의 온도라든지, 버터가 녹는 온도, 또는 체온 등을 이용하여 만들었으나, 앞서 말한 수은을 정제하는 방법이 1720년경 독일의 다니엘 가브리엘 파렌하이트에 의해서 발견되었고, 이것이 과학자에 의해 만들어진 최초의 실용적인 수은

온도계이다. 파렌하이트의 온도계는 물과 얼음, 염화암모늄을 혼합하였을 때 얻을 수 있는 온도를 이 세상에서 가장 낮은 온도라고 생각하여 영도로 정하였다. 또한 얼음이 녹는 온도를 32도, 입 속의 온도를 96도로 정하였으며, 이것을 화씨온도라고 부른다. 오늘날까지도 미국 같은 나라에서는 이 온도계를 사용한다.

우리들이 말하고 있는 한란계는 파렌하이트로부터 20년쯤 지난 후에 스웨덴의 안데르스 셀시우스 및 린네가 새로이 눈금을 정함으로써 고안된 것이다. 이것은 물이 어는 온도를 영도, 끓는 온도를 100도로 기준하여 만든 온도계로서 이것을 오늘날 섭씨온도계라 한다.

이 섭씨온도의 눈금은 이들보다 먼저 호이겐스가 생각했으나, 실제로 만들어 사용하지 않았던 것을 이들이 실용화하였다. 갈릴레오가 온도계를 만든 다음 150년, 그리고 호이겐스가 온도의 눈금을 연구한지 80년 후에 처음으로 오늘날 우리들이 사용하고 있는 온도계의 눈금과 꼭 같은 온도계가 만들어졌다.

고대의 서적 속에 묻힌 채, 그리고 수많은 사람들의 서재에 먼지 낀 채 내버려졌을 뻔했던 헤론이 쓴 온도계의 원리가, 갈릴레오의 과학적인 사고와 관찰에 의해서 마침내 과학적인 가치가 발휘된 것이다. 그저 신기롭게만 생각하고 그대로 보아 넘기는 작은 사건 속에서, 잠들어 있는 진리를 밝혀내는 과학자들의 정신이야말로 생활 속에서 우리가 찾아낼 수 있고 또 본받아야 할 훌륭한 교훈이라 하겠다.

인쇄기의 발명

　지금으로부터 약 500년 전의 일이다. 독일 마인츠라는 마을 거리를 한 청년이 걷고 있었다. 그는 요한 푸스트라는 상인의 집 앞에 이르러 걸음을 멈추고 대문을 두드렸다.

　"푸스트 씨, 저를 기억하고 계십니까?"

　그 청년은 이렇게 말하면서 푸스트에게 정중하게 인사를 했으나, 푸스트 자신은 모르겠다는 듯이 머리를 가로 저었다. 그러나 청년은 계속하여 말했다.

　"저는 이 마을에서 태어난 요하네스 구텐베르크입니다."

　이 말을 듣고 난 푸스트는 이름을 듣고서 비로소 깜짝 놀랐다.

　"아! 그러면 자네는 26년 전 이 마을에 모진 태풍이 불어왔을 때 피난 간 구텐베르크 집안의 아들이군."이라고 말하면서 이 청년을 알아봤다. 이렇게 푸스트가 자기 집안을 기억하고 있는 데 감격하면서 이때라는 듯이 요하네스 구텐베르크는 말을 계속했다.

　"그렇습니다. 저는 구텐베르크 가의 아들입니다. 그런데 사실은 선생님에게 돈을 빌려 달라고 부탁하러 왔습니다."

이 말을 듣고 푸스트는 의아한 표정을 지으면서 "무엇이라고요? 저한테 돈을 빌리려 왔다고요?"라며 이해할 수 없는 청년이라 생각하면서 되물었다.

"네. 그렇습니다. 저는 스트라스부르크에서 친구들과 함께 인쇄업을 경영하고 있습니다. 그런데, 아주 새로운 인쇄기를 고안해 냈습니다. 지금보다 훨씬 바르고 선명한 인쇄기를 제작하는 데 돈이 필요합니다."

이렇게 말하면서 구텐베르크는 당시 인쇄계의 사정을 자세히 설명했다.

당시에는 한 장의 나무판에 많은 글자를 파서 그 위에 잉크를 바르고, 다시 그 위에 종이를 얹어놓고 인쇄하는 목판인쇄라는 것이 있었다. 그런데, 이런 목판인쇄는 한번 사용하면 그 목판을 다시 사용할 수 없어서 필요할 때마다 또 다른 목판을 만들어야 했으므로 노력과 비용이 많이 들어 매우 불편했다.

구텐베르크는 이것을 개량하여 나무에 하나하나의 글자를 새겨 많은 활자를 만들었다. 그는 이 나무활자 하나하나를 문장이 되도록 나란히 배열해 놓고, 이렇게 짠 나무활자의 틀을 만들어서 인쇄하는 새로운 방법을 고안했다.

이 나무활자로 인쇄한 다음에는 다시 틀에서 빼내어 다른 것을 인쇄할 때 또 문장대로 배열하여 틀을 만들어 쓸 수 있으므로, 활자는 몇 번이고 인쇄에 사용할 수 있게 되었다. 하지만 이러한 편리한 점을 가지고 있는 나무활자도 너무 오래 쓰게 되면 나무가 닳고 부서지는 결점이 있었다.

요하네스 구텐베르크

구텐베르크는 자기가 고안한 나무활자를 다시 개량하여 나무 대신에 견고한 금속으로 활자를 만들려는 고안을 하게 되었다.

구텐베르크는 이러한 내용의 설명을 자세히 하고난 다음에 "선생님, 금속으로 활자를 만드는 데 많은 돈이 필요합니다. 이 돈을 선생님께서 빌려 주시지 않겠습니까?"라고 물었다. 청년 구텐베르크의 열의에 찬 진지한 표정과 굳은 결심을 보고 푸스트는 좋은 일이 생겼다고 오히려 기뻐하면서 돈을 빌려주었다.

구텐베르크는 푸스트에게서 빌린 돈으로 쇠붙이를 많이 사서 여러 가지 금속활자를 새로 만들었다. 또한 인쇄하기에 적합한 잉크, 그리고 활자에 잉크를 묻히는 방법 등을 연구했고, 잉크가 묻은 활자로 종이에 문자를 찍는 인쇄기를 연구했다.

이리하여 구텐베르크가 전력을 기울인 연구가 성과를 거두어, 1450년 드디어 활판인쇄기가 세상에 나오게 되었다.

활판인쇄기의 발명가 구텐베르크는 푸스트로부터 빌린 돈을 갚지 못했기 때문에 그의 인쇄기는 푸스트의 손에 넘어가게 되었다.

최초로 활자인쇄기를 사용하여 출판된 책은 구텐베르크가 발명한 인쇄기로 푸스트와 셰퍼에 의해서 발행되었다.

그런데 1966년 10월, 우리나라 불국사에 있는 석가탑을 고쳐 지으려고 탑을 해체하다가 탑 속에서 목판으로 인쇄한 불경을 발견한 바 있다. 전문가들은 이것을 706년경 혹은 8세기 전반에 인쇄된 것으로 판정하고 있는데, 그것이 사실이라면 이 목판 인쇄물은 세계에서 가장 오래된 활자 인쇄물이라 할 수 있다.

우리나라에 있어서의 목판 인쇄술 발달은, 고려시대에 들어오면서부터로 생각하고 있으며, 이 동기는 외적의 침입을 부처님의 힘으로 물리치겠다는 종교적 동기가 크게 작용하였다. 그래서 불경을 인쇄하는 것이 그 중심 과제로 되었다. 그러한 대표적인 목판 인쇄물이 현존하고 있는 해인사의 「팔만대장경」이다. 이것은 1236년부터 1251년까지 16년간에 걸쳐 만든 경판이며 모두 81,258장으로 국보로 지정되어 있다.

이와 같이, 목판인쇄를 몇백 년 계속하는 동안 인쇄의 분량도 많아지고 또 활자의 수명도 문제가 되어 나무활자를 대신할 금속활자가 연구되었다.

우리나라에서 금속활자의 시초는 1234년(고종 21)으로 추정하고 있다. 그 이유는, 당시의 문인이었던 이규보(李奎報)가 쓴 글 속에 「고금상정예문」 50권을 금속활자로 인쇄하여 여러 관청에 나누어 주었다고 기록하고 있기 때문이다. 그러나 이 책은 현재 남아 있지 않아서 이 책을 인쇄한 연도가 정확히 1234년인지 하는 것은 확실하지 않다.

그런데, 1972년도에 서양의 금속활자 인쇄보다 약 2백년 앞선 고려의 금속활자 인쇄물이 파리도서관의 서적 전시회에서 처음 공개되어 세상을 매우 놀라게 한 바 있다. 이것은 청주의 흥덕사에서 1377년(우왕 3)에 인쇄한 것으로, 보통 「직지심경」이라 불리는 불경이며 현재 이것이 세계에서 제일 오래된 금속활자 인쇄물로 인정되고 있다.

그러나 이 금속활자 인쇄물이 서양의 구텐베르크가 만든 활판인쇄기와 같은 기계로 인쇄했다는 기록은 전혀 없다.

다이너마이트의 발명

어느 날, 독일인이 미국의 번화한 도시 뉴욕의 어떤 호텔을 찾아와서 잘 포장된 상자 하나를 수위에게 맡기고 갔다.

호텔 수위는 아무런 생각 없이 이 낯선 독일인이 맡긴 상자를 보관하고 있었으나, 며칠이 지나도 그 상자의 주인은 찾으러 오지 않았다. 그 상자는 현관 구석에 방치된 채 호텔 손님이 가끔 앉아서 쉬는 의자로 사용되기도 하였다.

그러나 어느 일요일 아침, 호텔 현관에 나온 급사 한 사람이 그 상자에서 빨간 연기가 새어나오는 것을 보고 깜짝 놀랐다.

"아! 이건 이상한 일이다."

이렇게 겁에 질린 말을 하면서 급사는 재빨리 그 상자를 호텔 밖 길에 내다놓고 호텔로 들어왔다. 그 순간, 요란한 폭발 소리와 함께 그 상자는 갑자기 폭발했다. 길 건너편에 있던 집의 유리창이 산산조각으로 깨지고 상자를 놓았던 도로에는 커다란 구멍이 뚫려 있었다.

"마치 귀신이 들어있는 상자 같군."

놀라서 뛰어나온 사람들은 이렇게 중얼거렸다. 이 이상한 상자 속에는

무엇이 들어 있었을까? 사실 그 상자 속에는 니트로글리세린이라는 화약
이 들어 있었다. 이것은 지금으로부터 백여 년 전에 일어났던 일이다.

　니트로글리세린은 1847년, 이탈리아 학자 아스카니오 소브레로가
발명한 것으로서 당시 사용되고 있었던 흑색 화약보다 10배나 더 큰 폭
발력을 가지고 있는 강력한 화약이었다.

　니트로글리세린은 철도의 터널을 뚫을 때나 산의 바위를 깨뜨리는
일 등 여러 방면에 널리 사용되었으나, 운반하는 데 아주 위험하여 이러
한 사고가 가끔 일어났다. 니트로글리세린은 흰색을 띤 액체로서 성냥
에 불을 붙여도 천천히 불타서 그대로는 잘 폭발하지 않지만, 갑자기 많
은 열을 주거나 큰 충격을 주면 맹렬한 힘으로 폭발한다.

　이러한 이유로, 당시 어느 나라에서도 이 폭발약의 사용을 제한하고
있었으나, 철도를 가설하기 위해 산을 뚫거나 배를 통하게 하기 위해 운
하를 만드는 일이 점점 많아져서 니트로글리세린을 쓰지 않을 수 없었다.

　이 폭발약의 수송은 아주 어렵고 위험한 것으로, 이것을 가득 싣고
독일 함부르크를 떠나 칠레로 가던 수송선이 대양 한복판에서 폭발하는
등 세계 도처에서 폭발 사고가 빈번히 일어나서 손실은 물론, 많은 인명
을 빼앗아 갔다.

　따라서 많은 과학자들이 이 폭발물을 안전하게 운반하는 방법을 연
구하기 시작하였으며, 어떻게 하면 쉽게 폭발하지 않는 것을 만들 수 있
을까를 연구하였다.

　스웨덴의 알프레드 노벨도 그중의 한 사람이었다. 1850년 18세의

나이로 미국에 건너가서 기계공학을 배우면서 화학 공부도 충실히 했다. 4년 만에 스웨덴으로 귀국한 노벨은 니트로글리세린의 새로운 제조법의 연구에 착수하였고, 몇 년 후 다량의 생산에 성공하였다. 노벨은 그의 아버지 임마누엘 노벨과 함께 화약 공장을 건설하여 니트로글리세린을 제조하기 시작했다.

그러나 1864년의 어느 날, 그의 공장은 대폭발을 일으켜 공장이 완전히 파괴되었고, 공장에서 일하던 많은 사람들이 죽고 부상을 입었을 뿐 아니라, 그의 동생 에밀도 폭사하였다. 더욱이, 스웨덴 정부는 이 폭발 사고가 있은 뒤 공장의 재건을 금지하는 명령을 내렸다.

그러나 노벨은 이 슬픈 사고 후, 굳은 결심으로 누구보다도 더 열심히 니트로글리세린을 안전하게 운반할 수 있도록 하기 위한 연구를 계속하였다. 이리하여 노벨은 폭발하기 쉽고 취급하기 어려운 액체 상태의 니트로글리세린을 구멍이 많은 규조토에 흡수시키면 더 안전하고 취급하기 쉽다는 것을 발견하였다.

이 안전한 폭발약은 풀 같은 것으로 쉽게 폭발하지 않으나, 한번 폭발하기 시작하면 전보다 훨씬 세게 폭발한다. 이것이 노벨 안전 화약이라 불리는 다이너마이트이다.

그 후, 영국에 간 노벨은 여러 사람들이 보는 앞에서, 다이너마이트를 넣은 상자를 높은 곳에서 돌만이 깔린 땅 위에 던지는 실험을 하였다. 그러나 다이너마이트는 폭발하지 않았으며, 다시 그 다이너마이트를 다른 장치로 폭발시키니 갑자기 큰 돌덩어리가 바람에 날리듯이 산산조각

알프레드 노벨

이 되어 튀어 나갔다. 이 실험으로 많은 사람들은 처음으로 노벨이 발명한 다이너마이트가 굉장한 폭발력을 가졌으면서도 아주 안전한 화약임을 알게 되었다.

노벨은 다이너마이트 발명 이후 5년 동안, 유럽이나 미국 등 여러 나라에 많은 제조 공장을 건설하였다. 철도사업이나 광산, 유전 등에서 다이너마이트의 수요량은 점점 증가하여 노벨의 다이너마이트 제조 공장의 생산량이 이를 충족할 수 없을 정도였으며, 이로 말미암아 노벨은 막대한 돈을 벌 수 있게 되었다.

그 후, 노벨은 무연화약도 발명하여 세계 각국에 15개의 거대한 폭약 공장을 경영하는 화약 생산왕이 되었으며, 러시아의 바쿠 유전에도 투자하여 거액의 이익을 할당받는 등 큰 부자가 되었다. 그러나 이렇게 많은 돈을 모은 노벨은 과학을 사랑하는 열의가 누구보다 강한 사람이었으며, 위대한 평화주의자였다.

노벨은 세상을 떠나기 1년 전인 1895년 1월 27일에 쓴 유서 속에, 진정한 과학자들을 원조하여 과학의 발전을 촉진시키고 세계 평화를 위한 일에 그의 전 재산을 모두 바칠 것이라고 밝혔다. 그 후, 스웨덴 정부는 노벨의 유언에 따라 매년 수여되는 노벨상을 제정하여, 다섯 부분에 걸쳐 뛰어난 업적을 남긴 사람에게 그의 유산 990만 달러에서 나오는 이자를 상금으로 수여하고 있다.

이리하여 1901년부터 시작된 노벨상은 모든 사람들이 가장 큰 영광으로 알고 있는 가장 뜻있는 국제적인 상으로 현재까지도 계속되고 있다. 이 노벨상을 통해 이상과 신념은 영원히 인류의 가슴 속에 이어져 새겨질 것이다.

인공소다의 발명

고대에는 비누라는 것이 없었다. 사람들은 옷을 빨 때 옷을 물통 속에 담가 발로 밟거나 망치로 두드려서 빠는 것이 고작이었다. 이렇게 되면 옷이 크게 상할 뿐 아니라 옷에 묻은 때도 제대로 빠지지 않았다.

그러나 지금으로부터 약 2000년 전에 어느 나라의 누가 발명했는지 알 수 없으나, 비누와 흡사한 것이 세상에 널리 퍼지게 되었다. 이것을 사용하면 옷을 빨기도 쉽고, 묻은 때도 잘 빠져서 매우 편리해졌다.

근대에 이르러, 여러 나라에 비누 공장이 건설되어 비누를 대량으로 생산하기 시작했다. 그중에서도 특히 프랑스의 마르세유 지방에는 많은 비누 공장이 건설되어 유럽 여러 나라에 비누를 공급하고 있었다.

마르세유의 공장에서 생산되는 비누는 품질이 우수하여 호평을 받았는데, 이 비누의 원료는, 프랑스 남부지방이나 이탈리아에서 자라는 올리브나무의 열매에서 짜낸 기름과 스페인 해안에 있는 여러 종류의 해초를 불태웠을 때 생기는 푸르고 회색빛을 띤 소다였다. 이 기름과 소다를 혼합하여 일정한 모양으로 굳힌 것이 곧 비누이다.

우리나라에서도 이 비누와는 다르지만 잿물이라 하여 몇 해 전까지만 해도 시골에서 빨래할 때 사용했다. 이 물은 콩깍지, 메밀짚 등을 태우고 남은 재를 물에 걸러서 만든 끈적끈적한 액체를 말하며, 오늘날의 가성소다, 즉 양잿물과 같은 것으로서, 양잿물이라는 명칭도 이에 연유한다.

재 속에 포함된 가성소다가 물에 녹은 것이 잿물이며, 해초를 태워서 소다를 만드는 것도 이런 이치와 꼭 같은 것이다.

이처럼, 마르세유의 비누 공업은 스페인 해안의 해초를 중요한 원료로 삼았으나 지금으로부터 약 200년 전, 스페인에 전쟁이 일어나자 이 해초를 태워 만드는 소다의 공급이 끊어지게 되었다.

마르세유의 비누 공장은 원료를 얻을 수 없어서, 그 번창하던 공업이 쇠퇴하기 시작하여 생산을 중지하지 않을 수 없는 위기에 직면하게 되었다.

공장 경영주들이나 노동자들 뿐 아니라, 프랑스 정부에서도 이 엄청난 사태를 보고만 있을 수는 없었다. 당시 프랑스 정부는 프랑스 아카데미의 회원으로 있던 저명한 학자들을 소집하여 이 문제를 해결하기 위한 대책 모색을 요청했다.

드디어 1775년, 프랑스 아카데미는 해초에서 얻는 원료가 아닌 다른 방법으로 인공소다를 만들어 낼 것을 계획하고, 2,400프랑이라는 많은 현상금을 걸어 이 방법을 현상 모집하기로 했다. 인공적으로 소다를 제조하는 방법을 고안해 낸 사람에게 줄 이러한 막대한 현상금을 타기 위해서, 많은 사람들은 서로 경쟁하여 이 연구에 몰두했다.

니콜라 르블랑도 이 연구에 착수하여 전력을 다했다. 일 년이 지난 후, 르블랑은 다른 학자들을 물리치고 인공소다 제조에 성공했으며, 저명한 과학자들로부터 위대한 발견임을 인정받았다.

르블랑은 상금으로 받은 막대한 돈과 오를레앙공이 원조한 20만 루블의 돈으로 최초의 인공소다 공장을 건설하게 되었다. 르블랑의 기쁨은 비할 수 없이 컸으며, 마치 하늘에라도 날아갈 듯한 기분이었다. 인공소다 공장이 건설되어 소다를 다량으로 생산하게 되면 마르세유의 비누 공장에서 생산된 제품은 날개가 돋친 듯이 팔릴 것이기 때문이다.

1791년, 마침내 르블랑의 꿈은 실현되어 바야흐로 소다를 대량으로 생산할 만반의 준비를 갖추게 되었다.

그러나 프랑스에서 일어난 혁명의 여파는 르블랑 개인에게도 미쳤다. 그를 원조하여 공장 건설을 위한 자금을 뒷받침해 주었던 오를레앙공이 프랑스 국가를 배반했다는 죄목으로 사형을 받게 되어, 공의 재산은 전부 혁명정부에 의해서 몰수되었다.

사실, 이 새로운 공장은 오를레앙공의 이름으로 설립된 것이므로 르블랑이 계획한 거대한 사업은 수포로 돌아가게 되었다.

국왕은 체포되고 많은 귀족들이 사형을 당하는 프랑스혁명 초기의 살벌한 분위기 속에서도 르블랑은 공장을 운영해야 되겠다는 일념으로 혁명정부에 탄원했다.

"국왕의 정부이건 혁명정부이건 인공소다를 만들지 않으면 마르세유의 비누 공업은 전멸하게 됩니다. 비누 공장의 전멸은 프랑스 공업의 위기를 초래할 것입니다."

이렇게 열심히 설명하면서 소다 공장의 문을 열고 공장을 움직이게 해달라고 애원했으나 혁명정부는 단호하게 이 요청을 거부하면서 응낙해 주지 않았다.

그러나 그 후, 프랑스와 스페인 사이에 전쟁이 일어나 스페인산 해초를 가져올 길이 아주 막혀 버리자 정부에서도 그들의 잘못을 깨닫고 르블랑에게 협조해 주기로 결정했다. 몰수했던 소다 공장을 르블랑에게 돌려주고 재정적인 원조도 해주었다.

그러나 르블랑에게는 그다지 만족한 것이 못 되었다. 공장은 인수받았으나 정부의 소극적인 보조로 공장을 가동할 수 없었기 때문이었다. 그는 자금을 구하려고 백방으로 노력했으나 결국 뜻을 이루지 못했다.

2,400프랑이라는 막대한 상금을 써보지도 못한 채 고스란히 공장 건설에 바치고 그토록 애써 세운 공장의 운영이 자금난에 허덕이고 앞길이 막힌 채 암담해지자, 르블랑은 비애와 실망에 찬 자신을 위로할 마음의 여유도 없었다. 비참한 나날을 보내다 못해 르블랑은 자기가 건설한 인공소다 공장의 한구석에서 권총을 자기 가슴에 쏘아 자살하고 말았다.

1806년 1월 16일, 온갖 고초를 겪으면서도 굽힘 없이 원대한 포부를 이루어 보려던 르블랑은 이렇게 세상을 떠났다.

그러나 르블랑이 사망한 후에 그가 고안한 방법을 이용한 인공소다 공장이 프랑스 도처에 건설되어 마르세유의 비누 공장은 두 번 다시 소다 원료의 부족으로 생산을 중단할 걱정이 없게 되었다.

이것이 르블랑 연구의 결실이었음은 두말할 필요가 없다.

제강법의 발명

"베세머 선생, 대성공입니다. 선생이 발명한 탄환은 아주 강해서 얇은 철판쯤은 쉽게 뚫고 나갑니다."

프랑스의 장교가 가까이 오면서 감탄하며 말했다.

"정말 그런가요? 나도 이젠 한숨 돌리게 되었군요."

"그런데 베세머 선생. 탄환은 아주 훌륭한데 대포가 오히려 걱정입니다. 멀리 쏠 생각만 하고 화약을 많이 넣어 발사하면 대포가 깨어질 거 같습니다."

장교의 이 말에 베세머는 갑자기 표정이 달라지면서 말했다.

"탄환만 성능이 좋아서 무슨 소용이 있습니까? 그토록 애써 이룩한 발명도 쓸모가 없게 되었군요."

"선생님의 발명은 보시는 바와 같이 굉장합니다. 그런데 깨어지지 않는 튼튼한 대포를 갖지 못한 것이 퍽 유감입니다."

지금으로부터 약 1세기 전에 영국의 헨리 베세머라는 위대한 발명가는 프랑스 군대의 요청으로 견고한 대포의 탄환을 발명하여 이렇게 실험을 해보았다. 그가 발명한 탄환은 아주 견고했으나 선철로 만든 대포

쪽이 깨질 위험이 있었다.

태어날 때부터 발명가로서의 소질과 재능을 다분히 가지고 있던 베세머는 누구라도 위조할 수 없는 인지, 연필의 흑연 봉을 비롯해서 인쇄 공장의 기계와 유리를 녹이는 새로운 로(용광로) 등을 발명했다.

베세머는 대포가 깨지지 않으려면 아주 견고한 강철로 만들어야겠다고 생각했다.

기차가 철로 위를 달릴 수 있게 된 지 30년이 지남에 따라, 기차를 만들거나 철로와 철교를 만드는 데도 이러한 강철은 필요했다. 그래서 베세머는 한꺼번에 강철을 다량으로 생산하는 방법을 연구하기로 결심했다.

사실 당시에도 강철을 제조하는 방법은 알려져 있었으나 조금밖에 생산할 수 없었다. 더욱이 가격이 너무나 비쌌기 때문에 대포나 기차를 만드는 데 사용할 수는 없었다. 철보다 더 견고하고 점착성이 있는 강철의 수요량이 점점 증가하던 때였으므로 베세머가 값싼 강철을 다량 생산하는 방법을 연구하기로 결심한 것은 당연한 일이었다.

프랑스에서 영국으로 돌아오는 배 속에서 베세머는 여러 새로운 구상에 골몰했으며, 영국에 돌아온 후로는 자나 깨나 이 생각으로 나날을 보냈다.

철교나 대포도 주로 선철로 만들었던 그 시기에는 철을 포함한 광석을 용광로에서 녹여 만들었는데, 이것은 부서지거나 깨지기 쉬웠다. 베세머는 이 선철을 다른 용광로에 녹이면서 될 수 있는 대로 바람을 세차게 불어 넣어서 강하게 가열해 보았다.

어느 날, 용광로를 열어 보니 로 한쪽에 아직 녹지 않은 선철의 덩어리가 있는 것을 보고 베세머는 이상하게 생각하여 쇠막대로 두들겨 보았다.

"정말 이상한데…"

쇳덩어리는 이상한 소리를 냈다. 속이 텅 비어 있는 것처럼 덜커덩덜커덩하는 소리였다. 나머지 철은 모두 녹아서 흘러가고 있었다. 이러한 일은 제철 공장에서는 흔히 있는 일로서, 그때까지도 많은 사람들이 보아온 일이었지만 베세머는 이것을 이상한 문제라 여겨 유심히 관찰했다.

베세머는 깊은 관심을 가지고 남아 있는 쇳덩어리를 녹이려고 다시 바람을 세게 불어 넣었으나 역시 녹지 않았다. 세밀히 보니 이 쇳덩어리는 어느새 강철로 변해 버렸다.

"옳지, 됐다!"

베세머는 환성을 질렀다. 빨갛게 녹은 선철에 아주 세게 바람을 보내면 강철이 되는 것이 아닌가! 베세머는 여러 가지로 조건을 변화시키면 선철이 강철로 변할 것이라 생각했다. 그는 실험하고 또 실험해 보았다.

이리하여 그는 빨갛게 선철을 녹인 다음에 바람만 세게 불어 넣으면 석탄이나 코크스를 태우지 않고도 아주 좋은 강철을 만들 수 있다는 것을 알았으며, 이러한 방법으로 하면 아주 값싸게 그리고 필요한 대로 한꺼번에 많은 강철을 만들 수 있다는 결론에 도달하였다.

베세머의 발명은 널리 알려져서 많은 공장에서 이 방법을 사용하려 했으나, 베세머는 발표를 보류하고 연구를 다시 되풀이하여 미비한 점을 더욱 개량하는 데 힘썼다.

1859년 8월 15일에 베세머는 영국의 과학협회에서 강철을 제조하는 새로운 방법을 발표했다. 그 후, 세계 모든 나라의 제철 공장에서는 베세머의 발명을 도입하여 값싼 단가로 많은 강철을 생산할 수 있게 되었으며, 기차나 레일, 기계들과 이 발명의 직접적인 동기가 되었던 대포도 모두 강철로 제조할 수 있게 되었다.

베세머가 발명한 제강법은, 19세기 야금법에 있어서 철 생산의 양적인 증가를 가능하게 한 획기적인 업적을 이루었으며, 보다 거대하고 유효한 고도 기계문명을 건설하는 출발의 계기를 만들었다.

자동차의 발명

　지금으로부터 약 100년 전, 즉 1882년의 일이었다.

　독일의 칸슈타트라는 마을 공원 근처에 한 채의 집이 있다. 그 집에는 분명히 사람은 사는 것 같았으나 마을 사람들 중에 그 집 식구를 보았다는 사람은 한 사람도 없었다. 동네 사람들과 접촉하는 일이란 전혀 없었고, 널찍한 앞마당은 가꾸지 않은 채 내버려두어서 잡초는 제멋대로 자랐으며 사람의 그림자란 찾아볼 수도 없었다.

　창문은 밤낮으로 닫혀있고 대문도 단단히 잠겨 있는 폼이 꼭 빈 집 같았으나, 2층 방안은 매일 새벽 2시 내지 3시까지 불이 켜져 있었고 이상한 소리가 멈추지 않고 들렸다. 덜커덕덜커덕, 기계를 움직이는 소리가 나는가 하면 사람의 말소리가 들려오기도 했다. 마을 사람들은 이 이상한 집 앞을 지날 때마다 2층 창문을 쳐다보면서 괴상한 일도 있다는 듯이 저마다 머리를 갸우뚱하여 제각기 한마디씩 하며 걸어갔다.

　그러던 어느 날 "도대체 저 집에는 귀신이라도 사는가 보지?"라며 한 늙은이가 이렇게 말하자, 수다쟁이 노파는 "그거야 뭐 뻔하지요. 돈을 위조하는 악당들일 거예요."라고 대꾸했다.

"그런 것 같아요. 어젯밤만 해도 4시까지 불을 켜놓고 무엇인가 두드리는 소리가 들리던데요."

"위조 돈도 이젠 많이 만들었을 겁니다."

이렇게 오고 가는 말을 들은 한 청년이 "그렇다면 저 나쁜 놈들을 붙잡아야지요. 빨리 경찰에 알려야겠습니다."하고 경찰서로 즉시 뛰어갔다.

이 소식을 듣고 순경들이 말을 타고 급히 달려왔다. 마을에서 돈을 만든다는 것은 정말 놀라운 일이었기 때문이다.

앞장서서 달려온 순경 한 사람이 그 집 문을 두들겼다. 다른 순경들은 집을 완전히 포위한 채 범인의 체포를 위해 만반의 준비를 갖추고 있었으며, 마을 사람들은 숨을 죽여 가면서 이때나 저 때나 하고 긴장한 표정으로 이 광경을 지켜보고 있었다.

얼마 후, 먼지 낀 문이 꽝! 하고 열렸다. 기름투성이의 한 청년이 문을 열고 나왔다. 그 청년은 어리둥절한 표정으로 순경을 쳐다보고 말했다.

"무슨 볼일이라도 계신가요?"

이런 질문에 순경은 무뚝뚝하게 다그치며 물었다.

"당신 여기에서 무엇을 하고 있었소? 동네 사람들이 위조 돈을 만들고 있다고들 하던데, 그렇지 않아요?"

"원 별말씀을 다 하시는군요. 가솔린 엔진을 만드는 중입니다."

이러한 설명에 순경들은 어이가 없었다. 그들이 집 안으로 들어가서 아무리 조사해도 마차에 장치하는 가솔린 엔진을 연구하고 있었음이 분명했다.

이 괴상한 집 주인은 고틀립 다임러였다. 그는 2층에서 연구하다가 누가 문을 두드리기에 함께 연구하던 빌헬름 마이바흐를 대신 내려보냈다. 다임러와 마이바흐는 밤낮을 계속하여, 식사하는 것까지도 때때로 잊어버린 채 기계를 만들다가 이러한 우스운 의심을 받게 된 것이다.

당시 독일에는 증기기관차가 검은 연기를 내뿜으면서 달리는 한편 말이 끄는 마차가 함께 거리를 달리고 있어서 매우 큰 대조를 이루고 있었다. 증기기관차가 그토록 신나게 철로를 달리는 반면, 옛날처럼 마차가 시내를 왕래하고 있으니, 사람들은 말 대신에 증기기관차가 끄는 마차를 만들 수는 없을까 하고 연구하려는 사람들이 많았다.

그러나, 아무도 성공을 거두지 못했다.

사실 증기기관은 증기를 만들기 위해서는 큰 가마가 필요하고, 많은 석탄이나 물을 실어야 해서 아주 부피가 커야 했다. 따라서, 이렇게 큰 증기기관을 마차에 싣고 다닌다면 바퀴가 부서질 것은 뻔한 일이었다.

그래서 다임러와 마이바흐는 가볍고, 작고 그리고 강력한 엔진을 만들 수 없을까 하고 연구에 착수했다. 그들의 끊임없는 노력은 마침내 열매를 맺어 새로운 엔진을 발명하게 되었다. 이것은 기계의 제작에 몰두하기 시작하여 4년이란 세월이 흐르고 나서이다. 그들이 만든 새로운 차는 꼭 마차 모양이었으나 끄는 말이 없었다. 마치 말이 없는 마차와 같았다. 말이 없는 대신에 앞자리 밑에 작은 엔진을 매단 것이다.

1885년, 다임러와 마이바흐는 석탄이나 물을 한 방울도 사용하지 않고 가솔린의 폭발력을 이용한 이 새로운 엔진이 달린 차를 시운전하기

고틀립 다임러

빌헬름 마이바흐

로 작정했다.

칸슈타트에 있는 그들 집 앞길에서 시운전하는 것을 구경하기 위해서 많은 구경꾼이 모여들었다. 두 사람이 탄 새로운 차는 요란한 소리를 내면서 달렸다. 물론 마차보다 훨씬 빠른 속력으로 기운차게 달렸다.

구경하던 동네 사람들은 4년 전, 그들이 위조 돈을 만드는 나쁜 놈들이라고 고자질하였던 일을 돌이켜 생각하면서 이 놀라운 발명에 감탄과 존경을 아끼지 않았다.

이리하여 최초의 자동차가 등장하게 되었으며 가솔린기관의 기초가 확립되었다.

이때, 다임러와는 따로 독일의 카를 벤츠가 가솔린 엔진 자동차를 시운전하여 지금은 각각 독립적인 발명자로 인정하고 있다.

물론 이보다 앞선 1769년에 프랑스의 포병장교 니콜라 조제프 퀴뇨가 증기의 힘으로 움직이는 삼륜차를 만들었고, 이전에도 레오나르도 다빈치 이래 자기 힘으로 도로 위를 달리는 「말 없는 마차」 아이디어가 나왔던 일이 있었다. 그러나 엔진의 형태를 갖춘 자동차는 다임러와 벤츠의 자동차가 최초라 하겠다.

   미국에서 1892년에 듀리에 형제가 최초의 가솔린 자동차를 만들었는데, 이때는 이미 알렉산드로 볼타의 전지 발명도 있고 해서 대도시에는 증기자동차, 전기자동차, 가솔린 자동차가 함께 도로 위로 달리고 있었다.

   그러나 당시의 자동차는 부자들만 소유할 수 있는 값비싼 사치품이나 장난감에 불과하였으며, 당시의 자동차는 운전이 매우 복잡하고 고장이 자주 일어나서, 일반인들로서는 도저히 감당해 낼 수 없었다.

   그래서 자동차의 개량을 시도하는 사람이 많아졌고 이것을 대중화하려는 꿈을 가진 사람도 있었다. 그 대표적인 사람이 헨리 포드였다.

   그는 16세 때 디트로이트로 나와 여러 기계회사에 근무한 뒤에 에디슨 조명회사에 취직하였다. 근무의 여가를 이용하여 자동차 개량에 몰두하였으며 1896년에 첫 번째 자동차를 완성하였다. 그로부터 10년의 세월이 흐르는 동안, 두 번이나 자동차회사를 설립하고 운영하였으나 모두 실패하고 말았다.

   1903년에 다시 자동차회사를 설립하고(지금의 포드자동차 회사) 누구든지 운전할 수 있는 간편한 개량된 자동차 제작을 꿈꾸며 자동차 산업을 시작했다.

비밀 작업장에서 포드와 그의 회사 기사들은 새로운 자동차의 설계, 변속기의 개량, 가솔린 엔진 점화용 자석 발전기의 개발 등 연구에 몰두했다. 이리하여 1908년 초에 새로운 가벼운 강재를 사용하여 몇 대의 시작품을 완성하고, 같은 해 10월 1일, 운집한 대중 앞에서 거친 길의 주행 시험을 성공적으로 끝냈다. 이것이 T형 포드차이며, 다가올 자동차 대중화 시대의 개막을 예고한 선두 주자로 등장했다.

방적기의 발명

영국에서 일어난 산업혁명은 방적기계의 발명과 이 기계를 움직이는 동력 즉, 증기기관의 발명이 같이 이용되면서 일어났다.

본래 영국에서는 집안에서 소규모로 생산하는 수공업의 형태로 다른 나라보다는 직물공업이 발달했다. 그러나, 항해술의 발달에 따라 식민지 개척이 활발해지고 식민지의 시장이 확장되면서 급속히 옷감의 수요량이 증가하게 되었다. 이에 따라, 지금까지 집에서 손으로 실을 짜거나 천을 짜는 가내공업 방법으로 생산한 직물로는 이러한 요구를 모두 충족시킬 수 없게 되면서 기계화된 대량생산이 가능한 새로운 발명이 요구되었다. 『필요는 발명의 어머니』라는 격언도 있지만 이러한 사회적 요구에 따라 새로운 방적기에 대한 연구가 크게 자극되었다.

1766년, 영국의 존 케이에 의해서 옷을 짜는 틀이 개량되기 시작했으나 큰 힘을 발휘하지 못하였다. 18세기 후반부터 실의 수요가 더욱 급속히 증가함에 따라 이에 관한 연구가 제일 활발해졌다.

1767년, 영국의 제임스 하그리브스가 실을 짜는 방적기에 대한 획기적인 발명을 했다. 그는 방바닥에 있는 물레를 보고 힌트를 얻었으며, 물레를 돌리면 8개의 가락(방추)이 동시에 돌아가는 것을 고안했다. 종래에는 한 사람이 하나의 가락밖에 다루지 못하던 것을 동시에 8개의 실을 짤 수 있게 하였다. 그는 세상을 떠날 때까지 80개의 방추가 달린 방적기를 연구 개발하였다. 이것을 보통 제니방적기라 불렀다(제니는 그의 아내 이름이다).

처음 하그리브스가 제니방적기를 발명하였을 때의 일이다. 개량된 기계는 한꺼번에 많은 제품을 만들 수 있었기 때문에 제품을 만드는 가격도 싸지는 동시에 제품을 많이 판매할 수 있어 넓은 시장도 개척할 수 있다. 하지만 당시 방적업을 하던 사람들은 제니방적기가 자기들 사업을 망하게 한다고 생각하여 하그리브스의 집에 몰려가서 제니방적기를 파괴해 버렸다. 그래서 하그리브스는 그곳에 있을 수 없게 되어 노팅엄으로 도망쳐서 다시 제니방적기를 제작한 일이 있다.

하그리브스에 이어 방적 기술을 한층 더 발전시킨 사람은, 영국의 랭커셔에 있는 이발업자이던 리처드 아크라이트였다. 그는 1769년, 하그리브스의 제니방적기를 개량하여 수력을 동력으로 이용한 방적기(워터프레임)를 발명하여 연속적으로 작업을 할 수 있게 하였다.

당시에 하그리브스와 아크라이트의 명성은 대단했다. 사람들은 모여 앉기만 하면 두 사람에 관한 이야기를 했다.

"여보게, 하그리브스가 발명한 방적기는 정말 놀랄만한 성능을 가지고 있다더군. 한 대의 기계로 여덟 사람 몫의 일을 거뜬히 해낼 수 있다는 거야."

"그것도 그렇지만 말이야. 아크라이트가 발명한 방적기는 더 놀랍다더군. 이 기계로 아주 질기고 더 많은 실을 뽑을 수 있다는 거야."

옷감을 짜는 실은 나오는 대로 날개 돋친 듯 잘 팔렸기에, 당시의 영국에서는 모든 사람들의 관심이 여기에 쏠리는 것도 당연한 일이었다.

"아크라이트는 옛날에 아주 가난뱅이였었대."

"정말 그랬대. 그런데 지금은 아주 부자가 되어 귀족 같은 생활을 한다는 거야."

그런데, 이 두 사람이 발명한 방적기는 각각 생산하는 실의 질에 단점이 있었다. 하그리브스가 만든 방적기에서 만든 실은 아주 가는 반면에 질기지 못하고, 한편 아크라이트의 방적기 실은 질기지만 너무 굵은 단점을 가지고 있었다.

이런 때, 가난한 살림에 시달리며 살아가고 있었던 영국의 새뮤얼 크럼프턴이 이 소문을 듣고 매우 깊은 관심을 가졌다. 원래 가난한 집안이어서 얼마 되지 않는 땅에 농사를 지으며, 약간의 기계를 제작하기도 했으나, 새뮤얼의 가족은 때때로 식량이 없어서 끼니를 거르는 적도 많았다.

"나도 아크라이트처럼 돈을 벌어야지. 그렇지! 나도 훌륭한 기계를 만들 거야. 하그리브스나 아크라이트의 방적기보다 더 좋은 실을 만들 수 있는 방적기를 만들 거야. 내가 꼭 해볼 작정이야."

이렇게 마음속에서 굳게 다짐한 크럼프턴은 하그리브스나 아크라이트가 만든 방적기를 열심히 관찰하기 시작했다. 이때, 그의 나이 21살이었다.

그러나 간단한 기계 하나를 만들려 해도 가난한 그로서는 재료를 살 돈이 없었으며, 기계를 만드는 도구조차도 구비할 수 없었다. 다행히도 크럼프턴은 바이올린을 잘 켰는데 생각다 못해 바이올린 연습을 열심히 하여 볼턴 극장에서 연주하는 오케스트라의 멤버로 출연하기로 결심했다. 그는 오케스트라의 바이올리니스트로 번 돈으로 새로운 도구나 기계의 부품을 사들였다.

크럼프턴은 밤낮으로 방적기 만드는 생각을 하고, 누구에게도 알리지 않고 몰래 연구를 계속했다. 만약, 누가 몰래 그가 만들려는 방적기의 비밀을 알아차리면 자기의 꿈이 깡그리 사라진다고 생각하여, 매일 그 날의 연구를 끝마치면 조립하던 기계를 분해하여 천장 위에 감추었다.

오케스트라의 연주가 끝난 후나 또 연주가 없을 때를 이용해서 열심히 연구를 계속했다.

이리하여 그가 방적기의 연구에 착수하여 5년이 지난 1779년에 마침내 실을 뽑는 방적기를 제작하는 데 성공했다. 크럼프턴의 방적기는 하그리브스의 것처럼 가는 실을 생산할 수 있을 뿐 아니라, 아크라이트의 방적기에서 생산되는 것과 같은 질긴 실을 생산할 수 있었다. 즉, 두 방적기에서 생산되는 실의 장점을 지닌 실을 생산할 수 있게 된 것이다.

이리하여 크럼프턴은 그가 발명한 방적기로 가늘고 질긴 실을 생산하기 시작했다. 그때까지 아무런 기미도 알아차리지 못했던 마을 사람들은 가난한 크럼프턴의 집에서 질이 좋은 실이 제조되어 나오는 것을 보고 어리둥절했다.

새뮤얼 크럼프턴

마을 사람들은 매일 찾아와서 물었다.

"크럼프턴 씨. 당신 집에 있는 방적기는 어떤 것입니까? 새로 만든 기계로 짜내는 겁니까?"

"크럼프턴 씨. 당신은 새롭고 훌륭한 기계를 발명한 것입니까? 그렇게 좋은 실을 만들어 내니 말입니다."

이렇게 물을 때마다 크럼프턴은 "뭐 별로 대단한 기계는 아닙니다."라며 대답을 기피하였다. 마을 사람들이 그 기계를 보여달라고 원했으나 크럼프턴은 이 기계는 대수롭지 않은 것이라 보여드릴 만한 것이 못 된다고 외면해 버렸다. 그러나, 마을 사람들과 친지들은 이럴수록 호기심이 더 커져서 그의 집 울타리 위에 올라서거나 심지어는 이웃집 지붕 위에 올라가서 창문을 통해 방안의 기계를 한 번만이라도 보려고 미친 듯이 애쓰는 사람도 있었다.

그럴수록 크럼프턴은 어떻게 해서라도 자기가 만든 방적기의 비밀을 지키려 했으나, 이러한 소문을 듣고 이곳저곳에서 공장 주인들이 찾아와서 많은 돈을 줄 터이니 그 기계의 비밀을 가르쳐 달라고 간청했다. 결국, 그는 이 방적기의 비밀을 공개하고 말았다.

그 후, 크럼프턴이 만든 방적기는 가늘고 질긴 실의 생산량을 증식시켜 세상 사람들에게 큰 화제가 되었고 이것이 다시 직물 기계의 개량을 촉진하는 계기가 되었다.

크럼프턴은 처음에 자기가 발명한 방적기의 비밀을 가르쳐 준 대가로 불과 60파운드 밖에 받지 못했으나, 1800년에는 500파운드의 수입을 얻었다. 나아가 12년 후에는 영국 회의에서 5,000파운드를 그에게 지급할 것을 결의했다.

크럼프턴은 그의 소망대로 훌륭한 방적기를 발명하였지만, 돈이 따르지 않아 결국 죽을 때까지 가난에서 벗어나지 못한 채 불행한 일생을 마쳤다.

이렇게 하여 실을 짜는 일은 손노동을 벗어나 거의 기계화되었고 생산량도 이전과 비교할 수 없이 많아졌다. 수천 개의 방적기를 설치하고 300명 이상의 직공이 일할 수 있는 대공장으로 발전하였다.

그러나 실이 대량생산 되는 만큼 천을 짜는 방직기의 개량이 요구되었다. 이때, 목사였던 카트라이트가 천을 짜는 방직기를 개량하려고 결심했다. 크럼프턴의 방적기처럼 동력을 사용하여 연속 작업할 수 있는 방직기를 만들 생각이었다.

그렇지만 그는 아직 진짜 방직기를 본 적이 없었다. 기계공학에 대하여 열심히 공부하고 방직기 개량을 위해 현장을 다니며 꾸준히 연구했다. 1782년에 제임스 와트의 증기 회전기관이 발명되면서 증기 동력을 이용하는 길이 넓어졌다. 카트라이트는 이 동력을 이용한 방직기를 연구하여 1785년 특허를 얻었다. 이것을 카트라이트의 역직기라 한다.

제니방적기가 사용될 때만 해도 방적기·방직기 산업이 가내공업을 면치 못했었으나, 아크라이트의 수력방적기와 카트라이트의 역직기가 실용화되면서 많은 공장이 건립되고 근대적인 공장제도가 발전했다. 이로써 손에 의한 노동은 기계노동으로 점차 대체되어 갔다. 이리하여 영국에서 먼저 산업혁명이 일어나고, 이러한 산업혁명 때문에 영국은 19세기부터 금세기에 이르는 동안 일찍이 없었던 큰 번영을 이룩할 수 있게 되었다.

증기기관의 발명

　기원전 2~3세기경에 이집트에서 증기의 힘을 이용한 기계를 만든 일이 있었으나, 그 후에는 오랫동안 이에 대한 특별한 발전의 흔적은 나타나지 않았다. 그런데, 17세기에 이르러 카우스라는 사람이 증기의 팽창력을 이용하여 분수기를 고안한 바 있다. 그 후, 이탈리아의 부랑카라는 사람이 1629년에 증기기관을 발명하였는데, 이때의 증기기관은 지금과 같은 그런 의미의 증기기관이 아니었다. 또 영국의 군인이면서 발명가인 에드워드 서머셋, 프랑스의 기술자 드니 파팽 등에 의해 증기를 이용한 기관을 만들기는 하였지만 이것도 잘 이용되지 않았다.

　1702년에 영국의 세이버리가 탄갱에서 물을 빼내는 작업에 사용하는 증기 펌프를 발명하였다. 탄갱은 지하로 깊숙이 들어갈수록 지하수가 많이 고인다. 따라서 깊은 곳에 묻힌 광석을 채굴하려면 먼저 지하수를 처리해야 한다. 대부분의 광산 갱에서는 많은 지하수가 솟아 올라와서 이 지하수를 퍼 올리는 많은 인부를 고용하지 않으면 안 되었다. 그리하여 많은 사람들은 이러한 지하수를 쉽게, 그리고 적은 사람으로 퍼낼 수 있는 방법을 여러 가지로 연구하게 되었다.

1705년, 영국의 토머스 뉴커먼이 새로운 증기 펌프를 발명하였다. 이 것은 공기의 압력을 이용하여 피스톤을 움직이고 이 피스톤으로 펌프를 움직여 물을 퍼 올리는 장치였다. 이 증기기관은 실린더 속에 증기를 넣 거나 찬물을 넣을 때마다 일일이 사람의 손이 필요하여 항상 기계 옆에 사람이 지키고 있어야 했고, 기계를 움직이는 데 계속 석탄을 퍼 넣어야 했다. 그러나, 뉴커먼의 증기기관으로 쉽게 물을 퍼 올릴 수 있었기 때문 에 대부분의 광산주들은 이를 사용했다. 하지만 시간이 갈수록 뉴커먼의 증기 펌프의 결점이 드러났다. 구체적으로 많은 양의 석탄을 이용하게 됐고, 기계의 크기도 너무 컸다. 어떤 것은 높이가 18m나 되는 것도 있 었다. 따라서, 이 기계를 장치하려면 커다란 면적이 필요했고, 매일 다량 석탄을 운반하는 데 많은 말과 인부가 있어야 했다. 그래서 사람들은 "인 부 대신에 저렇게 많은 말이 석탄을 운반해야 하다니."하고 못마땅히 여 기면서 이 기계를 좀 더 개량할 수 없을까 하고 생각하게 되었다.

　　1718년에 헨리 바이튼이란 사람이 이 기계를 개량하기는 했지만, 증 기나 찬물을 넣는 것을 줄과 작은 지렛대로 뚜껑이 자동으로 열렸다 닫 혔다 하는 장치로 수정하였을 뿐, 많은 석탄을 사용하는 것은 조금도 개 선하지 못하였다.

　　이때 글래스고대학 안에서 여러 가지 기구를 제조하고 수선하는 일 에 종사하고 있었던 제임스 와트가 대학에 장치되었던 뉴커먼의 증기 기관의 모형이 파손된 것을 수리하게 되었다. 와트는 이 모형의 내용을 자세히 조사하고는 "장치가 이렇게 만들어졌으니 많은 석탄을 사용하는 게 무리가 아니지."라며 혼잣말로 중얼거렸다. 이어서 그는 "이걸 내가 한번 개량해 봐야지."하고 증기기관의 연구를 굳게 결심했다. 그날부터 와트는 뉴커먼의 증기기관 개량에 열중하였으며 자나 깨나 이 생각에 여념이 없어 마치 기계에 미친 사람같이 보이기도 했다. 그는 뉴커먼 증기기관의 결점이 무엇인가를 알아내고 그것을 개량해야 했다. 마침내 뉴커먼 증기기관의 중요한 결점을 찾아냈다. 뉴커먼 증기기관은 피스톤이나 실린더를 가열하거나 냉각시키는 방식인데, 가열된 증기를 냉각시키기 위하여 실린더 속에 냉수를 넣어 안에 든 증기를 냉각시키는 방법을 사용하였다. 이때, 냉수는 증기를 냉각시키는 동시에 실린더도 냉각시켜 다시 실린더를 가열시키려면 그만큼 석탄의 낭비를 초래할 수밖에 없었다. 그래서, 와트는 이런 생각을 했다.

"만일 실린더를 냉각시키지 않아도 된다면 석탄은 절반도 안 들 것이다. 그러므로 실린더의 열을 그대로 보존시키면서 일할 수 있는 장치를 만들면 되겠다."

그는 이에 관한 연구에 전력을 쏟아 1765년에 이 계획을 성공시켰다. 그러나, 와트는 이것으로 만족하지 않고 더 개량할 것이 없을까 주의 깊이 생각해 보았다. 와트는 공기의 압력 대신에 증기의 압력을 사용한다면 더 효과적일 거로 생각하였다.

당시에는 공기의 압력을 얻는 장치가 발달하지 못하였기 때문에 압력의 세기는 일정한 상태에 있었다. 그러나 증기는 보일러만 잘 만들면 그 힘을 얼마든지 크게 할 수 있다. 이렇게 되면 사람이나 말의 힘은 물

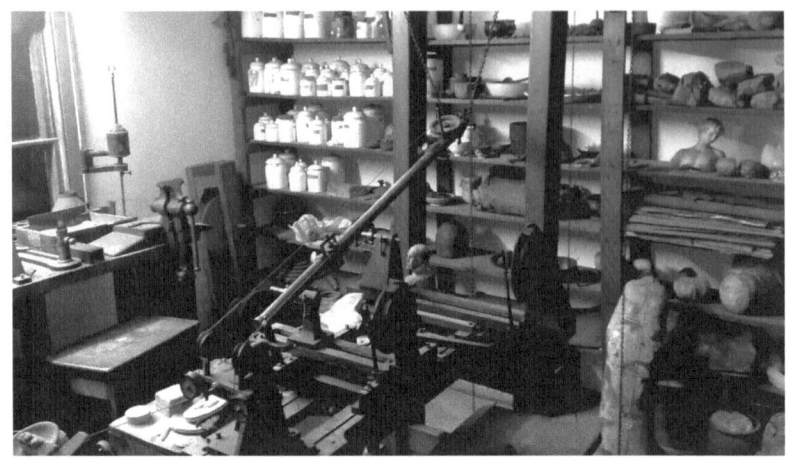

제임스 와트의 작업실

론 공기의 힘보다도 훨씬 센 기계를 만들 수 있다고 생각했다. 만일, 이러한 기계에서 나오는 힘을 사용한다면 광산의 양수펌프뿐만 아니라 헤아릴 수 없는 많은 기계를 움직이는 방법으로도 사용할 수 있을 것으로도 생각했다. 그러나 그가 구상한 기계를 만들어 시험해 보려면 대단히 많은 돈이 필요하였다.

어릴 때 아버지가 선박사업에 실패한 후, 와트는 계속 가난한 가정에서 자라오다가 어머니를 여의고 할머니 밑에서 사랑과 도움을 많이 받았으나 할머니마저 세상을 떠나 버렸다. 이렇게 불우한 가정환경에 있는 와트에게 누가 많은 돈을 빌려줄 리가 없었다. 와트는 더 이상 연구를 계속할 수 없게 된 자신을 슬퍼하며 우울한 나날을 보내고 있었다. 그러던 어느 날, 매튜 볼턴이라는 사업가가 와트의 새로운 증기기관에 관한 이야기를 듣고 와트를 찾아왔다. 그는 와트에게 말했다.

"와트 씨, 용기를 내시오. 당신의 발명이 성공한다면 세계 여러 나라의 모든 공장, 광산 및 기업가들이 대단히 기뻐할 것이오. 동시에 그들은 놀라운 힘을 가진 기계를 서로 다투어 가며 사려고 할 것입니다. 돈은 얼마든지 내가 댈 터이니 우리 공장에서 연구를 계속하시오."

와트는 기뻐서 어쩔 줄 몰랐고, 그다음 날부터 곧 볼턴 씨의 공장에 나가서 기계를 만들기 시작했다. 바로 그때 볼턴의 친구인 철 공업자 존 윌킨슨이 내면 굴착용 선반을 발명했었다(1774). 이 선반을 사용하면 완전한 원통형 실린더를 만들 수 있었다. 이러한 실린더를 만들 수 있다는 것이 와트의 야심에 더욱 큰 힘을 만들어 주었다. 그는 몇 번 실패했으나 낙심하지 않고 연구를 거듭하면서 다시 기계를 만들고, 만들었다가는 다시 뜯어 개량에 개량을 거듭한 결과, 1775년에 드디어 한 대의 훌륭한 기계를 만드는 데 성공했다. 이 기계는 오늘날 유명한 와트의 증기기관이다.

이해 3월 8일 블룸필드의 탄갱에서 처음으로 와트가 발명한 증기기관의 시운전이 있었다. 증기기관이 운전되기 시작하자 굴뚝에서는 검은 연기가 뿜어 오르고 피스톤이 실린더 속을 왔다 갔다 하기 시작했다. 그러자 탄갱의 지하수가 계속하여 파이프를 통해 지상에 쏟아져 나왔다. 구경하던 많은 사람들은 일시에 환성을 지르면서 박수로 와트의 놀라운 발명을 축하해 주었다.

당시, 강철산업의 발달로 철강을 녹이는 데 필요한 석탄의 수요량이 크게 늘어남에 따라 탄광은 지하로 점점 깊게 파고 들어갔다. 이 결과로 지하수가 많이 생겨 능률 있는 양수펌프의 출현이 절실히 요구되었는데, 이때 발명된 와트의 증기기관은 탄갱의 양수펌프로 큰 인기를 끌었다.

1782년에 회전기관을 발명하여 이것을 증기기관에 이용함으로써 와트의 증기기관은 만능 원동력이 되었다. 양수펌프에는 물론 기차나 선박의 동력으로 이용되어 기차와 기선이 발명되었고, 1787년에는 방직기의 동력으로 이용한 카트라이트의 역직기가 발명되어 영국 산업혁명의 계기를 만들었다.

와트는 두 번 결혼하였는데, 첫 번째는 1763년 그의 사촌인 마가렛 밀러와 결혼하였으나 10년 후에 부인이 사망하여, 네 아이의 홀아비가 되었다. 네 아이 중 둘은 어려서 죽고 나머지 남매 중 아들이 아버지의 사업을 계승하였다. 두 번째 결혼은 1775년 앤 맥그리거와 하여 이 부인에게서 또 두 아이가 태어났으나 모두 어려서 죽었다.

이처럼 와트는 발명에 열중하는 동안, 그의 고질병인 두통과 가난의 고통, 그리고 가정의 비운을 인내와 정신력으로 극복하여 성공에 이르렀다. 영국은 그의 공적을 영원히 기념하기 위하여 그의 기념비를 웨스트민스터 사원에 건립하였다.

전지의 발명

"여보게! 자네 이 물을 마셔보게."

독일의 과학자 줄처는 그의 동료 앞에서 은으로 만든 상을 내밀고 그 위에 납으로 만든 컵을 올려놓으며 컵에 물을 가득 부었다. 그의 동료 는 줄처가 시키는 대로 물을 한 모금 마시고 나서 "뭘, 아무렇지도 않은 데…"하면서 아무 일도 없다는 듯이 줄처를 쳐다보았다.

사실, 그 물은 보통 물이었으므로 다른 아무 물질도 섞여 있지 않았 다. 그러면 줄처는 왜 동료에게 컵의 물을 마시도록 권했을까?

"자, 그러면 이 컵을 상 위에서 치켜들지 말고, 오른손으로 은으로 만 든 이 상을 떠밀면서 물을 마셔 보게."

그의 동료는 다시 줄처가 시키는 대로 물을 마시려고 컵을 입에 대 었다.

"아! 참 이상한 맛이 나는 것 같은데 웬일일까? 혓바닥이 짜릿한데."

동료는 이상한 것을 느꼈다.

"정말 이상한데, 웬일일까?"

얼마 전, 줄처도 우연히 이런 현상을 발견하고는 이상하게 생각한 후, 혹시 잘못 느낀 것은 아닐까 하고 동료에게 똑같이 시켜본 것이다.

두 사람의 독일 과학자들이 이 기이한 현상을 발견하고는, 그 이유를 밝혀내려고 무척 애를 썼으나 그들의 힘으로는 불가능했다. 그 이유를 규명하려는 그들의 노력에도 불구하고 이것은 밝혀지지 못한 채 20년, 30년의 세월이 흘러갔다.

그러나 드디어 사실을 밝히려는 호기심과 인내심이 많은 과학들의 노력에 의하여 그 신비의 베일이 벗겨질 날이 찾아왔다.

1780년, 이탈리아의 볼로냐대학의 루이지 갈바니 교수의 실험실에서의 일이다. 갈바니 교수는 개구리를 해부하면서 이상한 것을 발견했다. 실험대 위에는 해부하여 머리나 몸뚱이가 잘린 개구리 다리가 놓여 있었다. 갈바니 교수의 주위에는 몇 명의 조수들이 긴장한 모습으로 서 있었다.

이들은 무엇을 실험하려고 개구리의 다리를 실험대 위에 올려놓았을까?

이보다 앞서, 대학에서 해부학을 가르치고 있던 갈바니의 조수 중 한 사람이 개구리를 해부했을 때, 칼이 개구리의 다리에 뻗은 신경에 닿자 갑자기 개구리의 다리가 오므라드는 것을 보았다. 이것은 전혀 예기치 않았던 일이었다.

웬일일까? 의아하게 생각한 그 조수는 칼을 대었다가는 떼고, 떼고는 다시 닿게 하는 일을 반복하면서 개구리의 다리가 오므라드는 것을 세밀하게 관찰하였다.

머리나 몸통을 전부 떼어버려 분명히 죽은 개구리의 다리가 저절로 움직인다는 사실은 도저히 알 수 없는 일이었다.

이런 우연한 발견이 있을 때, 같은 실험실 한쪽에서는 다른 조수 한 사람이 기전기를 써서 다른 실험을 하고 있었다. 그런데 자세히 조사해 보니 개구리의 다리가 오므라드는 것은 기전기의 불꽃이 튀는 순간과 일치하고 있었다.

두 조수로부터 이 실험 이야기를 들은 갈바니는 큰 흥미를 느끼고 자신이 직접 이 실험에 착수하였다.

실험대 위에 놓인 개구리 다리의 신경에 조수가 핀셋을 대고, 다른 조수는 그 옆에서 기전기를 돌렸다. 기전기에 연결 시켜 서로 맞서고 있는 두 개의 금속 막대기 사이에서 불꽃이 튀면 그때마다 죽은 개구리의 다리가 마치 살아난 것처럼 펄떡 오므라들면서 뛰었다. 갈바니는 이 실험을 묵묵히 지켜보고 있었다.

"죽은 개구리의 다리가 왜 움직일까?"

"정말 이상한 일도 있다. 왜 그렇게 되는 것일까?"

갈바니는 혼자 곰곰이 생각해 보고 다시 실험해 보았다. 그의 머릿속에는 언제나 죽은 개구리의 다리가 움직이는 일로 가득 차 있었다.

이보다 30년 전에, 미국의 위대한 정치가이면서 또한 뛰어난 과학자였던 벤자민 프랭클린은 그의 유명한 연 실험으로써 번개가 전기인 것을 밝혔는데, 갈바니는 이것을 상기했다. 이때 그의 머릿속에 번개처럼 스치는 것이 있었다.

"그렇지, 정말 그렇지."

갈바니의 생각은 계속되었다.

"죽은 개구리의 다리가 움직이는 것은 옆에 있는 전기 때문일 것이다."

"기전기의 전기 불꽃 때문에 움직이는 것이라면 번개에 의해서도 움직일 것이다."

이렇게 생각한 갈바니는 번갯불이 세차게 번쩍이는 비 오는 어느 날, 개구리의 다리를 가지고 실험하기 시작했다. 개구리의 상반신을 잘라버리고 하반신의 겉가죽을 벗기고 이것을 철책에 매달고는 발가락 끝에 철사를 메고 지면에 닿게 했다.

갈바니는 창문을 통해 개구리의 다리를 주시했다. 얼마 후, 번개가 번쩍이고 소나기가 세게 퍼붓자, 개구리의 다리가 살아 있는 것처럼 오므라드는 것을 똑똑히 볼 수 있었다.

"이런 방법을 사용하면 대기 중에서 방전이 일어나는지 아닌지를 알 수 있을 거야."

갈바니의 머릿속에는 이런 생각이 잠시 스쳐 지나갔다.

그의 실험은 계속되었다. 맑게 갠 어느 날, 갈바니는 번개 치던 그날과 똑같은 실험을 해볼 작정으로 개구리의 다리를 전처럼 울타리의 철책에 매달았다. 하지만 오랫동안 관찰해도 개구리의 다리가 움직이는 모양을 볼 수가 없었다. 갈바니는 오늘의 실험은 그만 두겠다는 생각으로 개구리의 다리를 잡으려고 했다. 개구리의 다리에 손이 닿아서 축 늘어져 있는 개구리의 다리 끝이 철책에 닿는 그 순간이었다. 지금까지 꼼짝 안 하던 그 다리가 갑자기 오므라드는 것이었다. 그렇지만 나란히 매달아 놓은 다른 개구리의 다리는 움직이지 않았기 때문에 갈바니는 대단히 놀랐다. 몇 번이고 되풀이하여 개구리의 다리를 철책에 부딪쳐 보니 역시 마찬가지로 오므라드는 것이었다.

며칠 전의 실험에서 개구리의 다리가 움직인 것은 공중의 방전 때문이 아니라는 것을 갈바니는 깨달았다. 이것은 확실히 다른 이유로 일어난다는 생각에 갈바니는 무척 흥분하면서 개구리의 다리를 손에 잡은 채 실험실로 뛰어 들어갔다. 갈바니는 한 장의 철판을 꺼내어 여기에 개구리의 다리 한쪽을 대고 척수를 끌어맨 주석으로 된 줄을 철판에 부딪쳐 보니 개구리의 다리가 움직였다.

그는 그 후로 학생들에게 강의한 뒤에 틈을 내어 매일 실험을 계속했다. 철판 대신에 유리나 다른 금속으로도 해보았다. 유리판과 주석판으로 했을 때는 개구리의 다리가 움직이지 않았으나 다른 금속을 사용하면 움직였다. 개구리의 다리에 은 막대기와 구리 막대기를 붙이고 두 막대기의 끝을 부딪치면 개구리의 다리가 오므라들어 전기가 흐르고 있음을 발견했다.

10년이란 오랜 세월을 두고 계속되었던 갈바니의 연구는 다음과 같은 결론을 얻었다. 어떤 것이라도 다른 두 종류의 금속을 연결하여, 한쪽을 개구리의 척수에 그리고 다른 한쪽을 다리에 이으면 개구리 다리의 근육이 오므라든다는 것이었다. 이것은 커다란 발견이었다.

"이것은 전기가 동물의 다리 속에서 일어나기 때문이다."

"개구리의 몸속에 본래부터 전기가 있음이 명백한 것이다."

갈바니는 스스로 이렇게 믿고서 이것에 동물전기라는 새로운 이름을 붙였다. 이것은 1791년의 일이었다. 갈바니의 개구리 실험 이야기는, 유럽의 여러 나라에 전해져서 많은 학자들의 관심을 집중시켰다.

이 실험에 커다란 흥미를 느낀 학자들은 개구리를 잡기만 하면 갈바니의 실험을 되풀이해 보았다. 그래서 모든 과학자들이 "두 종류의 금속이 있고 개구리만 있으면 누구든지 몸뚱이를 잘라버려 죽은 개구리의 다리가 움직이는 것을 한 번쯤은 실험했었다."라고 할 정도로 유명해졌다.

이 당시에 이탈리아의 대학에서 연구하고 있었던 알렉산드로 볼타도 이 개구리의 실험에 열중했던 사람 중 한 사람이었다. 이미 50세라는 많은 나이에도 불구하고 볼타는 갈바니의 실험에 감탄하여, 스스로 몇 번이고 이와 같은 실험을 거듭하던 중에 하나의 의문이 생기기 시작했다.

"개구리의 다리 속에서 정말 전기가 일어날 수 있을까?"

"아무리 생각해도 믿어지질 않는데."하고 의문을 가졌다.

갈바니는 전기가 동물의 몸속에서 일어난다고 말했지만, 이것을 명확히 증명하지 못했기 때문에 이러한 의문이 드는 것은 당연했다.

볼타는 "두 종류의 금속의 끝을 붙이고 다른 두 끝을 입에 넣고 혓바닥을 대면 짜릿하다."는 실험 이야기를 상기했다.

이것은 50년 전에 독일의 줄처가 발견한 것으로, 볼타는 개구리의 실험 중에 이것을 다시 생각해 본 것이다. 그는 이러한 생각 밑에 다음과 같은 실험을 계속했다.

다른 두 종류의 금속 막대기를 가지고 이것들을 붙이고 구부려서 한쪽 끝을 자기의 이마에, 다른 쪽 끝을 입속에 넣어 이에 부딪치자, 그 순간 눈에서 불꽃이 튀는 경험을 했다.

알렉산드로 볼타

이는 마치 뛰어가다가 이마를 벽에 세게 부딪쳤을 때 눈에서 불꽃이 튀어나오는 것과 같은 현상이라 느꼈다.

두 종류의 금속을 부딪치면서 이것을 아주 민감한 검전기에 대보면 검전기가 열리는 것을 보고서, 전기가 동물의 몸속에서 일어나는 것이 아니라 두 종류의 금속을 충돌시킬 때 생기는 것이라는 볼타의 확신은 점점 굳어지게 되었다.

볼타는 이와 같은 그의 확신을 더 굳게 할 실험을 계속했다. 그는 기전기로 일으킨 전기로 개구리의 실험을 비롯한 여러 실험을 반복해 보고, 두 종류의 금속으로 실험했던 것과 똑같음을 깨닫게 되었다.

이리하여 갈바니가 개구리의 다리에 관한 실험 및 연구 결과를 발표하여 유럽을 위시해서 세계 각국에 큰 영향을 미친 지 2년 만인 1793년에, 볼타는 다음과 같은 그의 연구를 발표했다.

"동물의 몸속에서 전기가 일어난다는 갈바니의 생각은 잘못된 것이다. 두 종류의 금속을 부딪치면 전기가 일어나는 것이다."라고 했다.

볼타의 연구는 여기에 멈추지 않고, 구리와 아연으로 만든 판과 소금물에 적신 헝겊을 차곡차곡 쌓아 만든 '볼타의 기둥'이라 불리는 새로운 전지를 고안해 냈다. 이 볼타의 기둥은 두껍게 쌓아 만든 구리와 아연의 판을 많이 사용할수록 강한 전기가 생긴다. 그래서 전기 수효를 너무 많이 하면 구리와 아연의 무게 때문에 그 사이에 끼어 있는 헝겊에서 소금물이 흘러나온다는 결점이 있었다.

볼타는 이 문제를 해결하기 위해 '컵의 왕관'이라는 전지를 만들어 이를 개량했다. 개량된 전지는 여러 개의 컵에 소금물을 붓고, 각각 구리판과 아연판을 담근 뒤, 철사로 차례차례 연결하여 완성한 것이다.

이 전지는 후에 다시 개량되어 소금물 대신에 묽은 황산을 사용하게 되었다.

라이덴병과 같은 축전기에 꼭 담아둔 전기도 그 양극에 도체를 연결하면 순간적으로 방전하는데, 이런 기전기에서 일으킨 전기가 가지는 결점을 볼타의 전지에서는 찾아볼 수 없었다. 볼타의 전지에서는 그 양끝을 도체로 연결하면 전지의 작용이 없어질 때까지 전기가 계속 흐르는 장점이 있었다.

이리하여 볼타가 새로운 전지를 발명함으로써 기전기로 전기를 일으키지 않아도 '계속하여 흐르는 전기' 즉, '전류'를 얻을 수 있게 되었다. 또 이러한 연구 결과로 전기의 연구를 본격적으로 시도하는 계기가 마련되었다.

볼타의 전지가 처음으로 학회에 발표된 것은 1800년으로, 이때 이탈리아는 프랑스 나폴레옹의 지배 하에 있었는데, 볼타는 나폴레옹으로부터 특별히 초대받아 파리로 가게 되었다. 볼타는 파리에 가서 나폴레옹을 비롯하여 프랑스의 저명한 학자들 앞에서 전지를 만들어서 여러 가지 흥미 있는 실험을 직접 선보였다.

앞에서도 설명한 바와 같이, 볼타전지의 발명은 과학사에서 찬란한 전기의 시대라고 일컬어지는 19세기의 전기 문명의 빛나는 막을 올리는 시발점이 되었다.

발전기의 발명

자기로 전기를 일으킨다는 것은 매우 놀라운 사실로서, 패러데이가 죽은 후 많은 학자들은 서로 다투어 자석으로부터 다량의 전기를 만들려고 무척 노력하고 있었다.

발전기를 최초로 만드는 데 성공한 사람은 기계 만드는 일에 종사하고 있었던 프랑스의 픽시라는 사람이었다.

픽시가 만든 발전기는 감아놓은 코일 앞에서 말발굽 자석을 손으로 돌리게 하는 장치로 만들어졌다. 그러나 이러한 장치로서는 자석이 반회전 할 때마다 반대 방향의 전류가 코일에 흐르는 결점이 있었으므로, 직류를 얻기 위해서는 정류자가 필요하게 되어 후에 정류자가 발명되었다.

픽시의 발전기는 실용성과는 너무도 거리가 먼 것이었으며, 이것을 여러 가지로 개량해 보았으나 역시 약한 전류밖에 얻을 수 없었다.

당시, 패러데이의 스승인 데이비는 아크등을 발명하였는데, 이 아크를 조명에 사용하기 위해서는 강한 전류가 필요했다. 하지만 전지를 전원으로 사용하는 이 꿈은 실현될 가망이 전혀 없었다.

이즈음 독일의 유명한 목사 베르너 지멘스는 이러한 시대적 요망을 달성할 연구에 착수하기 시작했다. 이보다 앞서 지멘스는 더욱 튼튼하게 커버할 수 있는 물질을 발명하여 인도, 유럽 간에 총연장이 무려 1만 km에 달하는 해저전선을 성공적으로 만들었을 뿐 아니라, 모스의 발신기도 개량하는 등 유럽 등지에 그 이름이 널리 알려졌다. 그는 발신 사업을 목적으로 한 지멘스 회사를 설립하고 회사 운영과 발명 사업에 전력을 다함으로써 큰 성공을 거두고 있었다.

이리하여 지멘스는 부와 명성을 모두 얻었으나, 이에 만족하지 않았다. 그는 그때까지 발명되었던 발전기를 여러 방향으로 관찰한 후, 어느 것이나 모두 실용성이 없음을 알게 되었다. 발전기를 더 크게 만들어도 보았으나 많은 전기를 얻을 수 있는 것은 하나도 없었다.

"음! 기어이 내가 만들어 볼 테다."

지멘스는 이같이 결심하고 자신만만하게 연구를 시작하였다.

앞에서도 말한 바와 같이, 두 자석 사이에 코일을 감아 돌리면 코일 속에 전기가 흐르는 것은 이미 발명가들이 고안한 것이다. 하지만 이러한 발전기에서는 약한 전류가 흐를 뿐이었고 지멘스 자신도 실험을 되풀이하면서 더 많은 전기를 얻을 수 있는 발전기의 발명을 모색하고 있었으나, 쉬운 일은 아니었다.

처음에 그의 실험은 한 걸음도 진보하지 못하였는데 어느 날 지멘스는 영국의 와일드라는 사람이 자석 대신에 전자석으로 발전기를 만들었다는 뉴스를 듣고 "참! 재미있는 발전기로군. 정말 신통하게 만들었어."라며 감탄하였다. 그는 이 와일드의 발전기를 열심히 관찰하고 조사하였다. 지멘스는 이 발전기를 샅샅이 보는 가운데 무엇을 생각하였는지 "꼭 실용적인 발전기가 만들어질 것 같군."이라면서 기뻐했다. 지멘스는 이때 무엇을 생각하였을까? 그의 머리에는 다음과 같은 질서정연한 착상이 떠올랐다. 전자석의 철심(철의 중심) 속에는 전류를 끊어버린 후에도 반드시 약간의 자기가 남아 있을 것이다. 그 정도의 자기가 있으면 코일을 돌리기만 하는 것으로도 약간의 전기는 생기기 마련이다. 이 전기를 전자석에 다시 보내면 전자석의 전기는 더욱 강해지고 이에 따라 코일의 전기도 많아질 것이다.

이처럼 전기와 자기를 서로 강하게 할 수 있도록 되풀이하면, 전자석도 점점 강해질 것이고 코일에 생기는 전류도 강하게 될 것이다. 결국 밖에서 전류를 전혀 보내지 않아도 강한 전류를 얻어 이것을 실용화할 수 있을 것이다.

이것이 지멘스의 착상이었다. 이러한 생각이 머리에 떠오르자, 지멘스는 잠시도 머뭇거리지 않고 새로운 발전기의 설계에 착수하였다. 설계도가 완성되자 지멘스는 직공장인 뮐러에게로 뛰어갔다.

"직공장! 대단히 급한 일이오. 다른 일들은 일단 중지해도 괜찮으니 이 기계를 빨리 만드시오."

이렇게 흥분한 어조로 말하면서 지멘스는 뮐러에게 새로운 발전기의 설계도를 주었다. 직공장이 그것을 보니 전자석의 철심에서 코일에 이르기까지 이제껏 만들어 본 일이 없는 새로운 것이므로, 전부 다시 만들지 않으면 안 되었다. 이 직공장은 난처한 표정으로 말했다.

"사장님! 이건 아무래도 시일이 오래 걸릴 것 같습니다."

지멘스는 "어쨌든 빨리 만들라는 말이오. 알겠소? 가능한 한 하루속히 만드시오!"하고 남의 사정은 알 필요도 없다는 듯이 한마디 던지고 곧장 자기의 연구실로 바삐 되돌아갔다.

직공장 뮐러는 대발명가인 사장 지멘스의 재능을 충분히 알고 있었으므로 이번에도 위대한 발명을 하나보다 생각하고는 밤을 새우면서 설계대로 기계를 만들기에 전력하였다.

이리하여 며칠 후, 드디어 발전기가 만들어지게 되었다. 그러나 직공장 뮐러는 불안하고 초조할 뿐이었다. 며칠 동안에 급히 서둘러서 제작한 기계이다 보니 제대로 움직일 것인지 도무지 자신이 서지 않았던 것이다.

드디어 사장 지멘스가 한 명의 조수를 앞장세우고 공장에 들어왔다. 지멘스는 직공장 뮐러가 당황하면서 인사하는 것에는 별로 관심을 두지 않은 채 들어오자마자 제작하여 놓은 기계를 살펴보더니 "자, 전자기의 전기를 끊으시오."라며 근엄한 음성으로 뮐러에게 명령하였다.

뮐러는 아직도 자신을 갖지 못하고 결과가 신통치 않으면 어떻게 하나 주저하면서 사장의 명령대로 전지와 전자석을 연결하여 놓은 전선을 끊었다.

다음 나사를 틀자, 순간『붕』하고 코일은 소리를 내면서 돌기 시작하였으나 잠시 후에 번쩍하고 푸른 빛을 발산하더니 계량기가 그만 타버렸다. "앗!" 직공장 뮐러는 창백한 얼굴로 무의식중에 소리를 질렀다. 틀

초기 발전기

림없이 기계를 잘못 만들었기 때문에 일어난 사고로 생각한 뮐러는 지멘스로부터 꾸중 들을 것을 걱정하고 있었다.

그러나, 화를 낼 줄만 알았던 지멘스는 경탄과 감격 어린 어조로 말했다.

"여보게 뮐러! 수고가 많았소. 대성공이오. 자, 이제부터 눈부신 전기의 시대가 시작되는 거요!"

직공장은 어리둥절할 수밖에 없었다. 지멘스는 이 말을 듣고 놀라서 어쩔 줄 모르는 뮐러를 뒤에 남겨놓고 그대로 바쁜 걸음으로 공장을 나왔다. 지멘스는 마음속으로 무한히 기뻤다. 계량기가 타도록 전기가 발생한 것이다.

사실 지멘스가 고안한 이 발전기는 많은 전기를 일시에 만들었기 때문에 계량기가 타버렸다. 지멘스는 그의 착상을 근거로 더욱 연구를 거듭하여 드디어 실용적인 발전기를 발명하게 된 것이다.

이것은 픽시가 처음으로 발전기를 만든 지 40여 년이 지난 1866년 12월의 일이었다. 지멘스의 발전기에 의해서 강한 전류를 얻을 수 있게 되었으나, 이때 생긴 전류는 큰 진동이 있는 전류로서 실제로 이용하는 데 불편한 점이 있었다.

그 후, 영국의 그레엄이라는 전기기술자가 지멘스의 발전기를 개량하여 동일한 전기를 얻을 수 있는 발전기를 만들었다.

지멘스의 예측은 적중하여 마침내 전기 시대가 어김없이 오게 되었다. 발전기가 발명되자 석탄을 연료로 하여 증기기관으로 발전기를 돌리고 아크등을 사용하던 극장이나 식당에 전기를 판매하는 회사가 설립되었다. 한편 전구를 발명한 미국의 토머스 에디슨은 지멘스가 발전기를 발명한 지 15년 후인 1882년에 세계 최초의 발전소를 뉴욕에 건설하여 전기를 보내기 시작하였다. 이 발전소에는 1,300개의 전구에 불을 켤 수 있는 6개의 큰 발전기가 설비되어 있었다.

디젤 엔진의 발명

남부 독일의 뮌헨공과대학의 한 교실에서는 전과 다름없이 세계적으로 널리 알려진 대물리학자 린데 교수가 증기기관에 관한 강의를 하고 있었다. 때는 1877년이며 여기에는 장래 위대한 기술자를 꿈꾸고 있는 학생들이 린데 교수의 강의를 열심히 듣고 있었다. 린데 교수는 1765년, 제임스 와트에 의해 발명되었고 그 후 여러 사람에 의해서 개량된 증기기관의 원리와 이 발명이 산업에 커다란 영향을 준 사실에 대하여 설명을 계속했다.

"증기기관은 참으로 훌륭한 엔진입니다. 그러나, 여러분들은 이 증기기관에 아직도 많은 결점이 있다는 점을 명심해야 합니다."

"여러분들이 알기 쉽게 말하자면, 만일 증기기관이 석탄을 태울 때 생기는 열량을 100%라고 할 때, 그 가운데서 7~10% 정도의 열량만이 실제 이용됩니다. 즉, 나머지 93% 내지 90%라는 많은 열은 다른 데 소비되어 없어져 버리는 것입니다."

학생들은 더욱 큰 호기심을 가지고 린데 교수의 설명에 열중하였다.

"그뿐만이 아닙니다. 증기기관에는 증기를 만드는 큰 솥이 달려 있어 필요 이상으로 부피가 큽니다. 그리고 아까도 말했습니다만, 연료의 열량의 불과 10% 미만을 이용하는 비경제성을 가지고 있습니다. 이러한 단점을 앞으로 반드시 개량해야 합니다."

이렇게 수업이 끝났다. 학생들은 교실을 나오면서 저마다 한마디씩 중얼거렸다.

"지금까지 증기기관을 마치 구세주에 의해 인류에게 보내진 선물처럼 떠들썩하더니 큰 선물은 아니군."

"이제 증기기관은 쓸모없는 기계야."

"정말 증기기관은 고물이 됐어, 내일부터는 새로운 엔진에 관한 이야기를 해야지. 고물에 관한 이야기를 해서야 되겠나?"

이렇게 이야기하는 학생들 틈에는 루돌프 디젤이라는 학생이 있었다. 디젤은 "새로운 엔진에 관한 이야기"라는 말에 큰 호기심과 인상을 받았다. 그리고 린데 교수의 강의가 언제나 생생하게 남아, 증기기관에 대한 생각이 머리에서 떠나지 않았다.

"새로운 엔진! 증기기관보다 더 좋은 새로운 엔진이란 어떤 것일까?"

이렇게 디젤에게는 새로운 엔진의 꿈으로 가득 차 있었다. 디젤은 이러한 꿈을 안은 채 드디어 뮌헨공과대학을 우수한 성적으로 졸업했다.

당시, 린데 교수는 세계 최초의 제빙 공장을 파리에 만들고 그곳에서 연구하게 되었는데, 그는 디젤이 졸업한 후 파리의 제빙 공장에서 같이 일하기를 요청했다. 디젤은 매우 고맙게 생각하고 곧 파리의 제빙 공장에 가서 부지런히 일을 하였다. 그는 제도실에서 여러 가지 기계를 설계하고 증기기관의 고장을 수리할 기회도 가졌다. 그리고 제빙 기계의 운전을 직접 지휘도 하면서 매우 바쁜 나날을 보냈다.

이 제빙 공장에서 얼음을 만드는 방법은 매우 새로운 것이었으며 여기서는 압축 암모니아를 사용하였다. 암모니아를 기계로 압축하여 액체로 만들고 이것이 기화할 때 열을 빼앗는 현상을 이용하여 물을 얼게 하는 것이었다.

디젤은 공장에서 그렇게 바쁜 생활을 하면서도 대학생 시절부터 생각한 새로운 엔진에 대한 꿈을 버리지 않았다. 그래서 디젤은 이 공장에 언제나 붙어 있을 수 없어, 곧 그 공장에서 나왔다.

그는 처음에 수증기 대신에 암모니아를 사용하는 엔진을 만들 수 없을까 곰곰이 생각하였다. 그러나 뜻대로 되지 않았다. 디젤은 다음에 가열된 공기를 사용하는 방법을 생각하였다. 그런데 공기를 가열할 때도 증기를 만들 때처럼 큰 솥이 필요하였다. 따라서 이것도 신통한 방법이라 생각되지 않아 디젤은 다음과 같이 생각하였다.

"솥에서 데운 공기 대신에 실린더 속에 공기를 밀어 넣어 압축시키고 그 속에서 연료를 태우면 어떻게 될까?"

디젤의 이러한 착상은 정말 뛰어난 것이었다. 이와 같은 장치를 만들면 정말 증기기관처럼 큰 솥이 필요하지 않을 것이고, 연료의 열도 그렇게 낭비되지 않을 것이라고 생각했다. 이렇게 하면 오랫동안의 꿈을 실현할 수 있을지 모른다고 기뻐했다. 스스로 훌륭한 생각이라 믿어져 기쁨으로 가슴은 부풀어 올랐다.

1891년의 가을, 디젤은 그의 어머니에게 보내는 편지 속에서 다음과 같이 말하였다.

"어머니, 이제 겨우 오래전부터 생각하던 것이 확실한 착상으로 떠올랐습니다. 12년이라는 오랜 세월 동안 생각해 오던 꿈이 이제 실현될 것 같습니다. 반드시 새로운 엔진의 발명이 성공될 것입니다……."

사랑하는 아들로부터 이러한 희망에 찬 편지를 받아 읽은 디젤 어머니의 기쁨은 비할 바 없었다. 이제 디젤에게 남은 것은 자기의 착상을 실제 만들어 보는 일이었다. 디젤은 그의 착상을 원조해 줄 후원자를 찾았다. 의외로 많은 독지가가 나섰는데, 그 가운데는 독일에서 가장 규모가 큰 기계 공장을 가지고 있는 만(MAN) 회사의 사장이 디젤의 착상을 자기네 공장에서 만들겠다고 제의했다. 또한 크루프라는 독일에서 가장 큰 제철회사에서도 디젤을 돕겠다고 했다. 디젤은 큰 용기를 얻고 새로운 엔진을 만드는 연구에 전심전력을 기울였다. 이리하여 1892년 2월에 새로운 엔진을 완성하였다.

이 새로운 엔진은 연료로 석탄 대신에 석유를 사용하였다. 그리고 실린더에 들어간 공기는 압축됨에 따라 저절로 온도가 높아졌고 여기에 석유를 안개처럼 뿜어 넣었다. 석유는 맹렬히 연소하며 피스톤을 움직였고 이러한 작용이 되풀이되면서 엔진이 빙빙 돌았다. 디젤은 매우 신이 났다. 빙빙 도는 것이 정말 통쾌하게 느껴졌다.

"석유를 더 넣으시오. 더욱더 많이."

디젤은 독촉하며 소리쳤다. 그 순간 쾅! 하고 엔진이 폭발하였다.

1906년에 제작된 단기통 디젤 엔진

신기하게 구경하고 있던 많은 사람들이 그만 놀라서 뿔뿔이 도망쳤다. 공장의 노동자들이나 회사의 당사자들은 실패하였다고 크게 실망하였다. 그러나 디젤의 얼굴에는 조금도 실망의 빛이 없었으며, 오히려 자신 있는 표정으로 폭발의 이유를 다음과 같이 설명하였다.

"이제 본 바와 같이, 공기를 넣어 압축하면 석유가 타는 것을 알았으니, 매우 큰 성과입니다. 지금 폭발한 것은 공기를 너무 압축하였기 때문이며, 이번에 공기를 적당히 압축하면 아무 일도 없을 것입니다. 이것은 절대로 실패한 것이 아닙니다. 조금도 놀랄 것 없습니다. 다시 보십시오."

디젤은 회사의 당사자들과 이것을 구경한 사람들을 안심시키고, 다시 엔진을 만들어 실험했다. 디젤이 말한 대로 아무런 사고도 없이 완전히 성공한 것은 1897년 세 번째로 만든 엔진이었다. 이 세 번째의 엔진은 18마력을 냈으며 압축공기는 34기압으로 대기압의 34배에 해당하는 압력이었다. 이때 공기의 온도는 540도까지 올라가서 안개처럼 뿜어넣은 석유를 쉽게 연소시킬 수 있었다.

그리고 석유가 연소하여 생긴 열량의 26% 정도를 이용하였는데, 이것은 증기기관보다 열효율이 3배에 가까운 것이 된다. 이렇게 디젤이 만든 새로운 엔진은 74%에 해당하는 석유의 열을 낭비했지만, 증기기관보다는 훨씬 많은 열을 이용하였고, 또 증기기관보다 매우 간편하다는 장점을 가지고 있었다.

디젤의 새로운 엔진은 그의 이름을 영원히 기념하기 위해서 디젤 엔진이라고 부르기로 했으며, 디젤 엔진은 공장은 물론 기차나 선박의 동력기관으로 널리 사용되었다.

전화기의 발명

알렉산더 그레이엄 벨은 영국의 에든버러대학에서 공부한 뒤에 런던 대학에 갔다. 그는 이 대학에서 30년 전에 훌륭한 전신기를 만든 바 있는 저명한 학자 휘트스톤 선생 밑에서 전기와 전신에 관한 공부를 했다.

당시에 에든버러대학의 교수로 있었던 벨의 아버지는, 틈을 내어 불우한 청각장애인 소년·소녀들을 모아 가르쳤다. 말 못 하는 어린이들에게 알파벳을 발음할 때의 입 모양을 세심하게 가르치는 일이란 아주 힘들었다. 청각장애인 어린이들은 그저 묵묵히 흑판에 쓴 문자와 선생의 입이 움직이는 모양을 조용히 앉아서 보고만 있을 뿐이었다.

아버지는 집에 돌아와서 가끔 아들 벨에게 청각장애인 학교의 이야기를 들려주곤 했다.

"언어장애인 아이들은 정말 불쌍하다. 그리고 그들을 가르치는 일이란 대단히 어려운 일이야."

이러한 아버지의 말에 벨은 언제나 깊은 관심을 기울이고 귀담아 들었다.

"그런데 말이야. 입을 벌리는 모양을 익혀서 약간 말할 수 있게 된 어린이들이 몇 명 있는데, 난생처음 말할 수 있게 될 때 눈물을 흘리면서 기뻐한단다."

입의 모양으로 이야기를 전하는 방법을 가르친 아버지의 뜻대로 간혹 이야기할 수 있게 된 어린이들의 천진난만한 모습을 벨의 아버지는 이와 같이 설명했다.

이런 아버지 밑에서 자란 벨은, 런던대학을 졸업하자마자 아버지와 함께 캐나다에 갔다. 그 후 미국 여러 도시를 순회하면서 자기 아버지가 창안한 새로운 생리학적인 기록으로 청각장애인의 교육 방법을 강연했다.

1872년, 보스턴에 음성생리학을 가르치는 학교가 창설되자 벨은 이 학교의 선생으로 있으면서 청각장애인들을 교육함은 물론 말더듬이들이 가진 언어 능력의 결함 등을 고쳐주었다.

벨은 그 이듬해에 보스턴대학의 교수가 된 후에도 언어장애인 학교에 계속 나아가서 불쌍한 어린이들을 가르쳤다.

"사람의 말소리는 평소에는 별다르게 느껴지지 않지만, 언어장애인들이 말을 하기 위해 애쓰는 모습을 보고 있으면, 사람에게서 소리가 나오게 되는 기묘함과 소리의 신기함에 감탄하게 된다."고 하면서 벨은 음성의 연구에 몰두했다.

그는 고무로 사람의 목구멍 비슷한 모형을 만들어서 바람을 불어 넣는 장치를 이용해서, 공기를 고무 목구멍에 보내어 사람의 음성이 나오는 상태를 여러모로 관찰했다. 또한 벨은, 죽은 사람의 고막을 구해서 이 고막에 짚으로 만든 젓가락 한쪽 끝을 대고, 다른 한쪽 끝은 주석 가루를 바른 유리판 위에 놓았다. 그 다음에 귀 바로 옆에서 노래를 부르면 고막이 울려서 유리판 위의 주석 가루에 떨리는 곡선을 그리는 실험도 했다.

이렇게 벨의 음성에 관한 연구는 아버지에게서 들은 언어장애인의 교육에 관한 참고 사항과 그 자신이 실제 체험한 여러 가지 결과를 토대로 하여 한 걸음씩 전진하고 있었다.

그러나 당시에는 이미 모스가 발명한 전신기가 많은 사람들의 관심을 끌었다. 더욱이 벨이 아버지를 따라 캐나다로 간 그해에는 대서양을 횡단하여 유럽과 미국을 연결하는 해저전선의 역사적인 가설이 이룩되었다.

이와 같이 대서양을 건너 멀리 미국에까지 전신을 보낼 수 있었으나, 사람의 음성을 직접 전할 수 있는 것은 아니었고 말을 부호로 바꾸어 보내는 것이었다. 그러므로 부호를 이해하지 못하는 사람은 사용할 수 없다는 결점이 있었다.

벨은 여러 실험을 통해서 음성에 관한 연구를 계속하는 동안, 이런 부족한 점을 해결하기 위해 남다른 관심을 기울였다.

"부호를 사용하지 않고 사람의 음성을 그대로 전기로 보낼 수는 없을까?"하는 것이었다.

당시의 많은 학자들도, 이의 필요성을 깨닫고 사람의 음성을 전기로 보내는 방법을 알아내려고 다방면으로 연구했으나 아무도 이에 성공하지 못하였다.

벨은 아파트의 지붕 밑 방과 지하실을 빌려 실험실을 만들고 왓슨이라는 젊은 조수와 함께 이의 연구에 착수했다. 여러 가지 기계를 만들어 실험해 보았으나 항상 실패만 거듭했지만, 벨은 실망하거나 단념하지 않았다.

어느 무더운 여름날, 평상시와 다름없이 벨은 공기가 잘 통하지 않고 어두침침한 좁은 지하실에서 전신에 땀이 흘러내리는 것도 아랑곳하지 않고 열심히 기계를 만지며 일했다. 그런데 이상한 일이 일어났다. 기계에서 사람의 소리 같은 것이 가늘게 들려오는 것 같

알렉산더 그레이엄 벨

았다. 그 순간 벨은, "이건 웬 일일까?"하고 놀라면서 일손을 멈추고 귀를 가까이 대고 들어보았다. 여전히 들려왔다. 벨은 그대로 벌떡 일어나서 계단을 뛰어 지붕 밑까지 올라갔다. 거기에는 조수 왓슨 역시 기계를 만지고 있었다.

"왓슨, 그 기계를 보여 주게. 들렸어, 틀림없이 자네 말소리가 들렸어."

벨은 왓슨이 만지고 있던 기계를 자세히 보고는 다시 지하실에 내려와서 다시 한 번 실험했다. 역시 틀림없이 또 들렸다. 즉, 말소리가 들린 것이다. 그러나 그 소리는 너무나 약하고 떨려서 기계에 귀를 아무리 가까이 대어도 무슨 말을 하는지는 알 수 없었다. 이에 용기를 얻고 벨은 그의 조수 왓슨을 격려하면서 연구를 계속했다.

음성이 귀에 미치는 영향에 관해서 상당한 지식을 가지고 있었던 벨이지만 그의 앞에는 많은 고난이 가로놓였다. 보스턴대학에서 학생들에게 강의하는 일까지도 포기하고 연구에만 전념하는 벨을, 많은 사람들이 비웃었다. 가까운 친지들까지도 벨의 연구를 터무니없는 것이라 생각했다.

"공연히 쓸데없는 고생을 도맡아 하고 있는 거지."

"아주 상식에서 벗어난 미친 장난이야."

이러한 말이 들리는가 하면 "전선으로 말하려는 미친 사람이지."라고 비웃고 경멸하기도 했다.

그러나 이러한 비웃음과 조롱 속에서도 벨과 왓슨은 굳은 신념과 용기를 가지고 밤에는 수면도 충분히 취하지 않고 연구했다.

그해 여름이 가고 가을, 겨울이 지나 천지에 파릇파릇한 새싹이 움트고 생기가 도는 새봄이 찾아왔다. 세월이 흐르는 계절의 변화에도 무관심하면서 벨은 지붕 밑 방에서 그리고 왓슨은 지하실에서 실험을 계속했다.

"왓슨, 이리로 올라오게."

벨의 목소리에 왓슨은 황급히 일손을 멈추고 방안을 둘러보았다. 지하실에는 자기 이외에 아무도 없었다. 벨의 모습이 보일 리가 없었다.

"왓슨, 일이 있으니 올라오라니까"

어리둥절한 왓슨은 정신을 차리고 웬일인가 하고 살펴보니, 자기 손에 쥐어 있는 수화기 속에서 들려오는 가느다랗지만 분명한 벨의 목소리였다. 왓슨은 급히 수화기를 책상 위에 놓고 지붕 밑 방에 있는 벨에게로 뛰어올라갔다.

"선생님 들렸습니다! 선생님의 말소리가 너무나 분명히 들렸습니다!"

벨은 왓슨과 함께 교대로 지붕 밑 방과 지하실을 오르내리면서 실험했다.

"됐어. 이제 됐어, 자네 고생을 많이 했네. 왓슨!"

벨은 왓슨의 손을 굳게 잡으면서 그동안의 노고를 위로했다. 1876년 3월 16일의 일이었다. 두 사람은 어린애들처럼 방안에서 서로 껴안고 춤을 추듯 기뻐하며 어쩔 줄 몰랐다.

벨과 왓슨이 만든 전화기는, 쇠로 만든 못에 코일을 감고 그 앞에 얇은 철판을 놓은 간단한 장치였다. 발신기의 철판이 진동하면 자석에 변화가 생기고, 이에 따라 코일을 통해서 수신기에 이어진 회로의 전류 세기에 변화가 생기도록 만들어져 있었다. 또한, 이와는 반대로 수신기에는 진동에 의해 사람의 음성이 들려올 수 있도록 되어 있었다.

처음에는 장난감처럼 유치한 것이었으나 벨과 왓슨은 이의 개량에 노력하여 두 달 후에 개최되었던 미국 독립 백 년 기념제의 전람회에 출품하여 커다란 관심을 모으고 호평을 받았다. 영국의 유명한 과학자로서 전람회의 심사위원으로 위촉되어 미국에 왔던 톰슨경도 수화기를 귀에 대고 감탄하면서 "잘 들린다. 내가 미국에 와서 본 것 중에서 제일 훌륭한 발명품이다."라고 격찬을 아끼지 않았다.

벨의 전화기는 그 후 이에 흥미를 느낀 토머스 에디슨이 더 멀리에서도 들을 수 있도록 개량했다.

전신기의 발명

때는 1832년 12월, 프랑스에서 대서양을 횡단하여 미국으로 가는 사리호라는 배에서 일어난 일이었다.

사리호는 우편물을 운반하는 동시에 여객도 함께 태우고 다니는 정기 여객선이었으며, 배 안에 있던 여객들은 잡담으로 이야기의 꽃을 피우고 있었다. 그런데, 그중에서 찰스 잭슨이라는 미국 의사가 파리에서 구경한 전기 실험에 관한 이야기를 하고 있을 때, 그 주위에 앉아 있던 여객들은 이 신기한 이야기에 귀를 기울이고 열심히 듣고 있었다.

잭슨은 전기에 관한 이야기를 계속하면서 프랑스에서 선물로 가지고 간다는 하나의 전자석을 트렁크에서 꺼냈다.

"이것은 영국의 윌리엄 스타전이라는 사람이 7년 전에 발명한 전자석이란 것인데, 여기에 전류를 통하면 자석으로 변해서 철이 붙게 됩니다."하고 실제 실험해 보였다.

그의 설명은 계속되었다.

"이 전자석은 여러분들이 아시는 철가루를 끌어당기는 보통 자석과 꼭 같은 것입니다."

그의 설명을 듣고 또한 실험을 보고 있던 여객들은 커다란 호기심과 흥미를 표시하면서 "전류는 얼마나 빠른 속도로 흐릅니까?"라고 질문하는 사람도 있었다.

이와 같은 질문에 잭슨은 "전류는 아무리 긴 철사라도 눈 깜짝할 사이에 흘러갑니다."라고 대답을 했다.

그러나 대부분의 여객들은 잭슨의 이러한 대답에 그 이상의 질문을 하려고 하는 사람이 없었다. 그저 흥미 있는 것이라고 생각하고 잭슨의 말을 믿을 뿐이었다.

그런데 여객들 틈에서 잭슨의 설명을 말없이 열심히 듣고 있던 새뮤얼 모스라는 청년은, 무언가 심각하게 생각하고 있었다. 모스는 파리에서 그림 공부를 하던 이름 없는 화가로 지금 미국으로 돌아가는 중이었다.

그는 잭슨이 보여주는 전자석을 자세히 보고, 그의 설명을 열심히 듣고 있던 중, 갑자기 떠오르는 생각이 있었다.

"그처럼 빠른 전류를 이용하여 통신하는 기계를 만들 수는 없을까?"

모스의 생각은 계속되었다.

"전기의 흐름을 도중에서 눈으로 볼 수 있는 것으로 바꾸면 될 텐데, 정말 그렇게만 된다면 아무리 먼 곳에라도 일순간에 통신할 수 있게 될 것이다."

화가인 모스의 머리에 불현듯 떠오른 이러한 생각이 위대한 발명을 가능하게 한 시발점이 되었다는 것은 모스 자신은 물론, 모든 여객들도 예측하지 못했을 것이다. 모스는 어쩐지 자기의 생각을 빨리 연구하고 싶어졌다.

　그는 선실의 한 모퉁이에서 전신기의 설계에 착수하여, 전신기에 필요한 여러 기계의 설계도를 그려 보았다. 사리호가 계속 항해하는 가운데 모스의 설계도 작성이 점차 구체화되어 갔으며, 배가 미국 서해안에 가까워질 무렵에는 모스의 전신기에 관한 고안이 완성되었다.

　사리호가 미국의 어느 항구에 기항했을 때 모스는 선장에게 다음과 같은 작별 인사를 했다.

　"선장님, 당신은 가까운 장래에 세계를 깜짝 놀라게 할 전신기의 발명을 틀림없이 들으시게 될 것입니다."

　선장은 무슨 뜻의 이야기인지 깨닫지 못한 채, 그저 어리둥절한 표정이었다. 모스는 말을 계속했다.

　"선장님, 그때는 그 발명이 바로 이 사리호 속에서 이루어졌다는 것을 상기하십시오."

　사리호의 선장은 이해할 수 없는 모스의 이러한 이야기를 대꾸도 하지 않고 들었다.

　모스는 미국에 돌아온 지 오래되었는데도 전신기를 만들지 못했다. 모스에게는 전신기에 관한 연구를 계속할만한 돈도 없었을 뿐 아니라, 그에게 이러한 연구를 뒷받침할 전기에 관한 충분한 지식도 없었기 때문이다.

　그러나 사리호 안에서 설계한 전신기에 관한 모스의 관심을 이대로 포기할 수는 없었다. 모스는 뉴욕대학의 교수로 있으면서 학생들에게 그림이나 조각을 가르치는 한편, 틈 있는 대로 이 연구를 계속했다. 그러나 연구를 계속할수록 전기의 기초 지식이 없기 때문에 모스는 여러 가지 어려운 문제에 부딪히게 되어 연구는 뜻대로 진행되지 않았다.

모스는 구리줄에 목면 실을 감아 입혀서 절연된 도선을 스스로 만들었고, 전기까지 손수 만들었다. 더구나 대장간에서 말발굽에 붙이는 쇠를 사와서 말발굽형의 자석도 만들었다.

모스가 이처럼 전신기의 연구에 몰두하고 있었던 당시에 모스의 어려움을 해결해 주고 그의 연구에 많은 조언과 도움을 준 학자는 같은 대학의 화학 교수로 있었던 게일이었다. 게일 교수는 전지를 만드는 방법이라든가, 전자석에 대한 여러 가지 지식을 모스에게 가르쳐 주면서 모스의 연구를 격려했다.

당시에 미국에서는 프린스턴대학의 헨리 교수가 전자석으로 전신기를 만들어 대학 캠퍼스 안에서 신호를 보내는데 성공했다. 하지만, 이 전신기는 그 신호를 실용화할 수 있을 만큼 먼 곳까지 보내어질 수는 없다. 헨리로부터 전자석에 관해서 배운 일이 있는 게일 교수가, 모스의 연구에 커다란 도움을 주었음은 이러한 사실로 미루어서도 쉽게 짐작할 수 있는 일이었다.

모스는 가난에 허덕이면서도 약간의 돈이라도 손에 들어오면 이 돈을 절약해 가면서 연구비에 충당했다. 그리하여 모스의 노력은 드디어 열매를 맺게 되었다.

그리하여 워싱턴에서 전신기를 실험하는 날이 다가왔다. 모스는 그

모스 전신기

가 발명한 전신기 앞에 긴장한 표정으로 앉아 있었고, 많은 사람들이 이 새로운 발명의 실험을 구경하려고 모여들었다.

1884년 5월 24일, 지금으로부터 120여 년 전의 일이다.

"신은 무엇을 만들어 내었느냐?"라는 말이 '따! 따따! 따! 따따!'의 신호로 수도 워싱턴에서 64km나 떨어져 있는 볼티모어의 벗들에게 발송되었다. 이것이 모스의 신호였다.

한편, 볼티모어의 벗들에게서도 워싱턴에서와 똑같은 신호가 보내져 왔다. 전신기 주위에는 많은 사람들이 모여 있었다. 워싱턴에서 보낸 모스의 송신은 이들이 둘러앉은 기계에 점과 선의 부호를 종이테이프 위에 써 내려가고 있었다. 볼티모어의 벗들은 다시 똑같은 말을 모스에게 보냄으로써 통신은 잠시 동안에 끝났다.

모스 자신뿐만 아니라, 주위의 모든 사람들은 감격하여 환성을 질렀다.

그 후, 모스는 전류를 다시 강하게 하여 아무리 먼 곳까지라도 전류를 보내는 방법을 고안해냈다.

한 화가의 끊임없는 연구는 전신기를 발명하여, 먼 거리에서도 빠른 속도로 통신할 수 있는 전기통신 시대를 이루게 했다.

무선전신의 발명

　때는 1886년, 12세의 어린 소년이었던 마르코니는 그 당시 유명한 과학자 리기 교수의 실험실에서 일하고 있었다.

　소년인 마르코니는 리기 교수가 손에 잡고 있는 쇠고리를 크게 놀란 눈으로 보고 있었다. 그 쇠고리의 양쪽에는 금속으로 만든 구가 붙어 있고 그 사이는 약간 떨어져 있었는데, 두 금속 구 사이에서 푸른 전지의 불꽃이 반짝반짝 튀고 있었다. 이와 동시에 1m 떨어진 곳에서 리기 교수가 쥐고 있는 쇠고리에 붙은 구 사이에서도 작은 불꽃이 튀는 것을 보았다.

　"이것이 어찌된 일입니까? 선생님,"하고 마르코니는 눈을 휘둥그레 뜨며 물었다.

　"저것 보세요. 책상 위의 구 사이에서 불꽃이 튀면 왜 선생님이 붙잡고 있는 쇠고리 사이에서도 불꽃이 튑니까? 선생님, 꼭 요술을 부리는 것 같아요."

　마르코니는 너무도 신기해서 자꾸 물었으나 리기 교수는 그저 미소만 짓고 바라보다가 "마르코니, 그렇게 신기해할 거 없어. 이제 내가 설명해 주지, 자 이리와 앉아."하고 리기 교수가 먼저 자리에 앉으면서 설명하기 시작했다.

"전기의 불꽃이 튈 때는 언제나 그 고리의 주위에서 전파라는 것이 나오는 거야. 이러한 전파가 있다는 것은 벌써 20년 전에 영국의 맥스웰이라는 물리학자가 발견했었지. 지금 네가 본 건 이미 독일의 헤르츠라는 물리학자가 실험한 건데, 지금 내가 다시 실험해 본 것에 지나지 않는단다. 놀랄 것 없어, 알았지? 마르코니."하고 리기 교수가 말했다. 마르코니는 그래도 알 수 없다는 듯이 머리를 갸우뚱거리며 "전파?"하고 입속에서 되새겼다. 참으로 신기한 현상이라 생각했다. 그 전파의 현상은 영원히 잊을 수 없는 인상을 주어 마르코니의 머릿속에 깊이 새겨졌다.

이로부터 수년이 지나 20세가 된 청년 마르코니는, 그 요술 같은 전파를 더욱 연구하여 어떻게든 이용해 보겠다는 결심을 하였다. 그리하여 매일 같이 그는 전파에 대하여 생각하기 시작했다.

"미국의 모스가 전신기를 발명한 지 벌써 60년이 지났는데, 전선 없이 신호를 보낼 수 있다면 얼마나 편리할까? 이러한 신호로 전파를 이용할 수 없을까?"하고 생각했다. 그러나 곧, "이러한 생각은 아마 누군가 연구하고 있을지도 몰라."하고 염려했다. 그래서 그는 조사해 보았다. 그 결과, 아무도 이러한 연구를 하는 사람이 없음을 알았고 이 문제를 자신이 꼭 연구하겠다는 결심을 했다. 그리하여 볼로냐 시내에서 멀리 떨어진 별장의 곡식 창고를 실험실로 꾸미고 여기에서 연구를 시작했다.

옛날 리기 교수가 실험한 헤르츠의 실험에서 전파가 나간 거리가 약

굴리엘모 마르코니

1m였다. 그러므로 전파가 더 멀리 보내질 수 있는 방법을 연구하면 되는 것이었다.

마르코니는 불꽃이 튀는 금속구에 철사를 붙여서 한 개는 공중에, 다른 한 개는 지면에 박으면 전파가 더 멀리 갈 수 있을 거라 생각했다. 이러한 생각을 실험해 보기 위하여, 마르코니는 이미 말한 바와 같이 만든 전파의 발신기를 창고의 창 밑에 놓고 이 전파를 받는 수신기를 마당 끝에 놓았다. 그리고 철사에 안테나를 연결한 것을 나뭇가지에 드리우고 전파를 받으면 전기를 통하는 작용을 할 수 있는 장치를 수신기에 붙였다. 그리하여 발신기에 전기의 불꽃을 튀기면 수신기에 전파가 전해지는 것을 알게 되었다. 그러나 전파가 먼 곳까지 가지 않는다면 아무 소용도 없었다. 마르코니는 이 문제를 어떻게 하면 해결할 수 있을까 끈기 있게 연구를 계속했다. 그 결과, 마르코니는 공중에 내어놓은 철사를 높이 할수록, 또 안테나를 크게 할수록 전파가 더 멀리 간다는 사실을 발견했다.

마르코니는 마을 청년을 조수로 하여 이 발견을 구체적으로 실험해 보기로 했다. 그리하여 수백 m 떨어진 마을 언덕 위에 수신기를 옮겨

놓고 조수에게 "자네, 저쪽 수신기 있는 곳에 가서 수신기가 '딱, 딱…' 하는 소리를 내면 손수건을 흔드는 거야, 알겠지?"하고 조수를 보낸 다음, 마르코니는 자기의 실험실로 돌아왔다. 곧 창고 속에 장치한 발신기의 스위치를 누른 마르코니는 언덕 위에 서 있는 조수의 거동을 주의 깊게 보았다. 그러자 조수의 손수건이 번쩍 올라가는 것이 아닌가! 이것은 자신의 생각이 옳았음을 더욱 확실히 믿게 해주었다. 마르코니는 여기서 만족하지 않고 골짜기에서도 실험을 해보기로 했다. 수신기를 산골짜기에 옮겨 놓고 조수에게 총을 주면서 만일 전과 같이 수신기에서 '딱, 딱…' 소리가 나면 총을 쏘아서 신호하라 했다. 마르코니가 예상한대로 발신기의 스위치를 누르자 조수의 총소리가 들렸다. 그의 기쁨은 이루 말할 수 없었다. 이제 모든 것은 성공한 것이다.

마르코니는 곧 이 새롭고 놀라운 발명에 대한 특허를 이탈리아 정부에 신청했다. 그러나 정부의 관리들은 물론 다른 사람들도 그의 발명이 터무니없는 거짓말이라고 믿지 않았고, 그가 하는 실험도 보려고 하지 않았다. 마르코니는 그의 무선전신이 이처럼 이탈리아 정부에서 무시당한 사실에 대하여 커다란 실망과 분노를 느꼈다. 그리하여 1896년, 어머니와 함께 어머니의 고국인 영국으로 건너갔다.

마르코니는 영국의 소르스페리라는 벌판에서 최초의 공개 실험을 실시했다. 수많은 사람들이 직접 구경하는 앞에서, 3km 떨어진 두 곳에 무선전신을 보냈더니 마르코니의 말대로 무선신호가 통하는 것을 실험했다.

영국 정부는 곧 마르코니에게 특허를 주는 것을 지체하지 않았을 뿐 아니라, 이제부터의 그의 연구를 적극적으로 후원해 줄 것을 약속했다.

이리하여, 마르코니는 1897년 5월에 프리스틀 해안에서 13km나 떨어져 있는 작은 섬 사이에서 두 차례의 실험을 하여 역시 성공하였다. 마르코니는 영국 정부에 대서양을 사이에 둔 유럽과 미국의 무선전신 실험을 하겠다는 신청을 하여 곧 허락을 받았다. 1900년 10월부터 이 역사적인 실험에 대한 준비가 시작되었다. 대서양을 바라보는 콘월주에 높이 60m 되는 전신주를 20개 세우고, 그 위에 안테나를 가설한 거대한 발신소를 건설하였다. 한편, 캐나다 뉴펀들랜드섬의 언덕 위에 세워진 수신소는 만족할 만한 높이의 안테나가 아니었기 때문에, 연에 철사를 매달아 공중에 날려 안테나 대신으로 사용하였다. 이렇게 모든 준비를 완료하고 마르코니는 발신소에서 일하는 사람들에게 매일 저녁 정해진 시간에 짧은 신호를 세 번씩 계속하여 보내 주기를 부탁하고, 11월경에 영국을 떠나 캐나다로 갔다. 1900년 12월 6일의 밤, 바람도 알맞게 불어 안테나에 맨 연도 밤하늘에 높이 올라갔다. 약속했던 시간이 다가와서 마르코니는 수신기에 귀를 대고 초조한 마음으로 신호가 오기를 기다렸다. 아무 소리도 들리지 않아 혹시 기계에 고장이라도 나지 않았을까 염려했다. 자세히 조사해 보았으나 잘못된 곳은 아무 데도 없었다. 밤 12시 30분경 되었을 때였다. '딱딱딱, 딱딱딱…'. 틀림없이 수신기에서 이러한 소리가 들려 왔다. 마르코니는 수신기에 귀를 더욱 바짝 댔다. 여전히 똑같은 소리가 들렸다. 마르코니는 곧 조수를 불렀다. 조수로 하여금 수신기를 듣게 했다. 그리고 조수의 표정을 열심히 바라보았다. 그러자 "선생님, 들립니다. 분명히 들려옵니다. 그 신호 소리가……."라고 감격에 넘친 조수가 말했다. 마르코니는 "틀림없지, 내게도 분명히 들렸어. 혹시 내 귀가 잘못된 것은 아닌가 했지!"하고 기쁨에 어쩔 줄 몰랐다.

수신소의 여러 사람들도 모두 기쁨에 넘쳐 서로 얼싸안고 뛰었다. 그리고 영국의 발신소에 전보를 쳐서 이 성공을 빨리 알리자고 독촉했다. 그러나 마르코니는 빨리 알리는 것이 중요한 것이 아니고 더욱 확실하게 확인하는 것이 중요하다고 생각했다. 이 세상에 너무나도 신기한 자기 발명을 믿지 않으려 하는 사람이 많았기 때문이었다. 그래서 수신소의 사람들에게 1주일 동안 대서양을 건너오는 신호를 듣게 하고 계속 확인했다.

그리하여 12월 14일, 마르코니는 비로소 무선전신의 대서양 횡단 성공에 대한 역사적인 발표를 하였다.

1초 동안에 2억 m나 전달되는 전파를 통신 등에 이용하게 한 새로운 무선통신 시대가 이렇게 해서 개막된 것이다. 그리고 마르코니의 무선전신 발명이 성공한 지 4년 후, 영국의 플레밍이 진공관을 발명하고, 1907년에 미국의 리 드 포레스트가 이 진공관을 개량하였다. 이러한 발명들은 오늘날의 라디오 문명시대, 그리고 텔레비전 시대를 약속해 주었다.

나일론의 발명

    1896년, 미국 아이오와주의 벌링턴에서 태어난 캐러더스의 아버지는 상업학교의 선생으로 있었다.

    넉넉하지 못한 가정에서 태어난 캐러더스는 스스로 학비를 마련하여 대학을 졸업했다. 그는 비상한 두뇌를 가졌기 때문에 대학 시절 성적이 매우 뛰어났으며, 전공으로 공부한 화학에 대한 지식도 놀랄 만했다.

    대학을 졸업한 캐러더스는 일리노이대학의 교수가 되었으며, 하버드대학에서 화학을 가르치게 되었다. 불과 33세의 청년 과학자 캐러더스는 화학에 관한 깊은 지식을 가지고 있었으며, 이 시기에 벌써 깊은 연구를 거듭하여 많은 연구 발표도 하였다.

    어느 날, 하버드대학의 젊은 화학교수 캐러더스에게 그의 은사이며 역시 이 대학에서 강의하고 있던 제임스 비코넌트 박사가 다음과 같이 이야기했다.

    "캐러더스군, 자네 듀폰 회사의 연구소에 들어가서 연구해 볼 생각은 없는가?"

    듀폰 회사는 미국에서는 물론 세계에서도 가장 큰 화학공업 회사의 하나였다.

그러나 캐러더스는 노교수의 이러한 상의에 갑자기 대답할 수가 없었다. 회사에 들어가면 영리와 관련된 연구만을 하기 마련이어서, 참다운 학문을 위한 연구가 불가능하리라 걱정되었기 때문이었다. 그는 신중히 생각한 뒤에 "선생님, 그 회사에서도 지금 진행 중인 저의 연구를 계속할 수 있을까요?"하고 조심스럽게 질문을 했다.

"계속할 수 있고말고! 아마 이 대학보다 더 충분한 설비를 갖추고 있는 듀폰 회사의 연구소가 자네의 연구를 계속하는 데 훨씬 커다란 도움이 될 걸세."라고 적극 권유하였다.

당시 하버드대학의 형편상, 연구다운 연구를 위해 충분한 비용을 교수들에게 주지 못했다.

캐러더스는 이 말에 용기와 희망을 얻고 듀폰 회사에 들어가서 기초연구부장이라는 중요한 자리에 앉게 되었는데, 이때 그의 나이는 33세였다.

세계 제일을 다투는 대화학공업 회사의 연구부장으로서 손색이 없는 젊은 화학자 캐러더스의 연구 활동은 이 회사의 실험실에서 계속되었으며, 후에 세상을 놀라게 한 발명도 여기에서 이룩되었다.

그런데, 당시 세계의 화학자들 사이에는 고무를 고무나무에서 얻지 않고 화학적 방법으로 합성하려는 연구가 추진되고 있었다. 벌써 이 시기에는 자동차나 비행기가 놀라운 속도로 발달해 있었고 여기에 사용될 타이어를 위해서는 많은 고무가 필요했다. 또한 유선통신 및 전기산업의 발달로 많은 전선을 사용하게 되어, 이에 따라 필요한 고무도 증가하고 있었다.

즉, 고무의 수요량은 점점 급증하는 현실에 있었는데, 세계 제일의 고무 산지였던 말레이시아의 고무나무에서 얻는 원료로는 이를 충당할 수가 없었다.

더욱이 이러한 고무나무는 아무 곳에서나 재배할 수 있는 것이 아니므로 고무 원료의 가격은 아주 비쌌다. 그래서 천연고무 원료를 직접 얻을 수 없는 국가에서는 화학적 방법에 의한 인조고무 제조에 전력을 기울였다.

캐러더스가 듀폰 회사의 연구부장으로 취임했던 시기, 이 회사에 근무하고 있던 다른 화학자들도 이러한 현실적인 요구에 발맞춰 인조고무의 연구를 계속하고 있었다.

캐러더스 역시 인조고무 연구에 본격적으로 착수하여, 1년 이내의 단기간에 석탄을 공기를 통하지 않고 가열하여 얻은 콜타르로 훌륭한 인조고무를 만드는 데 성공했다. 이 고무는 천연고무보다도 품질이 더 우수했고 다량으로 생산할 수 있었기 때문에 세계의 많은 화학자들을 놀라게 했다.

캐러더스는 이 빛나는 성공에 뒤이어 새로운 연구에 몰두하기 시작했다. 이번에는 옷감을 식물이나 동물에서 얻지 않고 직접 실험실에서 화학적으로 만들어 보겠다는 의도로 끊임없이 연구를 계속했다.

이 시기에 이미 유능한 화학자들은 레이온이라 부르는 인조견사를

만들었다. 레이온은 사실상 비단
보다 좋은 점이 있었는데, 이것은
목재 또는 솜에 포함되어 있는 섬
유소 즉, 셀룰로스로부터 만들어
졌다.

인조견사는 이러한 식물 섬유
를 화학약품에 용해해 끈끈한 액
체를 만든 다음, 이것을 가는 구멍
으로 눌러 내보내서 특별한 약품
을 녹인 용액 속으로 넣어 만든다.
이것이 굳어져 비단 올과 비슷한

윌리스 캐러더스

올이 되며 비단보다 더 질긴 것이 된다. 그런데 이것은 물에 젖었을 때
탄력이 없어져서 약해지는 결점도 가졌다. 그러나 옷감으로 많이 사용
되었고, 또 물을 많이 흡수하지 않는 것을 만들어 유익하게 쓰일 수 있도
록 점점 개량되었다.

그러나 식물에서 얻는 인조견사와는 다르게, 화학적으로 합성하여
품질이 더 좋고 저렴하면서 다량으로 만들 필요를 느낀 캐러더스는, 면
직물이나 견직물의 섬유가 어떠한 모양으로 되어 있는가를 연구하여 합
성섬유의 제조에 힘썼다.

셀룰로스를 화학적으로 만드는 일은 상당히 어려운 일이었으나, 캐
러더스는 듀폰 회사의 연구실에서 그의 공동 연구자들과 함께 열심히

일했다.

지금으로부터 약 50년 전인 1932년 어느 여름날의 일이었다. 연구부장 캐러더스를 비롯한 화학자들은 즐비하게 세워 놓은 약품과 실험기구를 만지면서 평상시와 마찬가지로 실험에만 열중하고 있었다. 그때, 캐러더스의 한 제자가 끈적끈적한 액체의 약품 속에서 유리 막대기를 넣었다 빼보니 그 유리 막대기에 묻은 액체가 실처럼 늘어나는 것이 아닌가?

"선생님, 실이 생겼습니다."

그 제자는 이렇게 환호성을 지르고 눈을 반짝이면서 그 가는 실이 달린 유리 막대기를 가지고 캐러더스 곁으로 뛰어와서 막대기를 내밀었다.

"아주 질긴 실입니다."

제자는 흥분한 어조로 이렇게 말을 계속했다.

그것은 거미줄처럼 가늘었으나 캐러더스가 세게 잡아당겨도 끊어지지 않을 정도로 질겼다. 그러나 이것은 옷감을 짜는 실로서는 적합하지 않았다. 그 이유는, 실을 세게 잡아당겨도 잘 끊어지지 않는다는 점에서는 견사보다 더 질겼지만, 약한 열에는 녹는 성질이 있었기 때문이다.

캐러더스는 이런 성공에 힘을 얻어, 질기면서 열에도 잘 견디는 실을 만들 수 있으리라는 확신을 가지고 깊은 연구를 했다.

듀폰 회사의 운영자들은 이 연구를 위해 많은 연구비를 계속 지원해 주었고 캐러더스가 요구하는 대로 약품이며 실험기구 등을 사주었다. 더욱이, 많은 유능한 화학자들을 특별히 채용하여 캐러더스의 조수로 일하게 하는 등 그의 연구를 격려하고 지원했다.

그는 섬유가 되는 것을 모두 실로 만들어서 실험했다. 이와 같은 연구와 실험은 그 후 3년 동안 계속되었고, 마침내 견사보다 더 질기면서 열에 의해서도 녹지 않고 강한, 좋은 성질의 섬유를 만드는 데 성공했다.

이러한 섬유에서 뽑은 실에 나일론이라는 이름이 붙여졌다. 그러나 다량으로 생산하기에는 아직도 개량할 점이 많았으므로 그들의 연구는 계속되었다. 그런데, 불행하게도 나일론으로 만든 제품이 세상에 나와 빛을 보기도 전인 1937년 4월 29일에 캐러더스는 세상을 떠나고 말았다.

오랜 시일에 걸쳐 연구한 나일론 제품의 꿈은, 캐러더스가 사망한 이듬해인 1939년 9월에 실용 단계에 들어가게 되었다. 이때부터 식물이나 동물에서 얻는 것이 아닌, 화학적으로 실험실에서 인간의 힘으로 합성하는 방법으로, 또 섬유 나일론으로 만든 구두창을 대량생산하게 되었다.

듀폰 회사의 제품인 나일론제 구두창은 세상 사람들을 놀라게 했다.

석탄을 건류하여 얻은 석탄산과 그리고 물을 전기 분해하여 얻은 수소와 공기 속의 질소를 합성하여 얻은 암모니아 등과 작용시켜 만든 나일론 제품은, 듀폰 회사의 선전대로 획기적인 발명이었다. 나일론에는 굉장히 많은 종류가 있지만 모두 석탄, 소금, 천연가스, 공기 그리고 물과 같이 흔한 것으로 만들어져 쉽게 구할 수 있으면서 값싼 물질로부터 얻을 수 있는 뛰어난 발명이었다.

오늘날 우리들은 모자에서 양말에 이르기까지 많은 일용품에 나일론제를 사용하고 있는데, 이것은 모두 캐러더스의 피나는 연구와 실험의 결과로 얻어진 것이다.

　뛰어난 화학자 캐러더스는 그가 발명한 나일론이 실제 제품으로 다량 생산되는 것을 보지 못한 채 세상을 떠났지만, 다른 모든 과학자들처럼 나일론과 더불어 그의 이름은 길이 빛날 것이다.

카메라의 발명

　노을이 짙어지는 석양, 수풀 저쪽에는 황혼이 깃들고 산봉우리 위의 구름이 붉게 타오르는 모양을 마냥 쳐다보는 한 화가가 있었다.

　"아! 얼마나 아름다운 저녁노을인가! 저 경치를 그려야지."

　화가 다게르는 바삐 종이를 펼치고 카메라 오브스쿠라를 맞추어 놓고 그림을 그리기 시작했다.

　이 카메라 오브스쿠라는 400년 전에 만들어진 것으로서, 여기에 비친 경치나 사람들을 보면서 그리면 균형이 잘 잡혀져서 그림 그리기에 아주 적합했기 때문에 많은 화가들이 사용하고 있었다.

　다게르는 부지런히 그림을 그렸지만, 노을이 점점 붉게 타오르더니 곧이어 어둠이 깔리기 시작하여 얼마 후에는 그 아름다운 경치가 보이지 않게 되었다. 심지어 가까운 거리의 앞도 잘 보이지 않게 되자, 다게르는 못내 아쉬워하면서 그림 도구를 거두고 "아이참, 내일 저녁때까지 기다려야 한다니……."라고 말하면서 집으로 돌아왔다.

　다게르는 프랑스 파리에서 극장 무대의 배경을 그리는 전속 화가였다.

　"아까 그 경치를 그려서 꼭 무대의 배경으로 해야겠는데 어떻게 할까?"

이렇게 난처한 표정을 지으면서 "이제 공연 일자도 닷새 밖에 남지 않았는데 이대로 그리다가는 안 되겠는걸."이라며 중얼거리면서 생각을 계속했다.

"이 카메라 오브스쿠라에 비쳤던 경치를 그대로 보존할 수 있다면 얼마나 편리할까?"

그날 밤, 다게르는 극장에서 집으로 돌아오는 길에 안경점을 경영하는 친구 집에 들렸다.

"여보게 슈바리에 군! 자네 무얼 좀 가르쳐주지 않겠나?"

"아는 것이라면 뭐 여부가 있겠나? 그런데 이 둔한 두뇌로서야 아는 게 있어야지."

친구는 이렇게 말했다.

"농담이 아니야. 사실은 말이야, 카메라 오브스쿠라에 비친 경치를 그대로 남겨둘 수 없을까? 자네가 알면 가르쳐 주게."

"자네가 묻는 질문은 언제나 그렇게 어려운 문제뿐이야. 그걸 어떻게 알 수 있겠나?"

친구의 말에 다게르는 신중한 표정으로, "그 멋지고 아름다운 황혼의 풍경을 그리다가 어두워져서 더 이상 그리지 못하게 되니 딱하지 않나? 내일 계속해서 그린다 해도 또 다 못 그리게 될 걸. 이렇게 며칠을 보내야 하니 참 딱하지 않겠나?"라고 말했다.

"만일 그와 같은 것을 만들 수 있다면 참 멋있을 거야. 아, 그런데 샬롱쉬르손이라는 곳에 니엡스라는 사람이 살고 있는데 그분이 이런 것을 연구하고 있다고 들었어."

이 말을 들은 다게르는 갑자기 용기가 났다.

"어디에 살고 있는지 어서 빨리 주소를 가르쳐 주게."

집에 돌아온 다게르는 그날 밤 니엡스라는 사람에게 편지를 썼다. 며칠 후, 니엡스로부터 친절한 화답이 왔고 뒤이어 그들은 서로 만나게 되었다.

루이 다게르

이리하여 두 사람은 지금으로 부터 약 150년 전에 공동 연구에 착수했으며, 이것이 사진 연구의 시초가 된다.

니엡스가 전에 혼자서 고안한 방법은 금속판에 아스팔트라는 물질을 바른 뒤, 그것을 카메라 오브스쿠라에 넣어두는 것이었다. 약 8시간이 지나 금속판을 꺼내 보면, 바깥 풍경이 그대로 나타나 있었다.

그러나 이러한 방법은 8시간 동안이나 금속판을 카메라 오브스쿠라 속에 넣어 두고 밖의 경치를 비치게 해야 했다. 만약 해가 기울어지고 바람이라도 부는 날이면, 나뭇가지나 풀들이 흔들리게 되어 판에 비친 그림은 엉망진창이 되어버린다. 더구나 나타난 그림도 분명치 않고 희미하여 잘 분별할 수가 없게 된다.

다게르와 니엡스는 금속판에 적당한 약을 칠하면 더 선명한 그림을 얻을 수 있을 것이라고 생각하여, 그 약을 만드는 일에 착수했다.

이 약품은 빛을 쪼이면 색깔이 변하기 쉬운 물질로 만드는 것이 좋다고 생각했다. 그러나 이러한 성질을 가진 물질을 찾아낸다는 것은 그리 쉬운 일이 아니었다.

두 사람이 밤낮을 가리지 않고 금속판에 칠을 할 수 있는 새로운 물질을 알아내려고 연구를 거듭하는 동안, 10년이란 세월이 흘렀다. 그동안 니엡스는 사망하고 다게르는 혼자 힘으로 연구를 계속했다.

어느 날, 다게르는 카메라 오브스쿠라에 잠깐 동안 넣은 금속판을 끄집어내어 서랍 속에 넣고 밖에 나갔다가 돌아와서 꺼내 보고는 깜짝 놀랐다. 금속판에는 밖의 경치가 분명하게 나타나 있었던 것이다. 그는 이렇게 된 원인을 조사하려고 서랍 속을 뒤져 보니 그 안에 수은이 있었다. 그는 이를 정확히 확인하기 위해 여러 가지 실험을 했다. 그 결과, 요오드화은을 바른 금속판을 카메라 오브스쿠라 속에 넣고 빛을 비친 다음, 수은 증기를 보내면 이때 경치가 뚜렷하게 나타난다는 것을 발견했다.

마침내 요오드화은이라는 물질을 찾아냈고, 이것을 금속판에 바르고 카메라 오브스쿠라 속에 빛을 비치면 비교적 뚜렷하게 그림자가 나타나는 것을 알게 된 것이다.

이리하여 금속판을 카메라 오브스쿠라에 넣고 8시간이나 빛을 비치던 것이 겨우 20분으로 충분하게 되었다.

다게르가 이와 같은 발명에 성공한 것은 1839년의 일로서, 카메라 연구를 시작한 지 15년 만이었다. 사진으로 경치를 옮기는 다게르의 연구 결과는 여러 나라에 전해져 많은 사람들로부터 칭찬을 받았고 큰 관심거리가 되었다. 특히 동판에 요오드화은을 칠한 감광판을 사용해서 찍은 사진은 모든 사람들에게 불가사의한 매력을 느끼게 했다.

그런데, 다게르의 사진은 20분 동안이나 빛을 비춰야 하므로 밖의 경치를 찍을 때 바람이 불면 안 됐다. 또한 사람을 찍을 때도 20분 동안이나 서 있게 되어 지루했고, 그 사이 몇 번이고 눈을 깜박거리게 되어 눈을 감은 사진이 만들어지는 등 여러 가지 결함이 있었다. 따라서 카메라 오브스쿠라에 더 많은 빛을 모을 수 있는 좋은 렌즈를 만드는 한편 약간의 빛에 의해서도 잘 변하는 약품의 연구도 계속해야 했다.

이러한 가운데 1841년, 영국의 언어학자이자 과학자인 헨리 폭스 탤벗이 음화지를 발명하여 이것으로 영화를 얻을 수 있게 되었다. 그리고 1851년 영국의 조각가인 프레더릭 스콧 아처가 면화약을 에테르에 녹인 다음 콜로디온을 칠한 유리판 음화(습판)를 반영하였는데, 이 음화는 명암이 매우 선명하여 균형이 잡힌 음화를 만들 수 있게 되었다. 이 습판 사진은 널리 이용되어, 초기의 정물 사진, 초상화, 야외 풍경 사진도 촬영할 수 있었고, 신문의 보도사진도 찍었다.

그런데 습판법은 여러 가지 결점을 갖고 있었다. 습판에서는 유리에 유약을 칠하여 습판을 만드는데, 유약이 건조하기 전에 촬영을 끝내고 그것을 즉시 현상, 정착, 세척, 건조하는 처리를 해야 했다. 그렇게 때문에 아무나 어디어서든지 사진을 찍을 수 없었고, 특히 야외에서 촬영할 때는 유리판과 필요한 약품류 외에 휴대용 암실도 가져야 했다. 더욱이 습판법은 매우 복잡해서 아무나 간단히 처리할 수 없고 숙련된 기술이 필요했다.

이러한 단점을 개선한 것이 1871년, 영국의 의사 리처드 리치 매덕스에 의한 건판의 발명이었다. 이것을 이용하여 일반 사람들도 손쉽게 사진을 찍을 수 있게 고안하여 기업화한 사람이 조지 이스트먼이었다. 1885년, 그는 롤필름(두루마리 필름)을 개발하여 1888년, 그 엄청난 부피의 사진기 세트로부터 사람들을 해방시켰을 뿐 아니라, 사진에 관한 특수 기술이나 지식이 없는 사람들도 사진 촬영을 할 수 있는 코닥 카메라를 만들어 일반인에게 판매하였다.

카메라에는 100장의 스냅을 찍을 수 있는 롤필름이 들어있었다. 카메라를 구입하여 100장의 촬영이 끝나면, 10달러를 첨부해서 카메라를 그대로 뉴욕주 로체스터에 있는 이스트먼 회사에 돌려보낸다. 그러면 회사가 필름을 현상·인화한 다음 새로운 필름을 넣어서 소유자에게 다시 되돌려 보내는 방식이었다.

"당신은 단추만 누르시고 나머지는 저희 회사가 하여 드립니다."하는 이스트먼의 선전처럼 모든 것을 독점하고 장사하는 형식이었다. 이렇게 하여 미국의 코닥 재벌이 이루어졌다.

이스트먼이 처음에 사진기에 관심을 가진 것은, 은행원으로 재직 중이던 24세 때 산토도밍고의 여행이 계기가 되었다. 이때 동료가 여행 사진 기록을 만들고자 권유해서 이 제의를 받아들였으나 복잡한 습판 사진법을 배워야만 했다. 1시간당 5달러짜리 훈련을 받고, 캠프 세트만큼 큰 사진기 세트를 짊어지고 여행길을 떠났다. 이때의 괴로운 경험을 통해 간단한 사진기를 내 손으로 만들 결심을 했다.

우선, 그는 매덕스가 발명한 건판을 축소 개량하여 1879년에 특허를 얻었고, 이 특허권을 팔아서 다시 연구에 열중하였다. 1884년에는 무거운 유리판 대신에 종이를 사용한 종이 네가티브를 개발하고, 다시 이듬해에 그것을 젤라틴 에멀전 층을 종이로 떠받치는 필름으로 개량하였다. 이 필름은 현상 후 젤라틴층이 종이에서 벗겨져서 깨끗한 젤라틴 옅은 층으로 변하게 만들어졌다. 이리하여 무거운 유리판에서 완전히 해방되었다.

그러나 이 필름을 현상하고 다시 인화(양화)하는 것은 간단하지 않았으므로, 이스트먼 판매 방식이 불가피하게 되었던 것이다. 코닥이란 이름은, 이스트먼의 어머니 이름의 머리글자 K에서 시작하여 K로 끝나는 발음으로 지어진 것이며, 이것이 코닥 카메라의 제1호였다.

그 후, 이스트먼 회사는 접는 식 코닥 카메라(1890), 햇빛 아래서도 카메라에 장전할 수 있는 투명 필름(1891), 포켓 코닥 카메라(1895), 접는 식 포켓 코닥 카메라 등을 발명하였다. 1900년에는 브로니 카메라의 대량생산에 성공하여 대중을 위한 사진이라는 이스트먼의 오랜 꿈을 이루었다.

사진은 그 후 자동 셔터로 된 카메라, 광도, 거리 등을 자동 조절하는 카메라 그리고 컬러사진(1904), 즉석 사진(1947) 등으로 발전하여 모든 사람들에게 보다 빠르고, 보다 쉽고, 보다 아름다운 사진의 욕구를 충족시켜 주었다. 이러한 사진술의 발전에 대한 이스트먼의 공적은 지대하다고 하겠다.

그리하여 이스트먼은 막대한 부자가 되었으나, 일생을 독신으로 지냈다. 건강이 쇠퇴하자 1932년 "내 일은 끝났다. 더 기다려야 할 필요가 무엇인가?"하는 메모를 남기고 권총으로 자살하고 말았다.

영사기의 발명

태평양에 면한 미국 여러 도시 중에서도 큰 도시인 샌프란시스코에, 지금으로부터 약 백 년 전에 마이브리지라는 사람이 살고 있었다.

마이브리지는 경마를 대단히 좋아했는데, 경마에 관한 이야기가 나오면 밥 먹는 것까지도 잊고 이야기에 열중할 정도였다. 그 당시만 해도 미국에는 곳곳에 경마장이 있어서, 많은 사람들이 모여 경마에 돈을 걸고 말이 달리는 것을 손에 땀을 쥐고 구경했다.

어느 날, 마이브리지는 자기처럼 경마에 대단한 흥미를 가지고 있는 스탠포드라는 친구와 함께 평상시와 마찬가지로 경마 이야기로 꽃을 피우고 있었다.

이때 스탠포드가 "전속력으로 달리는 말의 다리가 움직이는 모양을 알 수 있다면 정말 재미있을 거야."라고 말하자, 이 말을 들은 마이브리지는 무슨 생각이라도 떠오른 듯이 "그것 참 재미있겠어. 정말 말이 달리는 모습을 한번 사진으로 찍어봐야지."라며 말이 달리는 모습을 사진에 찍어 보기로 결심하였다.

마이브리지는 경마장 속에서 말이 달리는 것을 잘 볼 수 있는 장소를 골라 자리를 잡고, 24개나 되는 사진기를 일렬로 나란히 놓은 촬영장을 만들었다. 그는 사진기 하나하나의 셔터에 끈을 매달았는데, 이 끈은 하나의 끈으로 전부 연결되어 있었다. 말이 달려오면 이 끈이 끊어지면서 사진기의 셔터가 열려지도록 되어 있었다.

경마장에 구경 나온 사람들은 이 신기한 촬영장을 유심히 살펴보고 있었다.

그들은 경마를 구경할 생각은 잊은 듯이 마이브리지가 무엇을 하나에 관심이 더욱 컸다.

이와 같은 장치로 마이브리지는 달리는 말이 차례차례로 변하는 움직임을 한꺼번에 24매의 사진에 찍을 수 있었다.

1878년 당시만 해도, 지금과 같이 사진 촬영법이 발달되지 않아서 마이브리지의 달리는 말의 사진은 많은 사람들의 관심을 모을 만큼 아주 신기한 것이었다. 마이브리지는 이에 용기를 얻어 그 후 연구를 거듭해서 1초 동안에 82매의 사진을 찍는데 성공하여, 개가 뛰어가는 모습이나 새가 날아가는 것도 촬영하였다.

그러나 마이브리지의 사진은 한 장 한 장 따로 보아야 했기 때문에, 말이나 개의 순간적인 동작만을 볼 수 있었다. 이것은 보통 사진과 같아서 동물이 움직이는 것으로는 보이지 않았다.

차례차례로 멈추지 않고 계속하여 눈에 비치게 하면 말 같은 것이 마치 달리는 것처럼 보일 수 있다.

사실, 우리들이 물체를 보면 그 물체가 없어져도 눈에는 그 물체의

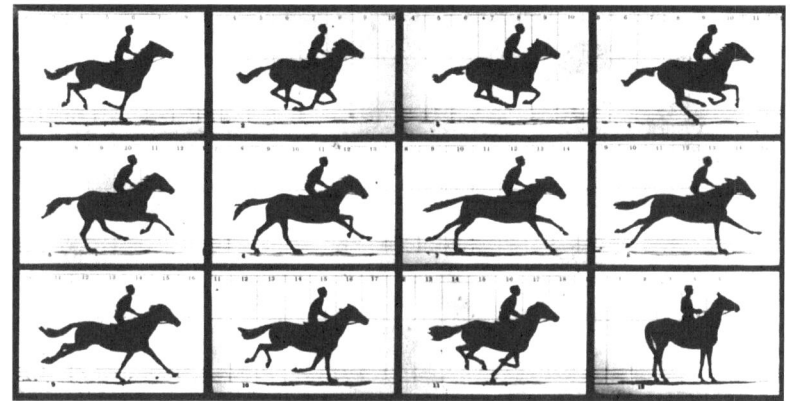

달리는 말

영상이 얼마동안 남아 있게 된다. 따라서 그 영상이 남아 있는 동안 다음 물체가 눈에 비치면 그것이 마치 계속되는 것처럼 보이게 된다.

이러한 이치는 오래 전부터 알려져 있었는데, 움직이는 물체를 이와 같이 촬영만 한다면 실제로 움직이는 것처럼 볼 수 있게 되는 것이다.

마이브리지가 달리는 말의 모양을 계속하여 24매의 사진으로 찍는 데 성공하자 많은 사람들은 여러 가지 사진을 찍어서 움직이는 사진을 발명하기 위해 열심히 연구하였다.

이리하여 영국인 호너가 움직이는 그림을 볼 수 있는 장치를 발명하였다. 이것은 둥근 주석의 바깥쪽에 약간씩 틀린 그림을 종이에 그려서 붙이고, 이것을 돌리면서 작은 구멍으로 들여다볼 수 있게 한 장치였다. 그러나 이것은 사진이 아니라 그림을 그린 것을 볼 수 있게 한 것이므로, 마이브리지의 것과는 그 내용이 서로 달랐다.

당시의 사진은, 한 장 한 장의 유리로 만든 전판에 촬영되고 있었으므로 마이브리지가 한 것처럼 하면 그때마다 많은 사진기가 필요했다. 따라서 많은 돈이 들 뿐 아니라 아주 불편하였다.

이런 이유로, 편리한 건판을 만드는 것이 가장 긴요한 일이었는데, 조지 이스트만이라는 미국인이 셀룰로이드 재질의 필름을 발명하였고, 또 같은 미국인 토머스 에디슨은 이 필름을 사용하여 움직이는 사진을 고안하였다. 그러나 에디슨이 고안한 사진은 한 사람씩 들여다보는 안경으로 보도록 만들어져 있어서, 많은 사람들이 한꺼번에 볼 수 없었다.

이러한 불편을 해결하여 움직이는 사진을 볼 수 있도록 한 실제적인 최초의 영사기를 발명한 사람은, 미국의 젠킨스와 프랑스의 뤼미에르 형제였다.

젠킨스는 한 장의 필름에 사진이 찍히면 다음에 셔터가 닫혀서 빛이 들어오는 것을 막고, 그 사이에 다음 필름이 렌즈 앞에 보내어지고 다시 셔터가 열리고 빛이 그 상을 비칠 수 있도록 고안하였다. 이것이야말로 오늘날의 영화의 시초라 하겠다.

한편, 젠킨스와는 아무 상관없이 프랑스에서도 뤼미에르 형제가 독자적으로 연구를 거듭한 끝에 마침내, 시네마토그래프라는 영사기를 만들어서 이것을 처음으로 일반인에게 영화로 보여줘서 놀라게 했다.

다른 한편, 미국에서는 에디슨도 자기의 것을 개량하여 바이타스코프라는 영사기를 만들었는데, 미국 내에서 인기가 대단했다.

이리하여 미국이나 프랑스에서 발명된 영화 기계는 세계 여러 곳에 알려지게 되었다. 무성영화 시대를 거쳐 유성영화의 전성시대가 되어, 반세기 전에는 감히 상상할 수 없으리만큼 영화 기술이 급속히 발달하였다.

시네마스코프, 텔레스코프 등의 새로운 기술 용어가 항상 사람들의 입에 오르고 영화 광고에서도 자주 눈에 띄었다.

흑백 화면이 아닌 천연색 필름이 발달되어, 가보지 못한 외국의 풍치를 바로 눈앞에서 보는 듯 구경할 수 있게 되었으며, 최근에는 대형 필름으로 화면 전체가 너무 넓어서 그대로 볼 수 없을 정도로 큰 장관을 이룬 영화를 감상할 수 있게 되었다.

실로 마이브리지가 영화 사진기의 제작을 시도하여 100년 지난 오늘날, 이 방면의 눈부신 발전을 보면서 우리들은 과학 문명의 혜택을 크게 받고 있음을 다시 한번 새삼스럽게 느끼지 않을 수 없다.

텔레비전의 발명

1817년에 스웨덴 태생의 위대한 화학자 베르셀리우스는, 유황과 비슷한 셀렌이라는 새로운 원소를 발견하였다.

베르셀리우스는 19세기를 장식한 화학의 대가로서 여러 가지 화학 법칙을 발견하였으며, 그 밖에도 토륨 원소와 함께 셀렌 원소도 발견하였다. 하지만 이것은 그저 새로운 원소의 발견이었을 뿐, 그 이상의 의의는 주지 못했다.

그러나 셀렌이라는 새로운 물질이 발견되고 50년이 지난 후에 영국의 윌러비 스미스라는 사람이, 이 셀렌에 이상한 성질이 있는 것을 관찰하였다. 셀렌에 빛을 쪼이면 셀렌이 빛을 전기로 바꾸어 버린다는 사실이다. 아울러 빛을 쪼이는 정도에 따라서 생기는 전기의 양이 많아진다는 것도 발견하였다.

이 발견은 매우 흥미 있는 것이었다. 셀렌이 빛을 받아 여러 가지 세기의 빛에 따라서 여러 가지 세기의 전류로 바뀐다면, 빛을 쬔 물건의 모양을 전기로 하여 먼 곳까지 보낼 수 있을지도 모르기 때문이었다.

당시 미국에서는 벨이 소리를 전기로 바꾸어 보내는 방법, 즉 전화를 발명한 뒤였고, 빛을 받으면 전기를 낼 수 있는 광전지라고 하는 셀렌을 사용한 전지도 발명되고 있었다. 이와 같이 빛도 전기로 바꾸어 보낼 수 있지 않을까 하는 생각으로 많은 과학자들이 연구에 착수하였다. 하지만 소리와는 다르게 빛을 전기로 바꿀 수 있는 방법, 즉 전화와 의미가 상통하는 텔레비전의 발명은 그리 쉬운 일이 아니었다.

다른 모든 발명처럼, 텔레비전도 주인을 기다리듯이 50년이란 세월이 흘러가는 동안 그 누구의 성공도 보지 못했다.

이러한 시기에 영국에 존 베어드라는 사람이 있었다. 베어드는 학생 때부터 셀렌을 사용하여 텔레비전을 발명해 볼 생각으로 여러 가지로 연구하였지만, 대학을 졸업한 뒤로는 이 생각을 완전히 잊어버린 채 돈벌기에 열중하였다. 그는 신발에 쓰는 크림을 만들어 팔거나, 서인도제도까지 가서 잼을 만들었고 다시 영국에 돌아와서는 비누를 만들어 파는 등 상업에 종사하였다.

이러는 동안, 베어드의 몸은 극도로 쇠약해져서 장사를 더 계속할 수 없게 되었고, 1923년에 영국 남해안의 어느 마을에 가서 휴양하며 나날을 보냈다. 매일매일 흰 물결이 파도치는 바다를 물끄러미 바라보는 생활을 거듭하는 가운데, 베어드는 학생 시절에 한때 텔레비전에 열중하였던 것을 회상하였다.

"참 그렇지! 그때는 매우 열심이었는데…."

이렇게 혼자 입속말로 중얼거린 베어드는 "옳지! 이제부터 텔레비전의 발명을 위해 일생을 바치자. 노력하면 안 될 리가 없을 거야."

존 로지 베어드

베어드는 이와 같이 결심하였다.

그는 텔레비전을 만들기 위해 여러 가지 필요한 재료를 사 모았다. 큰 마분지, 낡은 모터, 자전거의 부속품, 램프의 렌즈, 회중전등의 전지 등을 사고 셀렌을 쓴 납전지도 사 모았다. 베어드가 최초로 만든 텔레비전은 그 당시의 텔레비전 연구가들이 고안한 것과 별다름이 없었다. 그 원리란 아주 간단한 것으로서, 어떤 물체든지 자세히 살펴보면 거기에는 밝은 부분과 어두운 부분이 있다. 따라서 그 그림자를 가로로 많이 나누어 하나하나를 가로로 펼쳐보면, 물체의 그림자에 따라서 밝아지거나 어두워져서 얼마 동안 같은 명암이 계속되어 간다.

이러한 이유로, 물체의 그림자를 텔레비전으로 보내기 위해서는 그림자를 가로로 나누어 그 위의 명암을 차례대로 전기로 변화시켜 보내면 된다. 전기를 받는 곳에서는 똑같이 위로부터 가로로 나누어 그 전기를 차례차례 여러 가지 밝기의 빛으로 바꾸면 된다. 베어드는 마분지를 둥글게 잘라 원판을 만들고, 이 원판에 작은 구멍을 몇 개 뚫었다. 이 원판을 모터로 돌리면 물체의 그림자를 위로부터 차례대로 가로로 펼쳐

나눌 수 있게 된다. 이때 나오는 빛을 렌즈에 모아서 광전지에 보내면 여러 가지 세기의 전기가 흘러나오고, 이것을 옆방에서 스크린에 받아 모아 보았다. 이렇게 하여 만든 처음의 텔레비전은, 옆방의 스크린에 물체의 그림자가 약간 비치는 정도였으며 스크린에 비친 그림자는 물체를 분명하게 판별할 수 없었다. 이 정도로 만든 텔레비전을 가지고서는 그림자를 확실히 나타낼 수 없음을 알게 된 베어드는, 스크린에 더 확실한 그림자를 비치게 하기 위해 더 좋은 장치가 필요함을 느꼈다.

베어드는 이러한 연구를 계속하기 위해서는 많은 돈이 필요함을 깨닫고 여러 가지로 고심하였다. 이제 돈도 한 푼 남지 않았으나 이만큼 성공한 연구를 중도에 포기할 수는 없는 일이었다. 궁리하던 끝에 베어드는 다음과 같은 광고를 신문에 냈다.

"무선으로 물체를 볼 수 있는 놀라운 발명. 연구비를 대주어 발명가를 도와줄 사람을 찾습니다."

베어드의 계획은 적중하였다. 돈 많은 몇 사람의 독지가가 나타나서 그에게 텔레비전 연구를 위한 자금을 원조해 주겠다고 제의해 왔다.

베어드는 이들이 제공한 돈으로 여러 가지 장치를 살 수 있었다. 그러나 텔레비전 발명을 위한 베어드의 노력은 또 다시 위기에 봉착하게 되었다.

당시 런던에 간 베어드의 수중에는 한 푼의 돈도 남지 않았던 것이다. 이제야말로 텔레비전 발명의 꿈도 물거품처럼 사라지게 되는구나 하면서 한숨을 짓고 있는 베어드에게 또 다시 행운이 찾아왔다.

런던에서 제일가는 백화점의 주인이 베어드를 찾아와서 그의 텔레비전을 보고는 미소를 지으면서 "이 텔레비전을 우리 백화점에 찾아오는 손님들에게 보일 수 없을까요? 백화점에서는 큰 홍보가 될 테니까요."라고 말하는 것이었다.

"감사합니다."

베어드는 이제 모든 것이 잘 해결되나보다 스스로 생각하면서 쾌히 승낙하였다.

그때까지 알려지지 않은 텔레비전은 신기한 것이었다. 손님들이 물밀듯이 찾아들어 인산인해를 이루었고, 구경꾼들 틈에는 과학자들도 끼어 있었다. 줄을 지어 차례로 한 사람씩 작은 스크린을 들여다보았다. 틀림없이 사람의 그림자 같은 것이 움직이는 것이 보이고는 또 사라졌다. 그 그림자는 확실히 보이지 않았으나, 구경 온 사람들은 그래도 저마다 신기한 것을 보았다고 만족해하면서 돌아갔다.

이 공개 실험은 오랫동안 계속 되었으며, 베어드는 일주일에 25파운드의 돈을 벌 수 있었다. 관람료 비슷하게 받아들인 이러한 돈은 텔레비전의 연구와 개량을 위해 전부 사용되었다.

베어드는 항상 "어떻게 해서든지 사람의 얼굴을 뚜렷이 똑똑하게 나타낼 수 있게 해야 되겠는데…"하는 생각뿐이었다. 베어드는 이러한 생각을 구체화하기 위하여 여러 가지 실험을 거듭했다.

이해 10월 2일, 베어드는 실험하던 중에 갑자기 놀라 펄쩍 뛰었다. 스위치를 넣었을 때 텔레비전의 스크린에 사람의 모습이 확실히 비쳤던 것이다. 베어드는 환희에 넘친 나머지 계단을 따라 아래층으로 내려갔다. 마침 그때, 근처의 사무실에서 심부름하는 테인튼이라는 급사가 와 있는 것을 보고 말했다.

"얘! 부탁인데, 너 2층의 텔레비전 있는 데로 올라와 줘."

급사는 영문도 모른 채 베어드가 시키는 대로 2층 방 원판 앞에 서지 않을 수 없었다.

베어드는 조심스럽게 다시 한번 스위치를 눌렀다. 그러나 어떻게 된 일인지 스크린은 희게 보일 뿐 아무런 그림자도 나타나지 않았다.

베어드는 이상하게 생각하여 급사를 서 있도록 한 옆방에 가보니, 급사 테인튼은 원판 앞에 서 있지 않고 방구석에 서서 부들부들 떨면서 "아저씨! 빛이 너무 눈부셔서 무서워졌어요. 그대로 서 있을 수 없어요." 라고 띄엄띄엄 더듬으면서 말했다.

사실, 테인튼이 그러는 것도 무리는 아니었다. 베어드가 그저 사람의 그림자를 더 선명하게 스크린에 비치게 하기 위해서 무려 2,000촉광의 아크등을 원판에 비쳤던 것이다.

"얘! 테인튼, 내가 돈 반 크라운을 줄 테니 잠깐만 참고 이 앞에 서 있어 줘, 응."

베어드는 이렇게 달래면서 이 소년에게 돈을 주고 옆방에 뛰어 왔다. 다시 스위치를 누르니 이번에는 스크린 위에 울고 있는 테인튼의 얼굴이 선명하게 보이는 것이 아닌가.

이리하여 베어드의 끈기 있는 연구는 성공하였다. 이날이야말로 온 세계가 텔레비전의 성공을 축하하여야 할 기념일인 것이다.

그러나 베어드의 텔레비전은 스크린이 너무 작고 그 그림자도 흐려지거나 떨리거나 하여 개량할 점을 많이 지니고 있었기 때문에 널리 보급될 수는 없었다.

그런데, 니프코의 주사원판을 사용하여 최초로 텔레비전의 실험에 성공한 것은 베어드 외에 미국의 젠킨즈도 그중 한 사람이며, 이것들은 모두 기계적 주사방식이었다.

그러나 기계적 주사방식에서는 영상의 선명도에 한계가 있었다. 이 한계는 그 후에 음극선관을 이용하는 전자석 주사방식으로 개량했다. 이 새로운 원리를 제안한 것은 1909년, 러시아의 로징이었다. 음극선관은 음극에서 나온 전자선을 도중에 두 벌의 자계를 두어, 상하 좌우로 주사선이 뿌려지게 함으로써 형광막 위에 구형의 화면을 비친다.

텔레비전의 실용화는 연구비가 많이 들기 때문에 결국 미국 대기업의 지원 없이는 추진될 수 없었으며, 이러한 지원을 받고 연구한 것이 즈보리킨과 판즈워스이다.

1928년, 즈보리킨은 텔레비전 영상을 송신하는 실용적인 광전판을 발명하고, 이것을 아이코노스코프(촬상관)라 이름을 붙였으며, 한편 즈보리킨과는 관계없이 판즈워스는 이미지 디섹터라 불리는 촬상관을 발명하였다.

1935년, 70km 떨어진 거리의 첫 상업용 시험방송은 바로 이 두 발명을 함께 이용함으로써 가능해졌다.

1946년에는 로즈와 와이머가 인간의 눈보다 감도가 높은 이미지 올시콘을 발명함으로써, 프로그램 제작 능력을 비약적으로 높였다. 또 수신 안테나 문제가 해결됨으로써 가정용 수상기 보급에 큰 계기를 만들었다.

우리나라가 처음 텔레비전 방송국을 개설한 것은 1962년이다.

잠수함의 발명

　미국이 영국의 식민지로 있었던 약 200년 전의 일이다. 영국 정부는 미국인으로부터 많은 세금을 징수하고 또 미국인 자신이 자기들의 땅에 공장을 자유로이 건설하는 것마저 금했다.

　새로이 살 곳을 찾아 미국에 이민하여 온 영국의 청교도들을 비롯한 여러 나라의 개척민들은, 이 새로운 땅에서 피땀을 흘려 땅을 개간했고 사나운 짐승들과의 싸움, 그리고 토착 인디언들과의 싸움을 계속하면서 모든 악조건을 극복하고 그들의 보금자리를 마련하고 있었다.

　그러나 세계에서도 으뜸가는 강대한 국력과 많은 식민지를 가진 영국은, 식민지 미국에서 많은 세금을 받아들일 뿐 아니라 자유를 극도로 구속하고 있었다.

　더욱이 영국의 이익만을 위해 미국은 원료만을 공급하는 지역 즉, 상품 시장화하여 미국의 발전을 저지하려는 정책을 강행하고 있었다. 이러한 영국의 식민지 정책이 강력해지고, 착취가 심해질수록, 자유를 사랑하는 미국인들은 영국의 압제 밑에서 하루속히 벗어나야겠다는 결심을 굳게 했다.

영국인들을 미국 땅에서 쫓아버리고 자유로운 독립국가를 수립하려는 미국인들은, 단결하여 영국에 도전하게 되었다.

이리하여 1775년에 유명한 독립전쟁이 일어나 미국 독립군과 영국군 사이에 치열한 싸움이 시작되었다.

오랜 역사와 전통을 지닌 영국은, 산업혁명 이후 공업국가로 급격히 발전하여 훌륭한 대표와 장비를 갖춘 많은 병력을 가졌으며 또한 일등 해운 국가로서 무적의 함대를 자랑하는 강대한 해군을 가지고 있었다.

이에 비하면 미국은 장비가 초라한 지원병들로 구성된 군대가 있을 뿐이어서, 전쟁이 시작되면서 후퇴를 거듭하지 않을 수 없었다. 그들은 오직 자유를 위하여 독립을 쟁취해야겠다는 굳은 신념과 용기로 영국군과의 싸움을 계속했다.

데이비드 부쉬넬은 뉴욕 항구에 정박하고 있는 많은 영국 군함들을 응시하면서 "보라! 저 군함을 내 손으로 한꺼번에 없애버리고 말테다." 라며 다짐하면서 분개했다.

그러나 해안을 점령한 영국군은 그곳에 포대를 구축해서 배로 접근만 해도 대포를 빗발처럼 쏘기 때문에, 그것은 불가능한 일이었다. 배를 타고 저 군함을 공격한다는 것은 가까이 가기도 전에 무시무시한 대포밥이 되므로 무모한 일이었다. 부쉬넬은 어떻게 하면 바닷속을 뚫고 적의 군함으로 접근할 수 있는 배를 만들까 연구하기 시작했다.

그러나 그러한 배를 본 일도 없고 또 들어본 일조차 없는 부쉬넬로서는 매우 어려운 문제였다. 날마다 물속을 다닐 수 있는 배에 관한 생각만을 거듭하던 부쉬넬은 어느 날, 시름없이 바다를 바라보면서 여러 가지 생각에 잠겨 있다가 우연히 물 위에 떠 있는 나무 술통을 보았다.

이 통은 속에 약간의 물이라도 들어 있는 듯이 파도에 이리 밀리고 저리 밀리면서 물 위에 뜨기도 하고 또 가라앉기도 하다가는 다시 물 위에 둥둥 떴다. 이것을 보던 부쉬넬은 갑자기 신기한 생각이라도 떠오른 듯이 외쳤다.

"옳지! 저 나무통 속에 사람이 들어갈 수 있으면 되겠다. 물속에 가라앉고 싶을 때는 통속에 물을 넣고 또 물 위에 뜨고 싶을 때는 물을 적당히 빼면 될 것이 아닌가."

부쉬넬은 이렇게 생각이 미치자 날뛸 듯이 기뻐하면서 "됐어! 이제야 됐어!"라고 스스로 감탄하면서 집으로 돌아왔다. 이날부터 부쉬넬은 이 물통 생각을 토대로 연구를 계속해서 드디어 아주 이상한 모양의 배를 만들었다.

부쉬넬이 만든 이 신기한 모양의 배는, 마치 달걀을 세워 놓은 것 같았으며 크기는 큰 술통만한 것이어서 그 안에 한 사람밖에 들어갈 수 없었다. 이 배는 흡사 장난감 같기도 했는데, 스크류 추진기는 배의 안쪽과 위쪽에 2개 달려 있으며, 그 속에서 사람이 한 손으로 그것을 조종하게 되어 있었다. 다른 한 손으로는 배의 뒤쪽에 달려있는 키를 움직이면서 방향을 조종하게 되어 있었고, 두 발로 배 밑바닥에 있는 핸들을 돌려서 물을 넣거나 빼거나 해서 배를 물 위에 뜨게 하고 또 가라앉게 할 수 있었다.

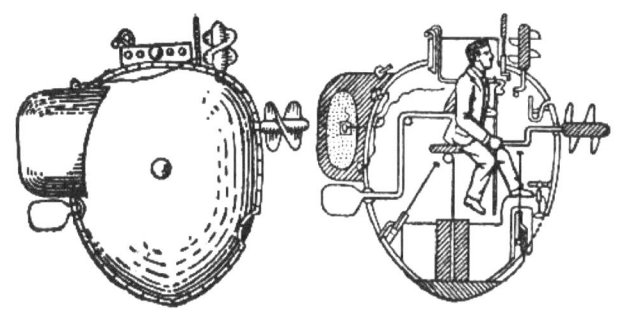

부쉬넬의 잠수함

　이 기묘한 배는 1776년에 완성되었는데, 부쉬넬이 발명한 이 배가 세상에 처음 나온 잠수함이었다. 부쉬넬이 만든 새로운 잠수함을 타고 영국 군함을 공격하는 역사적인 날, 어둠이 짙어가는 바로 그날 저녁이었다.

　"리 상사, 미국의 독립을 위해 부탁합니다. 잘 싸워 주십시오."

　"부쉬넬 선생, 걱정 마세요. 꼭 성공하고 돌아오겠습니다."

　최초로 잠수함을 타고 영국 군함을 공격할 임무를 맡은 리 상사와 부쉬넬은 상기된 얼굴로 굳은 악수를 나누었다.

　이리하여 용감한 리 상사는 달걀 모양의 잠수함 뒤에 커다란 폭탄을 매달고 영국 군함에 접근해 갔다. 잠수함은 드디어 영국함대 사령관이 타고 있는 군함 이글호에 가까이 갔고, 이글호의 수병들은 이런 작은 배가 바로 가까이에 와 있으리라고는 상상조차도 못 했다.

　"이때다!"

　리 상사는 이렇게 말하면서 재빨리 핸들을 돌려 배 뒤에 매달은 폭탄을 떼어 버리려고 했다. 그러나 핸들이 고장 났는지 폭탄은 잠수함에서 떨어져 나갈 줄 몰랐다. 이러는 동안 새벽이 가까워지고 먼동이 트기 시작했다. 날이 밝아오면 영국군에게 발각될 것이 분명하기 때문에 리 상사는 애석하게 생각하면서 미국군 진지로 돌아가려고 물 위에 떠올라 보았다.

그러나 바로 그때, "저게 무엇이지? 이상한 것이 물 위에 보여."라며 이글호의 한 수병이 외쳤다. 이 달걀 모양 잠수함의 머리를 발견했던 것이다.

군함 속에서는 야단법석이었다.

"보트를 내려라."하는 장교의 명령이 내리자마자 수명의 수병을 태운 보트가 쏜살같이 리 상사의 잠수함 쪽으로 오는 것이었다.

리 상사는 유유히 잠수함을 가라앉히는 핸들을 돌렸고 다시 한번 폭탄의 핸들을 돌려보았다.

영국 수병들이 어리둥절해하던 찰나 폭탄은 '쾅!' 하는 요란한 소음을 내면서 폭발하였다. 이 폭탄은 뒤쫓아오는 보트에 명중되지는 못했으나 영국 수병들을 깜짝 놀라게 했다.

보트는 겁에 질려 도망쳤고 리 상사의 잠수함은 무사히 진지로 돌아왔다.

이와 같이 잠수함의 공격은 실패했으나, 영국 해군은 잠수함의 출현에 커다란 충격을 받고 공포에 떨었으며, 반면에 미국군의 사기를 놀랄 만큼 북돋우었다.

독립을 찾으려는 남녀노소를 막론한 미국인들의 인내력과 희생정신은 열매를 맺게 되어, 1781년의 결정적인 전투를 고비로 1793년에 드디어 영국의 압제 밑에서 벗어나 독립하게 되었다.

　그 후, 잠수함은 계속하여 발전 개량되어서 오늘날에는 핵탄두를 실은 핵잠수함이 고속도로 장기간 바닷속을 항행할 수 있게 되었고, 원자력잠수함도 실용화되고 있다.

비행기의 발명

미국에 윌버 라이트(1867~1912)와 오빌 라이트(1871~1948)라는 사이 좋은 형제가 살고 있었다. 라이트 형제는 목사의 아들로 태어나 청빈을 감수하고 인내하는 한편, 강한 지적 호기심을 양친에게서 이어 받았다.

그들이 처음으로 비행기와 만난 것은 1879년, 부친이 여행선물로 프랑스의 페노가 고안한 장난감 헬리콥터를 주었을 때였다. 그것은 이 소년들에게 평생 잊을 수 없는 감동을 갖게 했으며, 뒤이어 연에도 흥미를 느껴 연날리기 대회에 나가기를 즐겼고 지방의 연 클럽에도 입회했다.

형제는 모두 대학에 진학하지 않고, 고등학교를 졸업하자 오하이오 주의 기계제조 업소, 신문 인쇄출판업 등에 종사하다가 1892년부터 자전거 판매제작 업소를 차렸다.

라이트 형제는 자전거 제작소에서 훌륭한 자전거를 제작하는 한편, 하늘을 마음대로 자유롭게 날아다닐 수 있는 비행기를 어떻게 만들 수 있을까를 생각하기 시작했다. 새처럼 하늘을 마음대로 날 수 있다면 얼마나 상쾌할까? 우리 마을을 눈 아래에 굽어보면서 맑고 푸른 하늘을 날아다니는 기분이란 상상만 해도 더없이 신기할 것만 같았다.

그들은 1895년경, 릴리엔탈에 관한 책을 읽고 더욱 크게 흥미를 갖게 되었다. 릴리엔탈은 글라이더에 대한 이론적 연구가 깊었고, 2,000회에 이르는 실험 경험을 가질 정도로 비행기 연구에 열정적이었다. 1896년, 릴리엔탈의 비행 추락사가 알려지자 라이트 형제는 큰 충격을 받은 동시에 비행기에 대한 관심이 더욱 커졌다.

  1899년, 라이트 형제는 과학지식 보급을 위한 국립기관인 스미스소니언 협회에 편지를 보내어 그때까지 간행된 비행에 관한 팸플릿 및 참고서의 목록을 얻었다. 그리하여 이 자료들을 전부 읽고 분석한 결과, 가장 중요한 문제는 기체 구조나 엔진에 있는 것이 아니라 오히려 조종술임을 알게 되었다.

  두 형제는 매일 토론을 거듭하다가 드디어 기체가 좌우로 기울었을 때 좌우의 날개 면이 휘는 것에 변화를 주어 떠오르는 힘(양력)에 차이가 생기게 함으로써, 그 기울임을 고칠 수 있는 방법을 연구해 냈다. 이 생각은 현재도 거의 모든 비행기에서 응용되고 있는 보조날개의 원리이다. 두 형제는 그 해 6월에 연을 이용하여 이 원리를 실험해서 확인하고, 다음에 실제로 글라이더를 만들어서 실험하기로 했다.

  언덕 아래 넓은 평야가 있는 곳을 택해서 1900년, 첫 번째 글라이더 비행 실험을 하기로 했다. 언덕 위에서 두 개의 날개를 매단 글라이더가 미끄러지기 시작하여 공중에 떴다. 글라이더에는 동생 오빌이 엎드린 채 타고 있었다. 글라이더는 미끄러지는 듯이 공중을 날아 30m 떨어져 있는 잔디 위로 서서히 내려왔다.

월버는 바삐 글라이더 있는 곳으로 뛰어 갔으며, 글라이더 속에서 나온 동생 오빌은 형에게 말했다.

"형님 신통치 않군요. 그저 똑바로 나니, 아무 재미도 없어요. 마음대로 하늘을 날아다녀 봤으면 해요."

동생의 말에 형 월버도 "그래, 나도 네가 나는 걸 보고 그렇게 느꼈어."라고 같은 뜻을 말했다.

엔진이나 프로펠러가 장치되어 있지 않은 이런 글라이더는, 바람을 타고 하늘을 날게 되므로 가고 싶은 곳으로 갈 수도 없고 또 자유로이 운전할 수도 없었다.

월버는 깊은 생각에 잠긴 듯하더니 "자동차의 엔진을 글라이더에 달고 프로펠러를 돌리게 되면 더 멀리 자유로이 날아 갈 수 있을 거야."라고 말했다.

"형님, 그렇겠군요. 우리 그걸 만들어 봅시다. 네?"

동생은 이제 모든 결점이 해결되기나 한 것처럼 기쁨을 감추지 못한 채 이렇게 졸랐다.

"벌써 영국이나 프랑스에서 많은 사람들이 시험해 보았으나 모두 실패했거든, 본래 엔진이 무거우니 공중에 뜰 수 없단 말이야."

형의 말에 동생은 "그러면 가벼운 엔진을 만들면 되지 않아요? 꼭 한번 만들어 보았으면 좋겠어요."하고 말하면서 형 월버의 표정을 살폈다. 월버는 동생의 말에 용기를 얻고 결심했다.

"오빌, 그럼 우리 둘이서 만들어 보자. 그렇지만 글라이더 비행기 연습은 계속해야 돼, 알겠지?"

이리하여 라이트 형제는 자전거 제작소에 돌아와서 작고, 가볍고 또한 힘이 센 새로운 엔진 연구를 시작했다.

그런데, 당시에 같은 미국에서 랭글리라는 사람도 작은 엔진을 연구하고 있었는데, 라이트 형제보다 먼저 만들어 글라이더에 이용했다. 랭글리는 1903년 10월 7일, 그가 만든 엔진 장치의 날개 달린 비행기를 큰 강 가운데에 띄운 배 위에서 시험했다.

배 위에서 엔진을 발동시켜 비행기를 날아가게 했으나, 배 위를 떠나자마자 비행기는 앞부분이 물속에 잠기면서 떨어져 버렸다.

랭글리는 비행기가 추락한 원인을 조사했고, 고장 난 곳을 수리하여 제2차의 시험을 시도했다. 2개월 후인 12월 8일, 다시 배 위에서 날도록 해보니, 이번에는 날려는 순간 글라이더 뒤쪽 날개가 배 위에 가설된 준비대에 걸려 부서지자 그대로 비행기가 물속으로 추락해 버렸다.

이리하여 랭글리는 크게 실망한 나머지 비행기의 연구를 완전히 포기했다.

한편, 라이트 형제는 희망을 가득 안은 채 꾸준히 연구를 계속한 끝에, 연구에 착수한 지 3년 후에 드디어 12마력의 가벼운 엔진을 제작할 수 있게 되었다.

하나의 엔진이 두 개의 프로펠러를 돌리도록 장치된 이 비행기는 마침내 완성되어, 엔진이나 그 밖의 여러 부분을 세밀히 조사한 다음에 시험비행을 실시하기로 계획했다.

1903년 플라이어 1호

    시험비행은 1903년 12월 17일, 장소는 벌판으로 예정하고 많은 사람들이 와서 구경하도록 안내장을 보냈다.

    그러나 이날은 랭글리가 배 위에서 실패하고 불과 2일 후인지라, 사람들은 누가 쓸데없는 모험을 다시 하느냐는 듯이 거의 일소에 부쳤다.

    "분명히 날지 못할 거야. 이 추운 날에 벌판에서 떨다가 감기라도 걸리면 어떻게 해."

    사람들은 이렇게 말하면서 라이트 형제의 시험비행을 구경할 생각을 조금도 하지 않았다.

    이리하여 비행기에 크게 관심을 가진 사람은 겨우 5명이었으며, 그 앞에서 라이트 형제는 그들의 비행기를 시험했다. 먼저 동생이 탄 비행기는 지면을 떠나 2~3m 높이 뜨는가 싶더니 이러한 높이로 260m나 날아가는 것이 아닌가? 그러고 나서 조용히 벌판에 내렸다.

"야! 비행기가 날아간다."

형 윌버와 다섯 명의 구경꾼은 함성을 질렀다.

라이트 형제의 비행기는 성공한 것이다. 이것이 하늘을 처음으로 날게 된 비행기였으며, 이로부터 새로운 시대의 막이 열리게 되었다.

1908년, 윌버 라이트는 유럽에 건너가 자기 비행기로 비행을 실현하여, 다른 사람의 것보다 훨씬 우수하다는 것을 과시했다. 이때부터 비행기 산업, 항공 산업이 생겼고 미국 육군성은 라이트 비행기를 구입하기로 했다.

1909년 7월 25일, 블레리오가 한 개의 날개를 가진 단엽기로 28km나 되는 도버해협을 37분 만에 횡단하는 데 성공했으며, 1914년에 일어난 제1차 세계대전 시에는 처음으로 군용기가 등장했다.

1930년경에는 프로펠러와 동력을 앞에 달고 꼬리를 뒤에 단 성능이 좋은 비행기가 나왔으며, 1939년에 일어난 제2차 세계대전 중에 비행기는 비약적인 발전을 거듭했고, 대전 후에는 제트기가 실용화되기에 이르렀다.

비행기가 발명되고 나서 80년이 지난 오늘날, 군용기는 물론 제트여객기의 출현 등 놀라운 발전이 계속되고 있다.

제트기의 발명

1929년이 거의 저물어가는 때였다. 당시 영국의 위터링에 있는 중앙 비행학교에 다니고 있던 프랭크 휘틀 공군 소위는, 공부를 마치고 동료인 공군 중위 존슨에게 열심히 설명하고 있었다.

"어떻게 해서든지 머지않아 프로펠러가 달리지 않은 비행기가 발명되고야 말 거야. 프로펠러가 달린 비행기로는 아무리 빨리 난다 해도 시속 700km 정도밖에 안 되니까 말일세."

존슨 중위는 "그러면 자네는 도대체 어떤 엔진으로 비행기를 날 수 있게 할 작정인가?"라고 반문했다.

사실, 애초부터 휘틀이 프로펠러 추진식 비행기의 뒤떨어짐을 구체적으로 예를 들면서 설명하는 것을 듣고 있던 존슨 중위는, 그러면 어떻게 할 수 있을 것 같으냐는 말투로 이러한 질문을 했다.

휘틀은 신념을 가지고 설명했다.

"그건 제트엔진이라는 거야. 프로펠러가 없는 비행기 말일세."

이렇게 말하면서 그는 흥분된 어조로 진지하게 설명을 계속했다.

"엔진 앞에는 커다란 구멍을 뚫고 거기에 공기를 불어 넣고, 이 공기를 압축기로 압축시킨 다음에 연료에 불을 붙이는 거야. 폭발한 연료가스는 터빈 사이를 지나 엔진에 붙은 다른 방에서 아주 세차게 나가면, 그 반작용으로 비행기는 날게 될 거야. 그야말로 대포의 탄환이 날아가는 그런 빠른 속도로 말일세."

여기까지 들은 존슨 중위도, 휘틀 소위의 구상이 터무니없는 생각이 아님을 깨닫고 깊은 관심을 표명했다.

"그것 참 기발한 생각인데. 자, 그러면 훌륭한 미래의 비행기에 관한 생각을 사령관에게 설명하면 어떨까? 아마 공군성에서도 자네의 창안을 받아들여 연구비를 줄지도 몰라."

존슨 중위는 처음 태도와는 달리 오히려 휘틀을 격려하면서 이렇게 제안했다.

이리하여, 휘틀 소위와 존슨 중위는 공군성에 휘틀이 고안해 낸 제트 비행기의 연구 계획에 대해서 자세히 보고했다.

그러나 그 시기에, 공군성 당국자들과 일부 과학자들은 이런 엔진은 만들 수 없을 것이라고 단정했다. 왜냐하면, 연료가 탈 때의 온도는 아주 고온이므로 엔진을 구성하고 있는 모든 재료가 녹아버리기 때문이었다. 이러한 기술적인 문제 등이 겹쳐서 휘틀의 제트엔진에 관한 생각은 실현성이 없다고 결정되었다.

중앙비행학교를 졸업한 휘틀은 해군에 부설된 항공기 시험소에 시험 비행사로 배속되었다. 새로운 형의 비행기를 타고 시험해보거나 해군 함정으로부터 나는 수상기를 시험하는 임무를 띠고 있는 휘틀은, 명예로운 시험 비행사로서 뛰어난 재능을 발휘했지만, 몇 번이고 위험한 고비를 넘겼다.

그러나 매일 분주한 복무 중에도 휘틀은 제트기의 꿈을 버리지 못하고 미련을 가진 채, 영국의 유명한 회사에 제트엔진의 연구를 권고하고 또한 제조를 부탁했다. 그렇지만 제트엔진의 제조가 너무 어렵다는 이유로 어느 회사에서도 받아들이려고 하지 않았다.

이러는 동안 휘틀은 그의 타고난 재능을 인정받게 되어, 케임브리지 대학에서 공부를 계속할 좋은 기회를 얻게 되었다. 휘틀은 기뻐 날뛰었다. 유명한 케임브리지대학에서 공부하면 제트엔진의 연구를 더 깊이 할 수 있으리라는 예상으로 희망에 부풀어 이었다.

휘틀의 연구는 끊임없이 계속되었다. 제트엔진의 발명을 위해 자금을 대주겠다는 회사도 나타났으며, 1936년에는 드디어 제트엔진의 생산을 목표로 한 파워 제트 회사가 설립되었다.

그러나 이 회사는 소규모의 자본과 설비밖에 갖추지 못하고 있을 뿐 아니라, 연구 비용도 충분하지 못해 연구하는 데 애로가 많았다. 이 회사에서 부족한 대로 제트엔진의 연구를 본격적으로 시작하여 많은 기계 공장에 엔진의 부속품과 여러 가지 재료와 장치 등의 제작을 의뢰했다.

처음 제작하는 부속품이었으므로, 모든 기계 공장에서는 곤란한 표정을 짓고 제작에 성의를 표시하지 않아 여러 난관에 부딪치게 되었으나, 그런대로 연구는 느린 속도로나마 계속할 수 있었다.

이리하여 이 해가 끝날 무렵에는, 어느 공장의 방 하나를 빌려서 연

프랭크 휘틀

료의 연소, 폭발 실험을 시작했다. 요란스러운 폭발 때문에 공장 안은 항상 시끄러웠다. 또한 공장 2층에 살고 있던 사람들은 폭발할 때의 진동으로 책상 위에 놓은 물건들이 방바닥으로 굴러 떨어져 뒹굴고 깨지고 하여, 참을 수 없는 골칫거리로 생각했다.

휘틀의 제트엔진 발명을 위한 연구는 한결같이 계속되었다. 그리하여 기다리고 기다리던 제트엔진의 제작이 완성되어 최초로 엔진의 시험이 시작되던 1937년 4월 12일, 휘틀을 비롯한 많은 사람들은 긴장된 분위기 속에서 엔진의 가동을 주시하고 있었다.

엔진은 소리를 내면서 1분간에 무려 천 번을 회전했다. 그것은 마치 비상 사이렌이라도 울리는 듯 놀라운 기세로 돌아갔으며, 드디어 엔진은 불타기 시작했다. 회전수는 점점 상승하여 3천 회전에서 8천 회전까지로 올라갔다. 주위 사람들은 겁에 질려 도망치기도 했다. 이런 상태로 타기 시작하는 엔진이 걷잡을 수 없는 속도로 맹회전하다가 언제 폭발하는지 알 수 없었기 때문이다.

그런데, 엔진의 회전 속도는 점차 감소되기 시작하여 목적했던 대로 기체연료가 폭발하지 않았다. 이렇게 최초로 실시한 가동시험이 위험 속에서 실패로 돌아갔고, 뒤이어 실시한 성능시험에서도 엔진의 일부가 파괴되어 포탄 같은 속도로 날아가는 일도 있었다.

그러나 휘틀과 함께 이 연구에 종사하던 많은 사람들은 낙망하지 않고 계속 연구에 전념하면서 훌륭한 엔진 제조에 몰두했다. 제트엔진의 연구가 이처럼 진행되는 것을 본 공군성도 휘틀의 연구를 보조하기로 결정했으며, 다른 회사들도 파워 제트 회사를 도와 이 연구에 투자하게 되었다.

이러는 동안, 1937년 9월에 제2차 세계대전이 일어나 프로펠러기 보다는 훨씬 더 빠른 제트기가 하루빨리 출현해야 할 필요성이 커갔다. 이런 국가적인 요청도 있었고, 휘틀 자신의 제트비행기 제조에 관한 정열적인 야망과 꾸준한 연구의 결과로 성공의 날을 맞이하게 되었다.

1941년 5월 15일, 하늘에 구름이 약간 끼었으나 저녁이 되자 맑게 개기 시작했다. 새로운 제트엔진의 제조에 성공했으므로 이를 추진력으로 이용한 새로운 비행기의 시험비행을 이날 실시하기로 예정되어 있었다.

비행장에는 수많은 사람들이 모여와서 이 최초의 시험비행을 커다란 관심을 가지고 기다리고 있었다. 비행하기에는 알맞은 기상조건이었다.

제트엔진을 장치한 비행기가 비행장의 긴 활주로를 달리기 시작하자, 잠깐 사이에 요란한 폭음을 내면서 이륙에 성공했다.

그런데, 이륙하자마자 비행기는 마치 탄환이 날아가는 것처럼 어느새 그 자취가 보이지 않았다. 잠시 후, 폭음을 내면서 제트비행기의 모습이 눈앞에 나타나는가 하면 어느새 머리 뒤를 지나 비행장 뒤를 선회하고는 착륙했다.

프로펠러 비행기만 보아온 당시의 사람들은, 잠깐 동안에 매우 빠른 속도로 날아 돌아온 비행기를 보고 함성을 올렸다. 마침내 제트비행기의 시험비행은 성공한 것이다.

전쟁이 치열하게 계속되고 있던 시기라 영국 공군은 잠시라도 지체할 수 없었다. 본격적으로 이 제트기의 대량생산을 계획했으며 이로부터 제트비행기의 새로운 시대가 시작되었다.

오늘날에는 대륙 간 무착륙 제트기가 있어서, 유럽 등지로 가는 데 하루 이상 걸리지 않게 되었다. 초음속으로 나는 제트기는 전투기로도 쓰이며, 이 제트엔진은 여러 가지 목적에 널리 쓰인다.

대기 중의 공기를 빨아들여서 이것에 연료를 가해서 태우고 연소한 가스를 대기 중에 고속도로 분사시켜 비행기를 추진시키는 제트엔진의 발명은, 새로운 시대를 초래하는 계기가 되었고 이리하여 세계는 더욱 가까워지게 되었다.

레이더의 발명

1920년부터 독일에는 히틀러의 세력이 강력하게 대두하여 3년 후에는 나치 정권이 수립되었다. 이 나치 정권은 독재정치로, 군국주의를 강화하면서 세계 제패를 위한 야망을 성취하기 위하여 전쟁 준비에 전력을 다하고 있었다.

당시 세계 각국은 나치 정권의 세력이 커지는 것을 몹시 두려워하고 못마땅하게 여겼으나, 이것을 규제할 뚜렷한 방법은 어느 나라에도 없었다. 그들이 무력을 강화하여 침공하는 것을 방지하고 규제하는 가장 좋은 방법은, 역시 이쪽에서도 군비를 확장하고 새로운 병기를 발전시키는 길밖에 없었다.

영국은 독일과의 사이에 큰 바다를 끼고 있지만 그렇게 먼 지리에 있지 않기 때문에 가장 큰 두려움을 느끼고 있었다. 따라서 영국은 독자적으로 독일의 공격을 경계하기 위한 새로운 병기를 발명하지 않으면 안 되었고, 이러한 생각에서 착수한 것이 레이더의 연구였다.

1934년, 영국 공군성에 소속된 과학연구부의 윈페리스 연구부장실에 그의 연구부원인 로가 때마침 들어왔다.

윈페리스 박사는 그를 초조하게 기다렸다는 듯이 다급하게 물었다.

"왓슨 와트 박사로부터의 보고는 아직 없는가?"

"여기에 가지고 왔습니다. 이것이 그의 보고서입니다."하고 로는 커다란 봉투를 내밀었다. 와트의 의견으로는 살인광선의 발명이 지금까지의 연구 결과로는 어렵다는 결론을 내린 보고였다. 이것을 읽고 난 윈페리스 박사는 심각한 표정을 지었다. 그때 로는 와트 박사에게서 들은 이야기를 끝으로 전했다.

"그런데 말씀입니다. 박사님, 전파로 비행기는 추락시킬 수 없어도 비행기가 어디로 날고 있는가는 비교적 쉽게 찾을 수 있답니다. 와트 박사가 그렇게 이야기하였습니다."

윈페리스 박사도 갑자기 부드러운 표정으로 바꾸며 "정말 그런 말을 했소? 그래, 틀림없이 성공할 수 있다는 거요?"하고 흥분한 어조로 반문했다.

"네, 틀림없다고 말씀했습니다. 전파로 하늘을 나는 비행기의 위치를 맑은 날에는 물론, 비 오는 날이나 밤에도 알 수 있다고 했습니다."라고 로도 흥분해 대답했다. 그리고 이어서 말했다.

"박사님, 이것이 성공하면 영국의 방공은 거의 완전한 것이 될 것이며 영국 영토상의 상공에 침입한 어떠한 적기도 곧 발견하게 되어 이것을 격추시킬 수 있게 될 것입니다."

윈페리스 박사는 더 이상 지체하지 않았다. 와트 박사의 의견을 곧 공군장관에게 보고하였으며, 그리하여 다음 해 2월부터 그들은 눈으로 볼 수 없는 비행기를 전파로 찾아내는 레이더 연구에 착수하게 되었다. 이것이 완성되자, 어느 날 하루, 공군장관은 이러한 사실을 전혀 모르는 비행기를 노샘프턴셔라는 마을의 상공을 비행하게 하라는 특별 명령을 내렸다. 이때, 이 마을의 도로 위에는 포장을 친 트럭 한 대가 고장 난 듯이 서 있었다. 이 트럭 안에는 복잡한 장치를 한 기계와 와트 박사를 비롯한 연구자들과 공군성 소속 장교들이 있었다. 그들은 레이더 실험을 하기 위해서 비행 명령을 받은 후, 긴장한 표정으로 열심히 기계를 들여다보고 있었다. 이 기계가 사방으로 전파를 보내면, 날아오는 비행기에 전파가 부딪쳐 반사하여 기계의 브라운관에 비행기의 위치와 움직이는 방향을 나타내게 된다. 긴장과 초조함에 싸인 순간, 시계의 초침을 열심히 들여다보고 있던 한 사람이 소리를 질렀다.

"바로 이 시간입니다."

이 말이 떨어지기가 바쁘게 브라운관의 옆에 놓인 발신기가 작동하기 시작했다. 전파는 안테나를 통하여 사방으로 발산하여 갔다. 얼마 후 틀림없는 비행기의 소리가 멀리서 들려왔다. 이때 와트 박사가 "됐어, 바로 붙잡았어."하고 얼굴에 희색을 띠며 조용히 말했다. 그것은 감격과 환희에 찬 말이었다. 그러자, 곧 브라운관의 가운데서 가로로 곧장 나가는 빛 위에 곡선이 뚜렷이 나타나기 시작했다. 이 곡선은 서서히 가운데 쪽으로 옮겨지고 있었다. 이것은 전파가 비행기에 닿고 반사되어 다시 기계로 돌아온 증거였다. 이때 브라운관에 나타난 표식으로 보아 비행기까지의 거리는 12km 정도였다. 12km 저쪽에서 비행해 오는 보이지 않는 비행기의 동작을 이 기계의 전파로 포착한 것이다. 이것이 최초의 레이더의 실험이었다.

로버트 왓슨 와트

그리하여 영국 공군성은 영국 동해안의 오르포트네스에 레이더 연구를 위한 비밀 연구소를 만들고, 이것에 관한 본격적인 연구를 계속했다. 최초에 실험한 레이더는 12km 정도의 거리에서는 사용할 수 있었지만, 그 이상의 거리에서는 사용할 수 없었다. 하지만 이러한 정도의 거리로는 그곳에 비행기가 왔을 때 방어 준비를 할 여유가 충분치 않았다. 비행기는 바로 상공에서 폭탄을 떨어뜨릴 것이기 때문이었다. 그러므로 좀 더 먼 거리, 가능하면 독일 본토의 상공을 떠서 날아오는 비행기를 포착할 수 있게 레이더를 개량할 필요가 있었다.

연구소를 설치한 2개월 후에 60km 떨어진 곳의 비행기를 포착할 수 있는 개량에 성공하였으며, 더욱이 3대의 비행기가 좌우를 선회하면서 비행하는 모습도 분명히 브라운관으로 볼 수 있게 되었다. 그뿐만 아니라, 비행기의 고도도 이 레이더로 알 수 있게 되었다. 그러나 와트 박사를 비롯한 레이더 연구가들은 이에 만족하지 않고 연구를 거듭하여, 1936년 1월에는 120km 떨어진 먼 하늘을 비행하는 비행기의 동작을 알 수 있게 발전시켰다.

그리하여 공군성은 펠릭스토우 근처에 더 큰 레이더 연구소를 만들고 템스강의 하구에 높이 70m나 되는 안테나를 설치하였다.

이때 유럽에는 전운이 감돌고 있었는데, 영국은 독일의 군사기밀을 탐지하고 있던 영국 스파이로부터 동프로이센 지방에 레이더의 안테나 같은 것이 있다는 정보를 받았다. 이러한 정보에 가장 놀란 것은 영국 공군이었다. 만일 나치 독일이 레이더의 중요성을 깨닫고, 일찍부터 이 연구를 추진하고 있었다면 그들도 영국의 레이더 기지를 알고 있었을 것이고, 따라서 언제라도 이 기지를 폭격할 수 있기 때문이었다. 영국 공군은 나치 독일의 레이더 연구가 어느 정도 진행되고 있는가를 알기 위해 스파이를 조직적으로 파견할 계획을 세웠다. 그러나, 이러한 특수한 임무를 띤 스파이가 되려면 레이더에 관한 전문 지식이 풍부한 사람이어야 했다.

그리하여 와트 박사는 이러한 임무를 자원하여 맡았으며, 1936년에 그는 부인과 함께 관광객을 가장하여 독일의 여러 지방을 낱낱이 돌아다니며 조사하였다. 높은 굴뚝이나 전신주, 교회의 탑까지도 조사하였으나, 레이더의 안테나라고 생각할 만한 것은 아무것도 없었다. 그러므로 나치 독일은 레이더에 관한 연구를 하지 않고 있다는 확신을 가질 수 있었다. 영국은 1939년에 동해안의 일대에 레이더의 안테나를 마음 놓고 설치하여 적의 침공을 막을 수 있는 만반의 준비를 갖추어 놓았다.

이해 9월에 비극적인 제2차 세계대전이 일어났으며, 나치 독일군은 먼저 폴란드를 침략하고 프랑스까지도 항복시켰다. 이렇게 유럽을 휩쓴 나치 독일군은 영국 본토의 침공을 노리다가 드디어 본격적 침공 작전을 시작했다. 독일의 비행장에서 이륙하는 수많은 비행기가 일시에 영국 영공을 침범하여 폭격하려 했고, 영국의 레이더 기지에서는 이러한 적기의 위치와 방향 그리고 고도까지 포착하여 전투기를 통해 영국 본토에 접근하는 적기를 분쇄하는 데 큰 성과를 올렸다. 나치 독일 공군은 낮엔 공격을 회피하고 밤이나 흐린 날을 이용하여 보았으나 레이더 때문에 번번이 실패하고 말았다. 영국은 다소의 폭격을 받았지만, 레이더의 발명이 없었더라면 중요한 군사시설을 위시하여 많은 도시들이 더 큰 피해를 당했을 것이다. 또한 유럽의 다른 나라들처럼 나치 독일에 항복하였을지도 모르는 일이다.

그 맹렬한 독일의 공습에 굴복하지 않고 끝까지 대항하여 싸울 수 있었던 것은 바로 레이더라는 새로운 병기의 발명 때문이었다. 독재와 군국주의를 무너뜨리고 오늘날 민주주의가 승리할 수 있었던 것도, 레이더로 영국의 하늘을 지켜 영국이 패배하지 않았던 것이 중요한 원인 중 하나였다고 할 수 있다.

로켓의 발명

하늘을 정복하려는 꿈은 인류의 오랜 역사를 통한 염원이었다. 옛날 사람들은 하늘의 신비를 밝히고 끝없는 하늘을 자유로이 날아다녀 보려는 그들의 소원을 성취하려고 노력했다.

우리가 앞에서 이미 알아 온 바와 같이, 비행선이나 비행기의 발명도 모두 이러한 염원을 이룩하려는 노력의 일부분이었다. 더욱이, 수많은 비밀에 휩싸인 달나라로 가보려는 인간의 노력은 많은 이들의 꿈이기도 했다.

각 시대의 사람들은 그 시대의 과학 문명이 이룩해 놓은 사실에 발판을 두고, 달나라 여행의 설계를 공상적으로 세우고, 때로는 소설로, 시로 만들어 노래하고 읊었다. 그러나, 오늘날 달나라에 여행한다는 희망은 로켓의 발명과 연구에 힘입어 머지않은 장래에 실현될 것으로 믿게 된 동시에, 우주 시대로의 비약적인 진전이 눈앞에 다가오고 있다.

그러면 이러한 로켓은 어떻게 발명된 것일까?

인간이 달에 도착하여 달을 정복할 날이 머지않았다는 신념을 확고히 하는, 과학 발달의 기초가 된 로켓의 발명에 대해 알아보기로 하자.

1927년, 독일에는 최초로 우주여행협회가 설립되었다. 회장은 겨우 30세가 넘은 루마니아 태생의 헤르만 오베르트라는 사람이었고, 회원 대부분은 20세 내외의 젊은이들뿐이었다. 이들은 달, 화성, 토성 등에 어떻게 가볼 수 있을까 하는 것을 연구할 목적으로 모였으며, 이에 대하여 진지하게 토론하고 열심히 연구를 거듭했다.

그리고 이 협회에 1930년에 베르너 폰 브라운이라는 17세의 소년이 가입했는데, 그는 열렬한 우주여행 지망자였다. 브라운 소년의 희망은 한결같이 우주여행에만 쏠리고 있었다.

"나는 앞으로 적어도 50년 동안 살 것이므로, 그때까지는 달나라의 여행이 실현될 것이다."

"어떻게 해서든지 이 발로 달나라의 땅을 밟아보고 싶다. 로켓엔진 연구에 일생을 바칠 작정이다."

이렇게 말하면서 브라운은 회장인 오베르트의 조수가 되었다. 그는 학교 공부 이외의 시간에는 동무들과 어울려 뛰어노는 것도 잊고 로켓 연구에 전력을 기울였다.

우주여행협회에 가입한 모든 회원들은, 그들의 재능을 십분 발휘하여 몇 개의 실험용 로켓을 만들어 발사실험도 해보고 연료에 관해서도 여러 가지 연구를 진행하였다. 그러나 정열적이었던 오베르트 회장이 그의 조국인 루마니아로 돌아간 후, 남은 회원들이 로켓의 연구를 계속 진행하고 있었지만 자금이 점차 바닥나기 시작했다. 연구 자금이 거의 없어지게 됨에 따라, 희망에 찬 젊은이들의 연구기관인 우주여행협회도 연구를 중지하고 해산하지 않을 수 없는 위기에 빠지게 되었다.

회장 오베르트의 뒤를 이어 이 협회를 이끌던 네벨은, 독일 육군에 그들의 연구 목적과 연구 업적을 소개한 자세한 내용의 편지를 보내면서 도움을 간청했다.

우주여행협회는 천체 여행용 로켓의 연구를 시작한 지 벌써 5년이 지났으며, 그동안 10여 개의 실험용 로켓 제조를 위시하여 여러 가지 액체연료의 연구를 계속해 왔다는 사실과 그들이 만든 실험용 로켓이 600m 이상이나 하늘로 돌진했다는 연구 결과를 보고했다. 그는 우주여행협회의 로켓 부분에 관한 연구에서, 현 단계로는 이러한 로켓으로 천체까지 아주 높이 올라갈 수는 없다 해도, 이 로켓을 이용하면 멀리 떨어져 있는 적을 공격할 수 있는 무기로 발전시킬 수 있다는 사실을 강조했다. 가까운 장래에 로켓병기의 실용을 보증할 수 있음을 말하며, 그들의 연구 자금을 육군에서 보조해 주기를 요망했다.

이 협회의 운명을 건 심각한 내용의 서신을 받은 독일 육군 당국은 이 연구에 큰 관심을 가지게 되었다. 육군은 베를린 교외에서 우주여행협회의 실험 로켓 발사를 보여줄 것을 요청했으며, 이에 따라 네벨, 브라운 등은 이곳에서 장난감 같은 작은 로켓의 발사실험을 반복하면서 그들의 연구 결과를 보여주었다.

길이가 겨우 60cm 정도밖에 되지 않는 로켓이 흰 연기를 내뿜고 폭발을 계속하면서 하늘 높이 솟아오르는 광경을 구경하던 육군 당국자들은 감탄을 아끼지 않았다. 화약 대신에 액체연료를 사용한 이 로켓의 실험을 놀라운 눈으로 바라보았다.

육군 당국은 아직은 초보적이라 할지라도 유망하게 쓰일 수 있는 로켓의 연구를 위한 자금을 우주여행협회에 보조할 것을 약속했으며, 이후부터 연구 자금이 수시로 조달되었다.

그런 중에서도 특히 브라운은 육군에 와서 이 연구를 계속하기를 권고받았다.

그 자신으로서는 그리 반가운 일이 아니었다. 왜냐하면 육군에서는 무기에만 쓸 수 있는 로켓만을 연구하도록 할 것이므로, 버릴 수 없는 자신의 꿈이었던 저 먼 달이나 화성으로 날아가는 우주여행은 실현될 수 없다고 믿었기 때문이었다. 브라운은 이 일 때문에 몹시 망설였으나 전략적 무기로서의 로켓 연구가 아니고는 충분한 연구비가 배당될 수 없는 현실이었다. 또한 병기용 로켓 연구만으로도 우주여행에 도움이 될 수 있을 것이라는 동료들의 권고를 받아들여 결국, 육군연구소에 들어가기로 결심했다.

브라운은 열심히 연구했다. 마침내 그는 우리가 상상할 수 없을 만큼 복잡한 구조와 정밀한 부품으로 최초의 로켓엔진을 1932년 12월에 제작했다.

터빈으로 연료펌프를 움직이면 로켓엔진에서 굉장한 세기로 액체산소가 안개처럼 뿜어나온다. 이것이 알코올의 안개와 혼합되어 점화되면 산소와 알코올이 엄청난 세기로 폭발하게 되고, 다음에 이 폭발한 가스가 엔진의 실내에서 뿜어 나가는 반작용으로 로켓의 기체를 날게 한다.

브라운이 설계한 최초의 로켓은 이와 같은 원리로 제조되었다.

그러나, 이 역사적인 로켓의 실험은 눈 깜짝할 사이에 실패로 돌아갔다. 브라운은 연료펌프의 마개를 뽐음과 동시에 연소실에 불을 붙였다. 그 순간, 가스의 분출구로부터 새하얀 연기가 나오는가 했더니 알코올이 새기 시작하여 엔진이 폭발하여 깨진 것이다.

그 후 얼마 동안 고심한 끝에 두 번째 엔진을 제조하여 실험한 결과, 폭발하지는 않았으나 지나치게 높은 열 때문에 엔진의 연소실마저 쓸 수 없게 되었다. 브라운은 실망하지 않고 그와 함께 연구하던 사람들을 격려하면서 끈기 있게 연구를 계속하여 엔진의 제작 및 개량에 힘을 기울였다.

이리하여 1년 후에는 성능이 더 좋은 로켓엔진이 제조되었고, 이 엔진을 사용한 로켓의 기계 연구에 본격적으로 착수할 단계에 들어가게 되었다.

그러나 당시의 독일 국내 정세는 예기치 않은 방향으로 흘러 히틀러가 영도하는 나치당에 의한 독재정권이 집권했다. 자유를 박탈한 이 새로운 악의 집단들은 자유로운 연구기관도 인정하지 않고 브라운이 육성한 우주여행협회의 해산을 명령했다. 다행히도 브라운은 육군연구소에서 병기용으로 로켓을 연구하고 있었기 때문에 직접적으로 영향을 받지 않았다.

브라운의 연구는 결실을 보아 1933년에는 A-1호라는 로켓을, 이듬해엔 A-2호, 그다음 해에는 길이가 7.6m나 되는 대형 로켓 A-3호를 완

베르너 폰 브라운

성했다. 한편 전쟁의 위협이 점점 더해지자, 앞에서 우리가 읽어서 아는 바와 같이, 왓슨 와트를 중심으로 한 영국 과학자들이 영국 동해안에 독일 공군의 공습을 막기 위한 레이더망 안테나 설치에 힘을 쏟고 있었다. 한편 독일은 이 사실을 알지 못한 채 무인용 로켓을 한시바삐 제조하는 데 전력을 기울이고 있었다.

브라운은 A-3호 로켓의 발명에 뒤이어 A-4호 로켓의 설계에 착수했다.

1939년 9월 3일, 독일군은 폴란드를 침공하여 제2차 세계대전이 시작되었으며, A-4호의 연구가 급속도로 진행되었다.

당시, 히틀러는 브라운의 연구를 신통치 않게 생각하여 충분한 연구 자금을 대주지 않았으므로 연구에 많은 지장을 초래했다. 그러나 1942년 10월 3일 드디어 A-4호가 완성되었다. 자동조정 장치의 작용으로 로켓은 45도의 각도로 날아 9만 6천 m의 높이까지 올라갔다. 떨어질 때는 시속 5천 km나 되는 속도로 발사 시험장에서 500km 떨어져 있는 곳에 낙하했다.

히틀러도 나중에 이 연구 보고를 받고 A-4호의 대량생산을 명령했다. V-2호라고 불린 A-4호 로켓은 음속의 4배나 되는 속도로 날아가기 때문에 영국을 많이 괴롭혔으며 연합군에게 상당한 피해를 주었다.

브라운이 자신의 우주여행의 꿈을 이루어 보려던 노력의 결정으로 만들어진 로켓이, 히틀러에 의해서 연합군 공격용 무기로 악용되었다는 것은 슬픈 일이 아닐 수 없다.

영국 사람들에게는 '악마의 사자'라고 불린 V-2호 로켓은 그만큼 놀랄만한 위력을 지니고 있었다.

제2차 세계대전이 끝나자, 브라운은 미국으로 건너가서 로켓의 연구를 계속했다. 브라운은 병기용 로켓의 연구와 더불어 우주여행에 대한 그의 꿈을 기어코 달성하기 위하여 열심히 연구했다.

브라운은 지구로부터 1,700km 정도 떨어진 도넛 모양의 인공위성을 만들어, 지구 주위를 7.4km의 속도로 선회하도록 그의 연구를 계속했다.

오늘날 미국에서 수차 발사한 인공위성은 모두 이 로켓의 추진력으로 지구의 인력장을 돌파하여 지구 주위를 돌고 있다.

달나라를 비롯한 우주여행의 꿈은 이와 같은 브라운이 발명한 로켓에 의해 실현되어 가고 있다. 그밖에 로켓은 로켓탄 그리고 항공기를 이륙시킬 때의 추진력을 보조하는 장치나 초음속 비행기의 추진 장치 등으로 널리 쓰이고 있다.

또한 미국, 러시아 양국에서 경쟁적으로 발전시키고 있는 탄도 유도탄의 추진용 로켓도 이러한 원리를 이용하여 발전시키고 있다.